油田实用清防蜡与清防垢技术

杨全安　慕立俊　主编

石油工业出版社

内 容 提 要

本书以作者多年来在油田清防垢领域的科研工作和实践认识为基础，介绍了长庆油田近年来在清防蜡与清防垢技术方面的研究成果及其应用，具有实用性和可操作性，对国内其他油田的清防蜡及清防垢有一定的借鉴作用。

本书可供石油开发相关专业技术人员使用，也可作为大专院校相关专业的辅助教材。

图书在版编目（CIP）数据

油田实用清防蜡与清防垢技术/杨全安，慕立俊主编.
—北京：石油工业出版社，2014.1
ISBN 978-7-5021-9975-3

Ⅰ. 油…
Ⅱ. ①杨… ②慕…
Ⅲ. ①石油开发—防蜡 ②油田开发—防垢
Ⅳ. TE358

中国版本图书馆 CIP 数据核字（2014）第 013583 号

出版发行：石油工业出版社
（北京安定门外安华里 2 区 1 号 100011）
网 址：www.petropub.com
编辑部：(010)64523738
图书营销中心：(010)64523633
经 销：全国新华书店
印 刷：北京中石油彩色印刷有限责任公司

2014 年 1 月第 1 版 2015 年 11 月第 2 次印刷
787×1092 毫米 开本：1/16 印张：14.25
字数：339 千字

定价：68.00 元
（如出现印装质量问题，我社图书营销中心负责调换）

《油田实用清防蜡与清防垢技术》

编　委　会

前言

在油田开发中，结蜡和结垢与原油生产密不可分，清防蜡和清防垢是采油工程、地面集输工艺重要的组成部分。对保障油田生产十分重要，结蜡和结垢问题会导致开发难度加大、产量下降、能耗增加、成本上升、储层伤害、采收率下降，特别是钡锶垢的清防是一些油田合理开发的关键技术之一。

清防蜡技术近年来在化学剂方面日益向绿色、高效、安全、环保方向发展，研发和使用者不仅考虑清蜡效果，而且要更加重视清蜡剂对下游炼化设备的影响。本书中新增加并强调了有机氯危害检测控制方法，以及其他有害物质对施工人员健康的影响。目前，各类新的清防蜡技术不断出现，有力促进了清防蜡工艺技术的不断进步。

随着国内石油工业高速发展，清防垢工艺面临的高含量钡锶垢结垢问题日益突出。多年来，长庆油田持续开展攻关研究，形成了一系列清防垢技术。本书介绍了长庆油田“纳滤水处理技术”、“地层清垢解堵技术”、“地面管道清垢”等新技术的研究应用，简要介绍了国外井筒清垢技术及化学剂产品的发展动态；从结垢机理、工艺防垢、物理防垢、化学防垢等方面，论述了油田防垢技术涉及的主要内容。本着实用性、可操作性，同时体现技术的先进性，立足长庆油田工作实践进行阐述。

本书参阅了国内外学者及其他油田的一些研究内容，但未经验证。对某些技术产品的评价看法只限于试验条件下个人的观点，仅供读者参考。

书中涉及的技术凝聚了油田生产科研人员的成果、认识，在本书出版之际向他们表示由衷的感谢。

在本书编写过程中得到长庆油田公司领导的高度重视，并得到长庆油田公司油气工艺研究院各位领导及科研人员的大力支持，在此深表谢意。

由于笔者的知识技术水平有限，谬误在所难免，敬请读者提出宝贵意见。

前言

目录

第一章　油井结蜡基础理论及影响因素

在油井开采过程中，原油从地层进入井底，再从井底沿井筒举升到井口时，压力、温度随之逐渐下降，当压力降低到一定程度时，溶解石蜡和胶质的轻质组分逐渐损失，破坏了石蜡在原油中的溶解平衡条件，超过了石蜡在原油中的溶解饱和度，石蜡结晶析出聚集凝结并黏附于油井设施的金属表面，这就是常说的油井结蜡。油井结蜡会使油流通道缩小，增加抽油杆的上行、下行阻力，负荷增加，若清蜡不及时，结蜡严重会使抽油杆卡死在油管中，甚至造成抽油杆断裂事故。此外，对于油层温度较低的油井，由于抽油泵固定阀、固定阀罩及其以下部位压力低，在生产过程中也容易造成蜡堵而被迫修井。

不同油田、不同区块由于蜡质成分不同，导致其结蜡形态、蜡质不同，采取的防治措施也不同，这就要求石油工作者们对油井蜡质成分、结蜡因素及结蜡规律有一定的了解。因此，本章对蜡质成分特征及其分析方法、结蜡影响因素、结蜡规律进行详细的介绍。

第一节　蜡质成分特征及分析方法

一、蜡的概念与结构

当原油热力学条件发生改变时，尤其是原油组成和体系温度发生变化时，沉积的有机固相以结晶方式析出，通常称为蜡质。蜡质成分以蜡为主，同时伴有胶质与沥青质以及井液所携砂粒等。

蜡是由正构烷烃、带支链（或异构）烷烃和环烷烃所组成的复杂混合物。图 1 - 1 显示了蜡的基本分子结构，碳原子成曲折形的“之”字排列，亚甲基碳碳键缔合角约 112°。无论是单体烷烃还是烷烃混合物，在低于其熔点或熔融范围内均为晶体，其结构是烷烃分子围绕一定的结晶点阵振动，振动频率和振幅随温度而定，点阵的形状、大小和空间位置都在晶体中连续重复。

沥青质和胶质是由数目众多、结构各异的非烃化合物组成的复杂混合物。它们的成分并不固定，性质也有所差异，是多种物质的缔合体。沥青质没有确定的化学结构，但是它们具有一定的共性：（1）含多芳香核；（2）N，O 和 S 等杂原子含量高；（3）含烷基侧链基团。通常沥青质的元素组成为：C 82% ±3%，H 8.1% ±0.7%，N 0.6% ~3.3%，O 0.3% ~10.3%。胶质主要是由 4 ~6 个亚甲基将芳香烃连在一起，并含有氧（O）、氮（N）、硫（S）等杂原子，其平均相对分子质量在 600 ~3000 之间。

二、蜡的组成及分类

原油中的蜡因其结构和沉积环境不同，可以石蜡（或粗晶蜡）、微晶蜡甚至非晶蜡形态存在。蜡多由高分子烷烃组成，其碳数分布一般介于 16 ~70 之间。

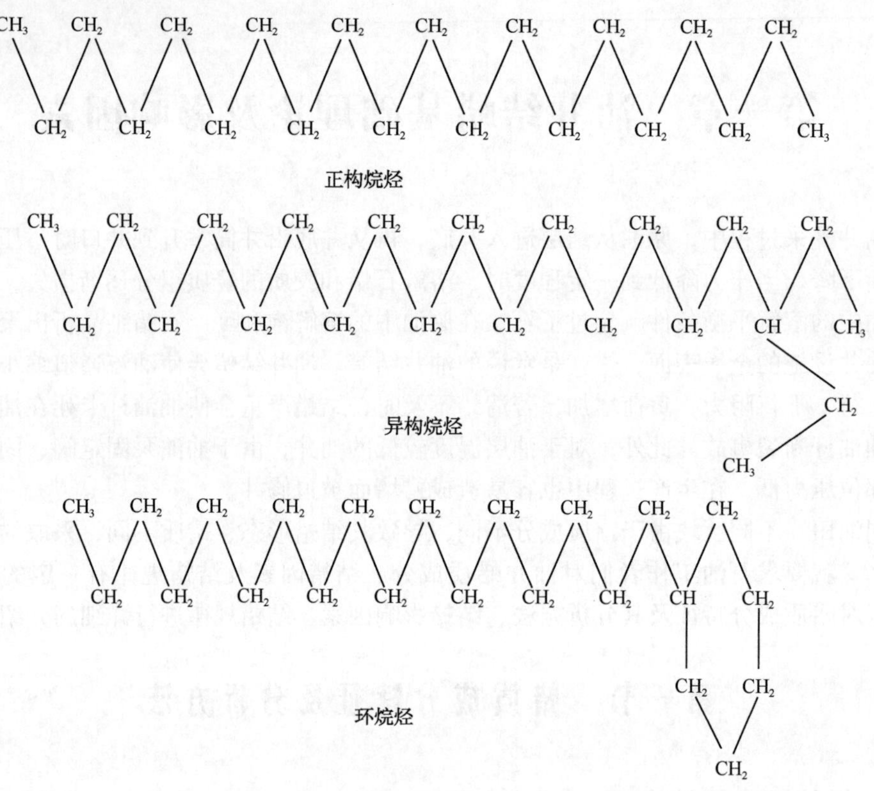

图 1－1　蜡的典型结构式

1. 石蜡（粗晶蜡）

根据碳链结构，石蜡或粗晶蜡主要指 C_{16}—C_{30} 的直链正构烷烃（含量约 90%～92%），少量支链位于碳链末端的异构烷烃（约 7%～8%）和更少量的带长侧链的环状烃类和个别芳香烃（约 1%～2%）。在常温下石蜡呈固态，密度为 0.85～0.95g/m^3，碳原子数为 16～30，相对分子质量约为 260～500，平均相对分子质量为 360～430，熔点范围 40～65℃，主要存在于 500℃以下的馏分中，馏程温度为 300～460℃，少数可达 500℃。当胶质、沥青质存在时，因温度降低石蜡呈晶体析出，一般以片状为主，只含少量针状晶体，这类晶体的体积与表面积比值较小，石蜡晶体间易于结合成三维网状结构，将液态可流动油组分包围在其中形成凝胶，使含蜡原油流动性能变差，甚至失去流动性。

2. 微晶蜡

微晶蜡主要指 C_{30}—C_{60} 的多种饱和烃混合物，主要为支链在任意位置的长链异构烷烃、少量大分子正构烷烃和长侧链的环状烷烃。分子结构比石蜡更复杂，相对分子质量更大，为 470～780，微晶蜡常常与沥青质共同存在，对油质（C_{16} 以下）成分具有更强的复合力，馏程末端产物熔点为 62～90℃，微晶蜡在原油中主要以针型晶体析出，蜡晶细小，结合力强，它与原油中的液态组分形成凝胶比石蜡与原油中的液态组分形成凝胶强度大得多。

原油中的蜡质是构成有机固相沉积物的主要成分，典型原油蜡沉积物由 40%～60% 的石蜡和少于 10% 的微晶蜡组成，而不定形蜡是微晶蜡和油的混合物。微晶蜡和粗晶蜡的组成、性质等都存在明显差异，表 1－1 列出了二者的主要差别。

表 1－1 石蜡和微晶蜡的区别

主要特征		石蜡	微晶蜡
组成（%）	正构烷烃	80～90	0～15
	异构烷烃	2～15	15～30
	环烷烃	2～8	65～75
	典型碳数分布	C_{16}—C_{30}	C_{3}—C_{60}
化学结构		主要是直链分子，包含少量支链分子，个别有芳香烃支链靠近末端	大部分为支链分子，少量为直链分子，支链在碳链的任意位置
相对分子质量		350～420	500～800
平均的分子碳原子数		26～30	41～50
熔点范围（℃）		40～70	60～90
结晶度范围（%）		80～90	50～65
完好晶形的形成条件		从溶剂中或熔融下均可	只从溶剂中才能形成完好晶形
存在条件		大都在中等馏程的馏分中，一般流程温度为 300～460℃，少数可达 500℃	常常与沥青质共存，对油质（C_{16}以下）组分具有更大的亲和力，高馏程产物

蜡的晶型常常受蜡的结晶介质的影响而改变，在多数情况下，蜡型呈斜方晶格，但改变条件也可能形成六方晶格，如果冷却速度比较慢，并且存在一些杂质（如胶质、沥青质或其他添加剂），也会形成过渡型结晶结构。斜方晶结构为星状（针状）或板状层（片状），这种结构最容易形成大块蜡晶团，石蜡的主要晶型如图 1－2 所示。

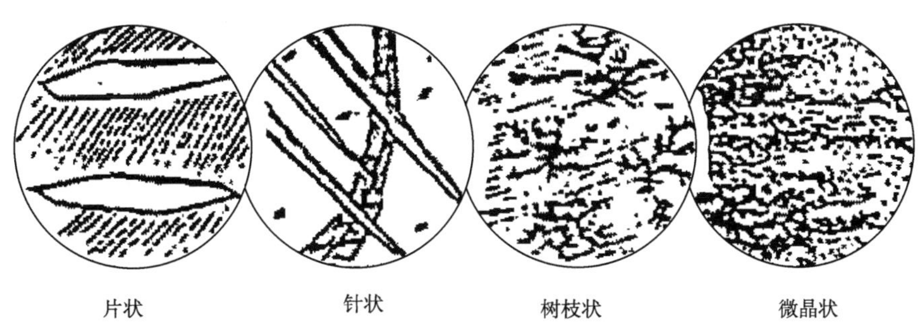

图 1－2 石蜡的主要晶形

三、原油及蜡质组分分析方法

1. 原油组分分析

采用石油行业标准 SY/T 7550—2012《原油中蜡、胶质、沥青质含量的测定》。

（1）实验方法。

一份试样用正庚烷沉淀出沥青质，并用正庚烷回流除去沉淀中夹杂的油蜡及胶质后，用苯回流溶解沉淀，除去溶剂，求得沥青质的含量；另一份试样经氧化铝吸附色谱分离为油加蜡及沥青质加胶质两部分，其中油蜡部分以苯—丙酮混合物为脱蜡溶剂，用冷冻析出法测定蜡。从沥青质加胶质中扣除沥青质，得到胶质含量。

（2）蜡、胶质、沥青质含量计算公式。

按下列各式计算蜡、胶质、沥青质含量：

$$\text{沥青质含量} = \frac{\omega_1}{W_1} \times 100\% \tag{1-1}$$

$$\text{蜡含量} = \frac{\omega_3}{W_2} \times 100\% \tag{1-2}$$

$$\text{胶质含量} = \left(\frac{\omega_2}{W_2} - \frac{\omega_1}{W_1}\right) \times 100\% \tag{1-3}$$

式中 ω_1 ——沥青质重，g；

ω_2 ——沥青质加胶质重，g；

ω_3 ——恒重后的蜡重，g；

W_1 ——加正庚烷前的试样重，g；

W_2 ——吸附样试样重，g。

2. 蜡质组分分析方法

根据中华人民共和国石油化工行业标准 SH/T 0653—1998《石油蜡正构烷烃和非正构烷烃碳数分布测定法（气相色谱法）》测定蜡质组分。

四、原油及蜡质组分实例分析

1. 原油组分分析

长庆油田原油含蜡较高，含量大于 10%，胶质、沥青质含量较少，这就使得蜡更容易沉积在管壁表面，使结蜡程度加重。胶质本身是活性物质，可以吸附在蜡晶表面，阻止蜡晶的长大。而沥青质是胶质的进一步聚合物，不溶于油，呈极细小颗粒分散于油中，对蜡晶起到良好的分散作用。表 1－2 以几个典型油样为例，分析了原油的基本成分。

表 1－2 原油基本成分

油样来源	胶质含量（%）	沥青质含量（%）	石蜡含量（%）
盐××－36 原油	1.39	6.61	15
盐××－37 原油	1.79	8.21	20
白××2－2 原油	0.66	9.34	10
安塞 1 号原油	1.8	<0.1	24.7
安塞 2 号原油	1.8	<0.1	21.4

2. 长庆油田蜡质组分分析

长庆油田蜡质比较复杂，很多都是石蜡和微晶蜡的混合物，主要以微晶蜡为主，含有少量的石蜡，蜡质比较硬，难以溶解。

（1）白豹油田蜡质分析。

白豹油田蜡质碳数主要分布在 15～50 之间，峰值在 30 左右，微晶蜡平均含量在 55% 左右，微晶蜡含量较高（图 1－3，表 1－3）。

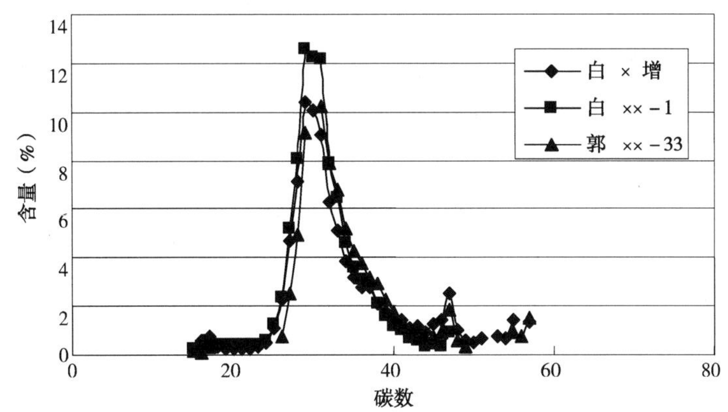

图 1-3 白豹油田 3 口典型井的碳数分布图

表 1-3 白豹油田 3 口典型井蜡样分类结果

井号	层位	碳数分布范围	碳数峰值	石蜡含量（%）	微晶蜡含量（%）
白×增	—	15~57	29	39.1	55.2
郭××-33	延 9	15~49	30	18.3	60.1
白××-1	长 3	15~47	29	45.6	49.7

（2）姬塬油田蜡质分析。

姬塬油田蜡质碳数分布在 15~55 之间，碳数峰值处于 30~40 之间，微晶蜡含量平均在 60% 左右，蜡质主要以微晶蜡为主，含有少量的石蜡成分（图 1-4，表 1-4）。

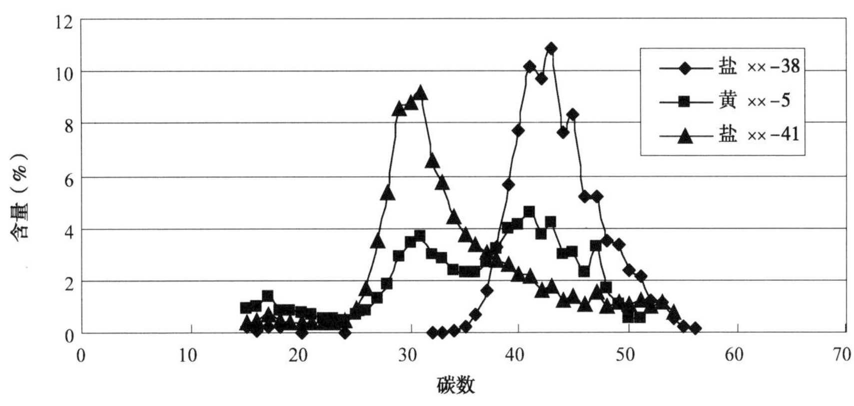

图 1-4 姬塬油田 3 口典型井的碳数分布图

表 1-4 姬塬油田 3 口典型井蜡样分类结果

井号	层位	碳数分布范围	碳数峰值	石蜡含量（%）	微晶蜡含量（%）
盐××-38	长 2	15~56	43	0.5	91.2
盐××-41	长 2	15~54	31	32.8	31.6
黄××-5	延 9	15~51	31 41	18.0	58.4

（3）安塞油田蜡质分析。

安塞油田长10蜡样的主要成分是正构烷烃，大部分蜡样中正构烷烃的碳数分布在10~80之间，碳数峰值比较高，微晶蜡含量在60%以上，熔点高（85~125℃），蜡质难以清除，清防蜡比较困难（表1-5）。

表1-5　安塞长10不同井段蜡样组分分析

蜡样	结蜡位置（m）	碳数分布范围	碳数峰值	熔点温度（℃）	石蜡含量（%）	微晶蜡含量（%）
1号蜡样	100~300	10~74	29	85	31.0	63.7
	990~1322	13~84	57	125	19.6	75.9
2号蜡样	上部	13~76	39	85	30.9	63.7
	下部	12~80	29	120	29.6	68.3

3. 国内部分油田蜡质组分对比

国内大部分油田原油中所含的蜡属于石蜡，由于地质、开发等不同原因，其正构烃碳原子数占总含蜡量的比例各不相同，但均呈正态分布，碳原子数高峰值约在25左右，蜡的熔点较低，清防蜡比较容易。从表1-6可以看出，长庆油田和青海7深井油的碳数峰值较高，吐哈油田碳数高峰呈现两个高峰值，其中第二个高峰值高达51，所结出蜡的熔点高达90℃以上，给清防蜡造成一定的困难。

表1-6　部分油田原油碳数高峰值及含蜡量比较

油样来源	胜利油田混合原油	大港油田混合原油	塔里木油田原油	北疆油田原油	青海油田	吐哈油田原油	南阳油田混合油	大庆混合原油	长庆油田
碳数高峰值	25	24	28	16	37	19，51	27	24	34
原油含蜡量（%）	20.6	14.1	3.4	0.09	20.0	12.0	30.9	26.2	18.2

第二节　油井结蜡机理理论探讨

一、油井结蜡理论

原油中石蜡沉积过程是一非常复杂的问题，一方面是因为油气体系的组成十分复杂，各种组分对石蜡沉积的影响有待进一步研究，另一方面石蜡沉积过程要涉及许多理论问题，如蜡的溶解度与结晶、流体动力学、传质动力学及传热学等，目前，对石蜡沉积机理尚不完全清楚，虽然对沉积规律的内因作了重要的探讨，但还未有统一的认识，存在多种解释理论。

1. 溶解度理论

若将溶有石蜡的原油在稳定条件下视为真溶液，原油中的轻质组分能够维持重质组分（如石蜡）在原油中的稳定。不同的原油体系，石蜡碳数的分布范围是不同的，石蜡在原油中溶解与否或溶解多少是由石蜡在原油中的溶解度控制的。

常压下，若视含蜡原油中蜡和油处于固—液平衡状态，将其看成二元物系，液相中油为溶剂，蜡为溶质，Berne - Allen 和 Work（1938）提出预测蜡在烃类溶剂中的溶解度的如下经验关系式：

$$R_P = (1120 - 2.97T_V) \times 1.357^{T_f - T_m} \quad (1-4)$$

式中 R_P——石蜡的溶解度，g/100mL；

T_V——溶剂的体积平均沸点，℃；

T_f——溶液温度，℃；

T_m——石蜡的熔点，℃。

由式（1 -4）可知，石蜡溶解度随体系温度升高而增大，随温度降低而减小。随温度的增加，当原油体系达到某一温度时，原油中石蜡含量小于石蜡的溶解度 R_P 时，石蜡全部溶解于油中而变为单一的液相；反之，温度下降，石蜡在原油中的溶解度降低，当温度达到某一值即析蜡点时，溶液呈过饱和状态，开始有固体石蜡析出。在温度低于析蜡点时，析出的固体石蜡逐渐增多，使原油体系变成液—固两相分散体系状态。随着原油进一步冷却，蜡析出量不断增加，蜡晶颗粒分散相逐渐转变为连续相而形成蜡晶网络，将油包围在网络结构内，当其强度达到一定程度时，分散介质则被分割包围在其中而成为分散相，只有施加一定外力才能使原油发生流动，一般认为此时原油已发生结构性凝固。

2. 结晶理论

原油中石蜡析出是以结晶方式出现，当体系的温度下降到析蜡点时，蜡晶体开始形成，带长侧链的非极性高分子物质在冷却结晶过程中，进入石蜡晶体结构中与石蜡共晶，而带有极性基团的高分子物质被吸附于蜡晶的表面，使蜡晶聚集。在含蜡原油中，无定型固体高分子物质作为晶种，能诱导晶核形成，加速蜡晶长大。根据结晶理论，石蜡的沉积分为 3 个过程：（1）晶核形成；（2）晶体成长；（3）晶体连接形成结构。

此外石蜡的结晶沉积受一定条件的影响，石蜡结晶时需要一个成核位置来形成晶核，不溶解的石蜡沉积在其周围，缺乏成核位置，石蜡能够以过饱和状态存在于原油中而不产生沉积。地层岩石的表面、井筒和地面设备的表面都是很好的成核位置，溶于原油中的沥青胶束以及原油中的砂粒等也可以成为晶核的中心。

3. 扩散理论

扩散理论认为，原油在流动过程中不断地向周围环境散热，当油温下降到原油浊点时，蜡晶微粒开始在油流中或管壁上析出，若原油体系内部和壁面有温差存在，那么在内部和管壁间必然有溶液内蜡分子或蜡晶微粒的浓度差存在，由于浓度梯度的存在，溶液中溶解的蜡分子和析出的蜡晶微粒将向管壁迁移，并借助分子间力而沉积于壁面上，迁移方式有 3 种：（1）溶液中石蜡分子的径向扩散；（2）蜡晶粒子的剪切弥散；（3）蜡晶微粒的布朗运动。这 3 种迁移机理又可归结为两个过程，即溶解石蜡分子的扩散过程和蜡晶粒子横向迁移过程。

（1）溶液中石蜡分子的径向扩散。

扩散沉积由浓度梯度驱动，这种浓度梯度是由于温度梯度的存在而建立起来的。在正常生产时期，生产油管中部的饱和原油温度较高，溶解的石蜡浓度较大；而在生产油管管壁一侧，饱和原油温度较低，其所溶解的石蜡浓度较小，因此，溶解的石蜡将向生产油管的管壁扩散。由于扩散而引起的质量交换将使石蜡的浓度甚至超过溶解上限，出现这种情况时，析出的石蜡黏附在生产油管的内壁上，进而形成石蜡沉积块。

（2）蜡晶粒子的剪切弥散。

流体呈湍流形态，悬浮于油流中的蜡晶粒子在涡流作用下迅速迁移，因此在流线的任一位置上（次层流除外）蜡晶粒子的浓度基本上是均一的。但是在流体呈层流形态或在湍流时的边界层内，则存在着速度梯度。在速度梯度场中，悬浮于油流中的蜡晶粒子，若不考虑粒子间的相互作用，则除了沿流线方向运动外，在油流的剪切下，还可以一定的角速度转动。结果，蜡晶粒子将逐渐地由速度高处向速度低处迁移，即逐渐向壁靠拢，当其达到壁面处时，其线速度和角速度都将迅速减小，在壁面处油的剪切下最终停止不动，并借分子间的范德华引力沉积于管壁上或并入已形成的不流动层上，这就是蜡晶粒子的剪切弥散。

（3）蜡晶微粒的布朗运动。

由于分子的热运动，悬浮于油流中的蜡晶粒子，在油分子的撞击下，时刻不停地做无规则运动，即布朗运动。由胶体化学可知，在布朗运动作用下，溶胶粒子从浓度高处向低处迁移的现象叫做溶胶的扩散作用。

由布朗扩散所产生的蜡晶粒子的横向迁移，可以向壁迁移，也可以向湍流中心迁移。实验表明，由布朗扩散机理所产生的蜡沉积同其他两种机理所产生的蜡沉积相比很小，可以忽略不计。

以上 3 种机理是同时并存的，在不同的条件下，它们对蜡沉积的贡献是不同的，温度高时，分子径向扩散沉积是主要的，温度较低时剪切弥散沉积是主要的。布朗扩散使小石蜡颗粒在平面上移动，这些石蜡颗粒在油流中，与热油分子随机碰撞，这种相互作用使油流中悬浮的固相石蜡颗粒产生微小的布朗运动。

二、结蜡规律分析方法

原油、天然气、石蜡的成分和含量直接影响结蜡规律，原油中轻质馏分越多，溶蜡能力越强，析蜡温度越低，越不容易结蜡。石蜡中碳数越高，蜡的熔点越高、析蜡温度越高和蜡的含量越多，结蜡速度越快、结蜡越严重、清防蜡越困难。因此分析结蜡规律必须从以下几方面进行。

（1）全面分析天然气、原油和石蜡的代表性样品，掌握其基本的理化性质，进而了解结蜡规律。

（2）测定石蜡的熔点。

（3）测定石油在不同压力下的析蜡温度。

（4）测定胶质、沥青质含量及成分。由于胶质本身是活性物质，可以吸附在蜡晶表面，阻止蜡晶长大。沥青质是胶质的进一步聚合物，不溶于油，呈极小颗粒分散于油中，对蜡晶起到良好的分散作用。但是，有胶质、沥青质存在时，沉积的蜡硬度较大。所以必须了解胶质和沥青质含量、成分和活性。

（5）用冷板（Cold plate）、冷指（Cold finger）或循环流动等方法，模拟含蜡原油的结蜡过程，掌握结蜡规律，验证上述分析结果。

（6）录取油层温度、压力、流动压力及井筒不同深度的温度剖面，用来预测结蜡深度。没有流动温度剖面时也可以用式（1-5）进行预测。

$$t = t_o + (t_f - t_o)^{-a(H-L)} \tag{1-5}$$

其中

$$t_o = t_u + mL$$

$$a = \frac{K\pi D}{GC}$$

$$C = fC_w + (1-f)C_o$$

式中 t——距井口 L 处油管内流体温度,℃;

t_o——距井口 L 处地温,℃;

t_u——地面温度,℃;

m——地温梯度,℃/m;

L——油管内计算温度点距井口距离,m;

H——油层中部深度,m;

t_f——油层中部流动温度,℃;

K——总传热系数,J/(m²·h·℃),一般取 1.6×10^4 ~ 4.2×10^4(液面越高取值越大);

D——油管外径,m;

G——流体质量流量,kg/h;

C——流体比热容,J/(kg·℃);

F——含水量;

C_w——水比热容,J/(kg·℃);

C_o——原油比热容,J/(kg·℃)。

在流动温度剖面上找出低于析蜡温度的深度,此深度即相当于开始结蜡的深度,制定清防蜡措施时应在此基础上再附加50~100m。

三、油井结蜡规律

1. 井筒结蜡的共性规律

虽然油井的析蜡、结蜡是一个复杂的过程,不同油田、不同地区、甚至不同油井,其结蜡规律有所不同,但同时也存在一些共同规律:

(1)油层、井底和油管下部不容易结蜡;随着油气上升,蜡沉积也越来越多;靠近井口处,油管壁上沉积的蜡减少。

当油流在井底时,因温度、压力较高,油中的溶解气大部分没有分离,因而溶蜡能力较强,因此在油层、井底和油管下部不容易结蜡。随着油气的继续上升,油中的溶解气不断逸出,蜡沉积也越来越多。在油流上升的过程中,压力不断降低,气体不断从油中析出,因而蜡的析出量逐渐增多。而在靠近井口处,由于速度增大,一部分蜡晶被带到地面,故油管壁上沉积的蜡反而减少。

(2)靠近管壁处主要是硬蜡,外部是软蜡,软蜡在井段上沉积不连续。

在靠近管壁处是硬蜡,是由于靠近管壁处的蜡结晶中充填的石油和水被油气流所携带,其中的轻质馏分减少,所以紧密。在外部是软蜡,是因为在网状结晶中,经常有油和水所充填，从而结构比较疏松。软蜡在井段上沉积不是连续的，而是一段一段的，这是由于各种不同的气体组分析出的压力不同，而在不同井段析出。在最下部甲烷最先析出来，随后是乙烷、丙烷、丁烷等逐步分离出来，这样每析出一种组分气体，就有一部分蜡沉积出来。

（3）油井井口油嘴处、泵筒以下尾管处、泵的阀罩和进口处，容易产生结蜡。

油井井口油嘴处，由于油流经过油嘴时产生的节流效应使温度降低得很多，容易产生结蜡。另外地层温度较低的油井，由于泵筒以下尾管处的压力和温度均比较低，因此此处成为抽油井最容易结蜡的地方，此外在泵的阀罩和进口处也常常被蜡堵死。

2. 典型油田结蜡规律

1）安塞油田长10油藏井筒结蜡规律

（1）不同井深原油组成变化。

从表1－7可以看出，靠近井口位置处，原油蜡含量比较高（35%以上），井底处蜡含量较少，1229m处只有2.80%。胶质和沥青质的变化不是很明显。这是因为随着原油从井底流到井口，温度降低，压力降低，这种条件的变化促使原油中的蜡大量析出。

表1－7　高××－21井不同井深蜡样原油组成

井号	井深（m）	原油蜡含量（%）	胶质含量（%）	沥青质含量（%）
高××－21（长10）	595	35.83	0.55	5.99
	739	38.22	0.65	8.44
	806	9.45	0.90	2.13
	940	11.58	0.21	9.29
	1075	19.93	0.22	4.38
	1229	2.80	0.65	1.68

（2）不同井深蜡样碳数分布变化规律。

针对高××－21井，随着井深的增加，粗晶蜡和微晶蜡的百分含量变化不是很大，见表1－8。

表1－8　高××－21井不同井深蜡样碳数分布规律

井号	井深（m）	碳数分布	碳数峰值	粗晶蜡含量（%）	微晶蜡含量（%）
高××－21（长10）	595	17～51	39	16.75	82.89
	739	17～51	43	11.22	87.51
	806	17～51	41	23.98	75
	940	17～52	43	15.83	83.87
	1075	17～51	26	16.82	82.87
	1229	17～52	43	22.6	77.11

2）安塞油田长6油藏井筒结蜡规律

取长6油藏侯××－9井第70根和第101根抽油杆蜡样样品，分析该井的结蜡规律，见表1－9。对比侯××－9井两个蜡样质量分数，两个蜡样的峰值碳数都为C29，第101根抽油杆对应的粗晶蜡、微晶蜡含量小于第70根抽油杆，也就是说长6油藏油井井筒下部结蜡粗晶蜡和微晶蜡含量都相对较小，油分含量较高。

对比两个蜡样的正构烷烃和异构烷烃质量分数、峰值碳数、碳数分布，第101根抽油杆蜡样碳数小于 16 的质量分数明显高于第 70 根抽油杆蜡样的质量分数，其异构烷烃的质量分数也高于第 70 根抽油杆蜡样的质量分数，温度较低时第 101 根抽油杆蜡样先熔化，即长 6 油层深部的抽油杆蜡样熔点温度较低，易于清除；而距井口较近处的蜡样熔点高，不易清除。

表 1－9　侯××－9 井两个蜡样实验分析结果

侯××－9 井蜡样	碳数峰值	碳数小于 16 的质量分数（%）	粗晶蜡含量（%）	微晶蜡含量（%）	正构烷烃质量分数（%）	异构烷烃质量分数（%）	碳数分布范围	熔点温度（℃）
第 70 根抽油杆蜡样	29	18.33	40.04	41.63	39.85	60.15	10～83	50
第 101 根抽油杆蜡样	29	54.13	25.89	19.98	32.83	67.17	10～91	45

第三节　结蜡影响因素

油井结蜡对油井正常生产造成了很大影响，清防蜡工作已日益受到人们的重视，而要做好清防蜡工作，必须明确在原油生产过程中影响结蜡的多种因素。

1. 温度

温度是影响油气体系石蜡沉积的重要因素。石蜡从原油中析出和沉积的主要原因是其溶解度的降低，而石蜡在原油中溶解度的变化是由于温度或压力的改变、原油中溶解气的损失以及原油中轻质组分损失等原因引起的。高温时石蜡都溶解在原油中，随着温度的下降，石蜡的溶解度急剧降低，当温度降低到析蜡点时，开始有石蜡晶体从原油中析出并沉积，随着温度进一步降低，大量石蜡从原油中析出，石蜡晶体相互叠合形成三维网状结构，一旦这种网状结构遍布于整个原油体系之后，大量的可以流动的轻质油组分被包围其中，使原油失去液体性质而更像一个弹性固体。图 1－5 为不同介质中石蜡溶解量与温度的关系曲线。

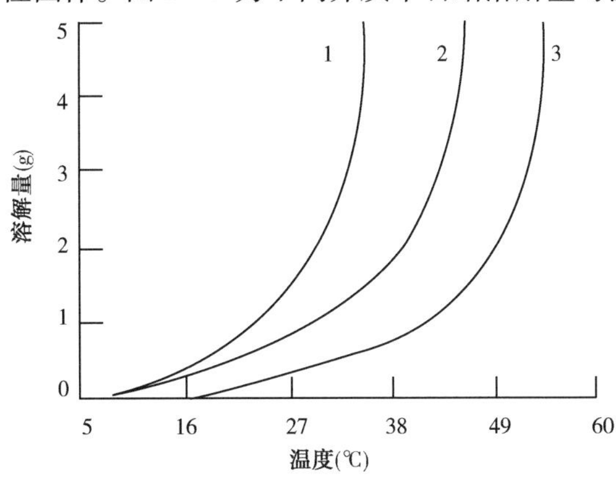

图 1－5　不同介质中石蜡溶解量与温度的关系曲线

1—0.7352g/cm^3 的汽油；2—0.8299g/cm^3 的原油；

3—0.8816g/cm^3 的脱气原油

2. 压力

压力是影响有机固相沉积的另一重要因素。压力的改变将引起油气体系物理化学性质的变化，并影响体系中轻质组分的含量，在较高压力下（高于泡点压力），原油中含有大量的轻质组分和溶解气，在某种程度上它们是石蜡的溶剂。

因此在较高压力下，原油中的溶解气和轻质组分不易挥发，原油中的石蜡含量将低于石蜡的饱和度浓度，这不利于石蜡的沉积，当体系的压力降低到低于泡点压力时，溶解气和轻质组分从原油中大量逸出，使得液相溶剂迅速减少，有两种相反的趋势：一方面随着液相体积的减少，溶解固体的液体溶剂量变得较少，固相的含量可能大于其饱和浓度，这将使固相趋于沉积；另一方面，随着溶解气和轻质组分的释放，液相体积减小，液相的相对分子质量变大，使得体系变得更重，根据相似相溶原理，这将趋于溶解更多的固体，因此，低于泡点以下固相沉积是否发生取决于这两种影响之间的平衡。而实际情况表明，在低于泡点压力的初始阶段，有大量气体排出且液体减少，固相沉积增加；随着压力的继续降低，如果由于丙烷和丁烷损失，主要表现为液体相对分子质量的增加，那么在较低的压力下，固体沉积有一个减少的趋势，而在泡点压力以上，固体沉积随压力增加而减少（表 1 – 10）。

表 1 – 10　长庆油田某区块不同气油比、不同压力下含气原油的析蜡点

气油比（m^3/t）	析蜡点（℃）						
	13MPa	11MPa	9MPa	7MPa	5MPa	3MPa	2MPa
160	50.49	50.52	50.59	50.8	51.13	51.37	51.46
120	50.75	50.61	50.77	51.27	51.61	51.83	52.03
80	51.51	50.9	51.3	51.65	51.84	52.05	52.33
40	52.51	52.13	51.87	52.07	52.28	52.37	52.52

3. 油气组成

油气烃类体系的组分、组成特征是有机固相沉积最为关键的内在因素。油气烃类体系的组分、组成的巨大差别，就使得不同体系中多相平衡，特别是固相有机物质析出发生的情况十分复杂，且差别很大。对于体系中的非烃组分和轻质组分起着近似于溶液中的溶剂的作用。在高温高压情况下，这些组分使得较重组分尽可能多地溶解于体系中，而一旦体系降温降压，它们又极易挥发，不仅萃取中间烃，而且增加体系非挥发部分的黏度，使其更易发生固相析出。

（1）溶剂的影响。

在原油中加入溶剂，比如 nC_5，nC_7，nC_9，甲苯和苯等，原油黏度将逐渐降低，与此同时，原油体系的稳定性将被打破，使沥青质发生絮凝或沉积，大量研究表明，一些溶剂对蜡具有溶解作用，从而提高其在原油中的溶解性，降低结晶温度，当有溶剂存在时，烷烃混合物在相当低的温度下才开始结晶。

（2）重质组分的影响。

油气体系中的重质组分是有机固相沉积的构成基础。其组成直接影响固相的产生和析出的数量。特别应注意到重质组分的类型对固相平衡的影响更加重要。虽然从机理上还没有真正清楚，但已有一定的研究结论，显然，如果重质含量增加，那么固相就易产生。

（3）胶质、沥青质含量的影响。

原油中都不同程度地含有胶质、沥青质。它们将影响蜡的初始结晶温度和蜡的析出过程及结在管壁上的蜡性。为了研究胶质、沥青质对结蜡的影响，在煤油—石蜡体系中做了实验。结果表明，随着胶质含量的增加，可使蜡结晶温度降低，结果见表1－11。

表1－11 胶质含量对初始结晶温度的影响

含量（%）（质量分数）			初始结晶温度（℃）
蜡	胶质	煤油	
8	—	92	18.5
8	1	91	17.0
8	2	90	16.5

由于胶质为表面活性物质，它可吸附于石蜡结晶表面上来阻止结晶的发展。沥青质是胶质的进一步聚合物，它不溶于油，而是以极小的颗粒分散于油中，可成为石蜡结晶的中心，对石蜡结晶起良好的分散作用。根据显微镜下的观察，由于胶质、沥青质的存在，使蜡结晶分散得均匀而致密，且与胶质结合得紧密。但有胶质、沥青质存在时，在管壁上沉积的蜡的强度将明显增加，而不易被油流冲走。因此，原油中所含胶质、沥青质对防蜡和清蜡既有有利的一面，也有不利的一面，即可以减轻结蜡，但结蜡后黏结强度大，不易被油流冲走。

4. 原油中的水和机械杂质

原油中的水和机械杂质对蜡的初始结晶温度影响不大，油中的细小砂粒及机械杂质将成为蜡析出的结晶核心，从而使石蜡结晶析出，加剧结蜡过程。油中含水量增高后，对结蜡过程产生两方面的影响：一是水的比热容大于油的，故含水可减少液流温度降低，二是含水量增加后易在管壁形成连续水膜，不利于蜡的沉积，所以会出现随着油井含水量增加，结蜡程度有所减轻的现象。

5. 液流速度和表面粗糙程度

油井生产实践表明，高产量井结蜡情况没有低产量井严重，这是由于通常高产量井的压力高，脱气少，初始结蜡温度较低，同时液流速度大，井筒中热损失小，使油流在井筒内保持较高的温度，蜡不易析出，另一方面由于油流速度高，对管壁的冲刷作用强，使蜡不易沉积在管壁上。

根据在不同材料的管子中所做的流动试验，随着流速的增大，结蜡量增加，到某一速度后，结蜡量随流速的增大而减少（图1－6）。同时还可以看出，管子材料不同，结蜡量也不同，且管壁愈光滑愈不易结蜡。

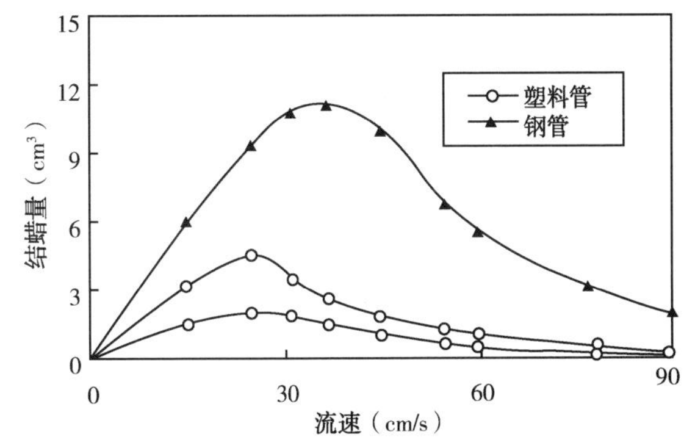

图1－6 流速与结蜡量的关系

总之，温度和压力是影响结蜡的外部条件，而原油组成是内在影响因素。由于原油组成相当复杂，从而有必要继续深入探讨油井结蜡过程及其机理。

参考文献

[1] 冯异勇．石蜡沉积及清除数值模拟研究［D］．西南石油学院，2002.
[2] 罗英俊，万仁溥．采油技术手册［M］．北京：石油工业出版社，2005.
[3] 陈馥，曲金明，王福祥．油井清防蜡剂的研究现状及发展方向［J］．石油与天然气化工，2003，32（4）：243－245.
[4] 肖修龙，代庆湘．坪北油田结蜡情况调查与防蜡剂研究［J］．江汉采油工艺，2006，10（3）：31－35.
[5] 王彪，董丽坚．中国含蜡原油蜡的特点及清防蜡技术［C］．SPE 29954，1995.
[6] Pedersen K S. 石油和天然气的性质［M］．郭天民，等译．北京：石油工业出版社，1992.
[7] 王在强，王秀华，潘宏文．油井清防蜡工艺在西峰油田的应用［J］．断块油气田，2007，14（2）：76－77.
[8] 权忠舆．有关原油流变性与石油化学的讨论［J］．油气储运，1996，15（10）：1－6.
[9] 王彪，张怀斌，张付生，等．一种新型原油降凝剂的研究［J］．石油学报，1998，19（2）：98－102.

第二章　油井清防蜡技术

油井在生产过程中结蜡严重会影响油井正常产液，甚至出现蜡卡管柱、蜡堵地面管线等现象，同时结蜡导致机械采油井能耗大幅上升，采油成本上升，不利于节能减排。不仅要投入大量人力、物力、财力进行频繁的洗井、检泵作业，而且直接影响油井生产，导致油井产量下降。油田技术人员对清防蜡技术的研究已有多年，形成了多种清防蜡工艺方法，主要包括化学清防蜡及物理清防蜡。本章主要对油田常用的清防蜡技术进行阐述，分别介绍了近年来清防蜡新工艺技术的进展，同时在清蜡剂方面论述了清蜡剂中有机氯的危害及测试方法，在热洗清蜡技术方面，论述了清蜡温度的确定。

第一节　化学清蜡

一、化学清蜡剂类型

清蜡剂的作用过程是将已沉积的蜡溶解或分散开，使其在油井原油中处于溶解或小颗粒悬浮状态而随油井液流出，涉及渗透、溶解和分散等过程。

1. 油溶型清蜡剂

现场使用的油溶型清防蜡剂配方很多，主要由有机溶剂、表面活性剂和少量聚合物组成，其中有机溶剂主要是将沉积在管壁上的蜡溶解，表面活性剂有助于有机溶剂沿沉积蜡中的缝隙和蜡与油井管壁的缝隙渗入进去以增加接触面，提高溶解速度，并促进沉积在管壁表面上的蜡与管壁表面脱落，使之随油流带出油井。部分油溶型清防蜡剂加入高分子聚合物的目的是希望聚合物与原油中首先析出的蜡晶形成共晶体。由于所加入的聚合物具有特殊结构，分子中具有亲油基团，同时也具有亲水基团，亲油基团与蜡共晶，而亲水基团则伸展在外，阻碍其后析出的蜡与之结合成三维网状结构，从而达到降凝、降黏的目的，也阻碍蜡的沉积并收到一定的防蜡效果。

常用的溶剂有二硫化碳、四氯化碳、氯仿、苯、甲苯、二甲苯、汽油、煤油、柴油等。含有机氯的四氯化碳、氯仿虽然有清蜡性能，但由于其使原油下游加工过程产生严重腐蚀并能使催化剂中毒，已经禁止使用。含有苯类溶剂的苯、甲苯、二甲苯具有优良的溶蜡性能，但存在着对施工人员吸入身体后产生健康危害的缺点，目前还没有完全取代，必须要求施工人员做好防护措施。清蜡剂配方中的溶剂选择向无有机氯、无苯类发展。常用的表面活性剂有烷基或芳基磺酸盐、油溶性烷基铵盐、聚氧乙烯壬基酚醚、磷酸酯等。

油溶型清蜡剂的优点：

（1）对原油适应性较强。

（2）溶蜡速度快，加入油井后见效快。

（3）产品凝固点低，冬季使用方便。

（4）加入聚合物后可以起到防蜡的作用。

油溶型清蜡剂的缺点：

（1）相对密度小，对含水高的油井不太合适。

（2）燃点低，易着火，使用时必须严格执行防火措施。

（3）一般油溶性清蜡剂有毒性。

中国矿业大学李明忠等利用重溶剂油具有较高的密度，和轻质油在溶蜡性能方面具有协同效应，将轻质油与重溶剂油2#按体积比6∶4组成的油基清蜡剂，其密度达0.97g/cm^3，溶蜡速率达0.037g/min。

胜利油田曹怀山等研制的油溶性清防蜡剂CL－92，由有机溶剂、表面活性剂、蜡晶改进剂、加重剂等组成，室内性能测定结果如下：溶蜡速率6.48 g/（mL·min）（50℃）；防蜡率68.9%和73.9%（加量0.1%，两口井原油样）；20～40℃降黏率大于70%～90%。

大庆石油学院范振中等研制FLO油基清防蜡剂，主要由1号和2号活性剂、降黏剂和有机溶剂组成。室内实验表明，溶蜡速率大于0.02g/min，静态防蜡率大于50%，降黏率大于30%，动态防蜡率大于60%。

2. 水溶型清蜡剂

水溶型清蜡剂是由水和多种表面活性剂组成。现场使用的配方是根据各油田原油性质、结蜡条件而筛选出来的，常用的有磺酸盐型、季胺盐型、平平加型、聚醚型四大类，清防蜡剂可以起到综合效应，表面活性剂的润湿反转作用使结蜡表面反转为亲水性表面，表面活性剂被吸附在油管表面上有利于石蜡从表面脱落，不利于蜡在表面上沉积，从而起到防蜡效果。另外，表面活性剂的渗透性能和分散性能帮助清防蜡剂渗入松散结构的蜡晶缝隙里，使蜡分子之间的结合力减弱，从而导致蜡晶拆散而分散于油流中。

水溶型清蜡剂的优点：

（1）相对密度较大，对高含水油井应用效果较好。

（2）使用安全，无着火危险。

（3）也可以起到防蜡作用。

水溶型清蜡剂的缺点：

（1）加入油井见效速度较慢。

（2）凝固点可以达到－20～－30℃，但在严寒的冬季其流动性有待改进。

有文献报道了一些水基清蜡剂的配方：英国有专利采用聚氧乙烯十八烷胺－8（25%）、β－萘酚苯甲酸酯（25%）、聚氧乙烯油醇醚－11（25%）、BPE（20%）或聚氧乙烯壬基酚醛树脂醚－10（25%）组成的水溶性清蜡剂。美国专利采用聚氧乙烯壬基酚醚（或聚氧乙烯异丁基酚醚）（10%）、二乙二醇单丁醚（25%）、甲醇（25%）、水（40%）复配成的清蜡剂。平平加型表面活性剂也可以作为清蜡剂的组分：平平加型表面活性剂（10%）＋硅酸钠（2%）＋水（88%）。也有资料报道利用工业废料作为清蜡剂以降低成本的例子，如用酚醛树脂的废液来生产清蜡剂，配方是：单烷基苯基聚氧乙烯醚（乙氧基化度为10～12）（8%～12%）＋NaBr或NaI（0.002%～0.005%）＋生产酚醛树脂废液（14%）。

3. 乳液型清蜡剂

乳液型清防蜡剂是将油溶型清防蜡剂加入水和乳化剂及稳定剂后形成水包油（O/W）

型乳状液，这种乳状液加入油井后，在井底温度下进行破乳而释放出对蜡具有良好溶解性能的有机溶剂和油溶性表面活性剂，从而起到清蜡和防蜡的双重效果。乳液型清防蜡剂具有油溶型清防蜡剂溶蜡速度快的优点，像水溶型清防蜡剂那样使用安全，不易着火且相对密度较大，但这种清防蜡剂的缺点是在制备和贮存时必须稳定，而到达井底后在井底温度下必须立即破乳，这就对乳化剂的选择和对井底破乳温度有着严格的要求，制备和使用时间条件要求较高，否则就起不到清防蜡作用。

国外利用轻质油25%～30%（质量分数）、水溶性表面活性剂1.5%～2.5%（质量分数）、水溶性乳化剂1.5%～2.5%（质量分数）和发动机油（AS－10）1.0%～2.0%及水混合物配制的乳状液清蜡剂，不仅对管线有较好的清蜡效果，而且对地层孔隙有良好的清洗能力。其中水溶性表面活性剂为壬基酚聚氧乙烯醚（氧乙基化度为10～20），水溶性乳化剂为油酸、亚油酸和树脂酸的复合酯与三乙醇胺的混合物。

西南石油大学刘彝进行了微乳液清蜡剂的研究，利用阴离子表面活性剂（ABS）制备中相微乳液，得到了形成中相微乳液清蜡剂的最佳配方：ABS1.5%（质量分数）、NaCl1.39%（质量分数）、正丁醇3.5%（质量分数）。并探讨了醇、盐对微乳液和清蜡速度的影响，随着醇和盐加量增加，微乳液有下相—中相—上相，其中双连续相微乳液的清蜡效果最好。

西安理工大学陈亮等研制了防冻乳液型清防蜡剂DOC－3，以互溶剂和渗透剂为主要溶剂，并加入适量碱提高乳液的稳定性，制备成O/W型乳液清防蜡剂，其稳定性可达一年以上。2006年1—12月在延长油矿川口采油厂7口油井（低含水、高凝点、结蜡严重）试用，单次加药量180～300kg，加药周期20～30天，结果使油井抽油机电流下降20%，原油产量增加，检泵周期延长（从2个月延长到6个月）。

新疆石油管理局陈勇等研制的ZS－1型乳液清防蜡剂将油基清防蜡剂分散在水基清防蜡剂中制得，研究了碱、乙二醇单丁醚等加入到乳状液中对体系的稳定性和溶蜡速率的影响（即加入适量的碱及乙二醇单丁醚可使乳液体系稳定、增加清防蜡效果）。

二、影响清蜡效果的因素

1. 清蜡剂的类型

根据“相似相容”原理，溶质和溶剂的溶度参数相近时，两者相容性较好，反之，溶质和溶剂的溶度参数相差较大时，两者相容性变小。所以在选择清蜡剂时，应选择与石蜡相容性较好的溶剂。

2. 清蜡剂的溶解速度

在选择清蜡剂溶剂时必须考虑其溶解速度，溶解速度很慢的溶剂在清蜡中是没有实用价值的，溶解速度主要与溶剂的类型和温度相关。

3. 清蜡剂用量的选择

石蜡溶液的黏度随清蜡剂用量的增加而降低，当清蜡剂用量达到某一数值时，其黏度随溶剂用量的增加变化很小（图2－1）。所以选择清蜡剂用量时，应

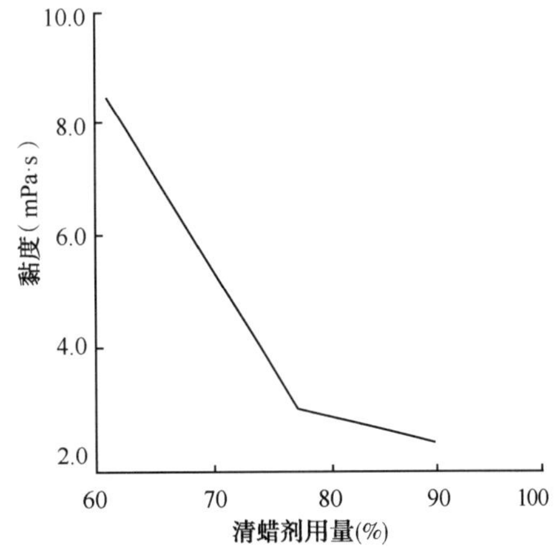

图2－1 某蜡溶液30℃时的黏度与清蜡剂用量的关系

选择在曲线的拐点附近，溶剂用量太少，影响石蜡的溶解速度，过大则会降低经济效益。

4. 清蜡温度的选择

清蜡温度应选择在石蜡熔点的附近，过低会影响清蜡效果，过高则影响清蜡的经济效益。

三、清蜡剂评价与优选

化学清蜡剂种类众多，必须进行优选，选择出效率较高的清蜡剂。但是，如果清蜡剂中含有有机氯，使原油中有机氯含量增大，在进入炼厂后若遇氢化处理或重整反应会生成盐酸，使炼油装置受到严重腐蚀。所以不仅要对溶蜡效率进行评价，还要对有机氯进行检测。

1. 实验蜡样选择

按照技术标准 SY/T 6300—1997 中规定用 56 ~ 58 号石蜡做实验蜡样，以便于在相同的条件下评价清蜡剂。但由于实际油井中蜡的组分远比纯白蜡复杂，这就使得采用标准白蜡和油井黑蜡同时做清蜡剂评价时实验结果相差较大。同一种清蜡剂用两种蜡样所做的溶蜡实验数据差别较大，因此现场筛选评价清蜡剂时必须采集油井的实际蜡样用于实验。

1）蜡样的采集

油井中结的蜡为粗晶蜡、微晶蜡和少部分胶质、沥青质及泥沙等杂质组成的混合物，多呈黑褐色或深褐色，油井结蜡受到温度、压力、产量、含砂和含水等多种因素的影响，在油井纵向上又有软蜡和硬蜡之分。现场采样时可在修井作业时取油管内壁上的硬蜡或采油树内沉积的蜡。蜡样取出后要用塑料袋或玻璃瓶密封，并尽快用于实验。

由于受地质构造、沉积环境和油藏保存条件等因素的影响，同一油藏不同部位的原油物性有一定差别。所以在筛选用于某油藏（或区块）的清蜡剂时要尽量选取在平面上有代表性的蜡样做实验。实际筛选评价清蜡剂时，可以采集原油物性较差、结蜡较严重的几口油井的混合蜡样。更为合理的方法是用加权平均法取某区块内几口井的混合蜡样作为实验蜡样。总之，蜡样的代表性对筛选出合适的清蜡剂是很重要的。

2）实验蜡样的制作

取油田蜡样，将蜡样在 80℃ 的恒温水浴中加热熔化后，用针管吸入样品，迅速注射到直径为 14mm 的金属磨具（图 2－2）中，一直到注满为止，待蜡样完全冷却，松开固定上下两个半球的螺丝，轻轻转动模具，取出蜡球（图 2－3）称量。

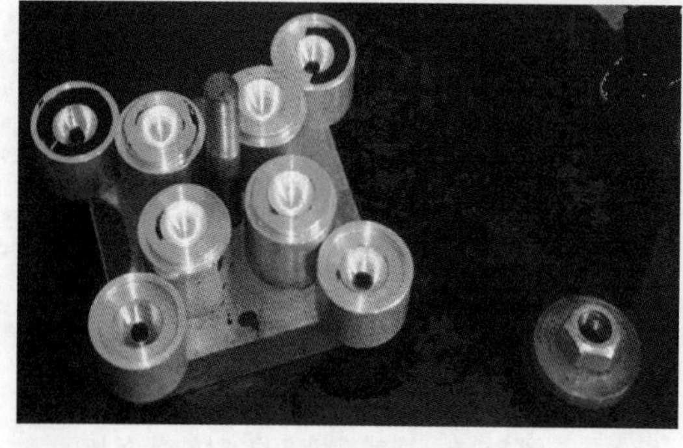

图 2－2　蜡球模具图

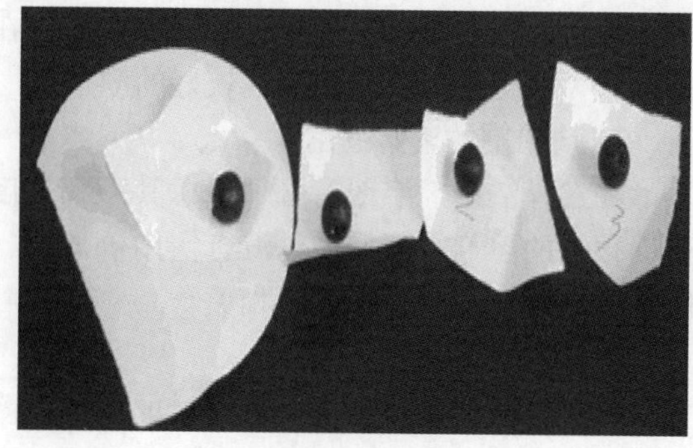

图 2－3　蜡球

2. 溶蜡速率的实验与计算方法

实验采用静态溶蜡法（图2-4）。在50mL的比色管中加入15mL的清防蜡剂，于45℃的恒温水浴中放置20min恒温，加入蜡球，同时开始计时，观察并记录蜡球溶完所用的时间，精确到1min。

溶蜡速率按式（2-1）计算：

$$\gamma = \frac{m_b}{t} \tag{2-1}$$

式中 γ——溶蜡速率，g/min；

m_b——蜡球质量，g；

t——蜡球溶完所用的时间，min。

图2-4 溶解过程中的蜡球

3. 有机氯的危害及测定

有机氯化合物是以碳或烃为骨架与氯相结合的一系列元素有机化合物的总称。其脂溶性好，氯原子增多其化合物的可燃性降低，以气、液、固态存在，广泛用于化学合成品的中间体、溶剂及农药等。有机氯的分类见表2-1。

清蜡剂中的有机氯以氯代烷为主，如四氯化碳、氯仿。

表2-1 有机氯的分类及特征

有机氯分类	代表性物质	典型物质的分子结构
直链脂肪族化合物	如四氯化碳（CCl_4）、氯仿（$CHCl_3$）、氯甲烷（CH_3Cl）等	Cl—C(Cl)(Cl)—Cl 四氯化碳
芳香族化合物	如氯苯（C_6H_5Cl）、氯化萘［$C_{10}H_8-nCl_n$（$n=1\sim8$）］等	（苯环-Cl结构式） 氯苯

续表

有机氯分类	代表性物质	典型物质的分子结构
苯以外的环状化合物	如六氯环己烷（$C_6H_6Cl_6$）等有机氯农药	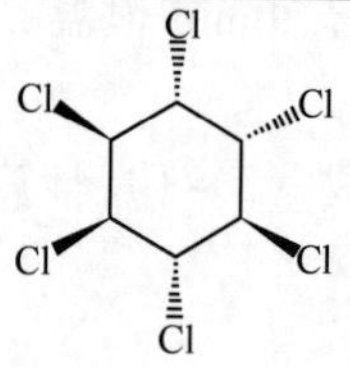 六氯环己烷

1）有机氯的危害

目前，油田清蜡剂主要向环保方向发展，虽然评价标准对有机氯的含量有规定，但人们对其危害性了解甚少。在原油处理方面的降凝剂、破乳剂等化学助剂中含有有机氯，或者炼油过程中使用含有有机氯的破乳剂、脱盐剂和油罐清洗剂等，使原油中氯化物含量升高。这种有机氯会在原油加工过程中导致设备腐蚀和下游催化剂中毒，甚至重大停产事故。

（1）腐蚀。

有机氯在低温下对设备不产生腐蚀，但有机氯在高温高压及氢气存在的条件下，发生化学反应生成氯化氢，石脑油中的硫、氮和氧等经过预加氢反应生成 NH_3，H_2S 和 H_2O。当 HCl 和 NH_3 同时存在时，反应生成结晶点较低的 NH_4Cl（铵盐结晶温度为160～220℃），一般小于350℃就会产生 NH_4Cl 结晶物沉积，堵塞系统通路。

石油加氢处理的目的之一是将有机硫转变为 H_2S，然后将其脱除。H_2S 和 Fe 反应生成 FeS，沉积在设备表面上能形成保护膜。但在预加氢反应生成物中有 HCl，NH_3 和 H_2O 等物质存在，当气相水冷凝成液相水时，H_2S 和 HCl 会溶于水产生酸性环境，硫化物保护膜会溶于盐酸，使新的金属面再次暴露出来从而继续构成循环腐蚀。

氯腐蚀的另一种形式是露点腐蚀和酸性水冲刷腐蚀。当设备内表面温度达到水的露点温度时，含 HCl，H_2O 和 H_2S 的物质就会在设备内表面出现水滴，HCl 或 H_2S 等酸性物质溶于水，形成浓度很高的酸，使金属受到迅速腐蚀，出现大大小小的坑，严重部位出现穿孔。当有足够的液相水生成时，产生的酸性水在流速很高的物流推动下，冲击设备表面，形成对金属表面的酸性水冲刷腐蚀，使设备遭到大面积腐蚀。

（2）对下游催化剂中毒。

在加氢工艺一段转化炉中的水蒸气作用下，氯与转化催化剂中的某些物质形成低熔点或易挥发的表面化合物，使镍催化剂因烧结而破坏其晶相结构，从而永久丧失活性，进料中含氯，会加速镍晶体的熔结，加速催化剂的老化，并且慢慢地通过床层流至下游。

氯对低变催化剂的毒害作用比硫更大，氯与铜锌系列的催化剂首先形成低熔点的金属氯化物，影响变换反应和合成反应，并且氯对催化剂的中毒不能再生。如果进气中氯化物的质量分数达到0.01μg/g，就会显著毒害低变催化剂，使催化剂活性大幅度降低。

2）清蜡剂中有机氯的测定

（1）测定原理。

原油中的氯主要来源于采油过程中加入的含氯油田化学助剂，一般情况下，最容易造成影响的是清防蜡剂。要降低原油氯含量，就必须检测和控制化学药剂中的氯含量，特别是清防蜡剂中的有机氯含量。技术标准 SY/T 6300—2009 要求清蜡剂中不得含有有机氯并列出了测定方法，大庆油田和胜利油田也都制订了相关的企业标准对清蜡剂中有机氯的含量和测定方法进行了规范。

清蜡剂中有机氯含量的测定通常参照 SY/T 6300—1997《采油用清防蜡剂通用技术条件》中“采油用清防蜡剂中有机氯含量测定方法（氧瓶燃烧法）”进行，胜利油田对该方法作出了一些改动，并制定为企业标准 Q/SH 1020 2093—2011《油田用采油助剂中有机氯含量测定方法》。

SY/T 6300—1997 中“采油用清防蜡剂中有机氯含量测定方法（氧瓶燃烧法）”的测定方法为：清蜡剂样品经氧瓶（图 2－5）燃烧分解后，有机氯转变为无机氯，通过 NaOH 溶液吸收后，以 K_2CrO_4 为指示剂，用 $AgNO_3$ 标准溶液滴定。因使用硫酸纸包样品，燃烧后吸收液中产生的 SO_4^{2-} 对 Ag^+ 产生干扰，故用 Ba（NO_3）$_2$ 掩蔽。滴定后计算清蜡剂中的总氯含量，再减去无机氯，即为清蜡剂中的有机氯含量。

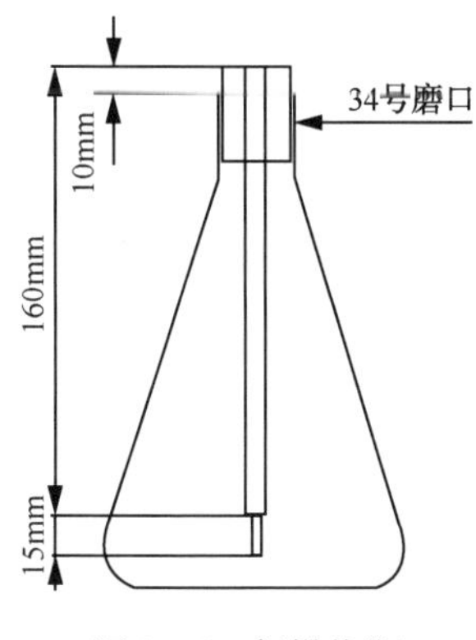

图 2－5 氧燃烧瓶

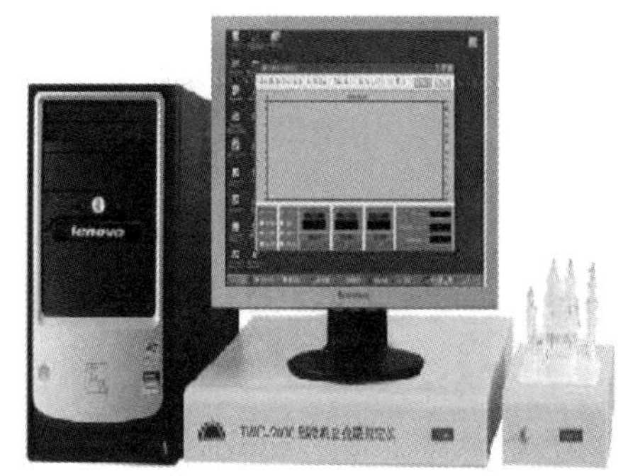
图 2－6 微机盐含量测定仪

Q/SH 1020 2093—2011《油田用采油助剂中有机氯含量测定方法》的测定方法为：样品经氧瓶燃烧分解后，有机氯转变为无机氯，通过 NaOH 溶液吸收后，用盐含量测定仪（图 2－6）测出总氯的含量，再减去无机氯，即为油田用采油助剂中的有机氯含量。因在燃烧分解过程中使用硫酸纸包样品，燃烧后吸收液中引进了 SO_4^{2-}，SO_4^{2-} 和 Ag^+ 生成 Ag_2SO_4 沉淀，产生干扰，故用 Ba（NO_3）$_2$ 掩蔽。

盐含量测定仪测试 Cl^- 含量原理：将处理后的样品注入含一定量 Ag^+ 的乙酸电解液中，试样中的 Cl^- 即与 Ag^+ 发生反应：

$$Cl^- + Ag^+ \longrightarrow AgCl$$

反应消耗的 Ag^+ 由发生电极电生补充，通过测量电生 Ag^+ 消耗的电量，根据法拉第定律即可求得 Cl^- 含量。

（2）油田用采油助剂中有机氯含量测定方法实验步骤。

①按图 2－5 要求，剪两张同样大小的硫酸纸旗，一张用于空白，一张用于样品。在一张用于样品的硫酸纸旗中央放置约 0.05g 的脱脂棉，用纸旗卷起脱脂棉固定在燃烧瓶支撑杆的铂丝上，在脱脂棉上用 1mL 注射器滴加样品，样品称样量 0.05～0.10g 为宜，准确至 0.0001g，记录其质量为 m_1，一张用于空白的硫酸纸旗只放置约 0.05g 的脱脂棉。样品与空

白使用的脱脂棉质量、大小应尽量一致。挥发性低的药剂可以用定量滤纸代替硫酸纸旗。在氧燃烧瓶中加入质量分数为30%的过氧化氢和0.1mol/L的氢氧化钠各2mL。

②以适当流速（液面呈微波纹状）向氧燃烧瓶内通入氧气2min，然后一手紧握氧燃烧瓶，另一手拿起氧燃烧瓶的瓶塞在酒精灯上点燃硫酸纸旗，迅速将瓶塞小心插入瓶口，盖好瓶塞，用手顶住瓶塞将氧燃烧瓶底向上倾斜，使吸收液封住瓶口。燃烧完毕稍冷却后，轻摇氧燃烧瓶几次，使吸收液润湿瓶壁，然后放置30min至白烟消失。

③用20mL蒸馏水分3次冲洗氧燃烧瓶壁和支撑杆，然后移至100mL容量瓶中，混合醇定容。若使用硫酸纸旗，在吸收液中再加入质量分数为0.2%的硝酸钡1mL，掩蔽硫酸纸旗引入的SO_4^{2-}对Ag^+的干扰。用定量滤纸燃烧时可不用加$Ba(NO_3)_2$掩蔽。

④调好偏压，待基线平稳后，加Cl^-标样测平均转化率或加标回收率，平均转化率或加标回收率在100% ±10%之间可认为仪器处于正常状态。之后用微量进样器向电解池中加入处理好的样品溶液测出总的氯离子浓度X_1。用同样的方法做空白试验，记录空白中Cl^-的浓度X_{01}。

⑤在100mL容量瓶中加入样品，称样量尽量与总氯测试时一致，准确至0.0001g，称量后记录其质量为m_2，加入混合醇溶液进行定容，摇匀。按步骤④进行实验，记录样品中无机氯的浓度X_2。用盐含量分析仪对混合醇溶液进行空白试验，记录空白中Cl^-的浓度X_{02}。

总氯含量按式（2-2）计算：

$$A_{总} = \frac{(X_1 - X_{01}) \times 100}{m_1 \times 10^6} \times 100 \tag{2-2}$$

式中 $A_{总}$——总氯含量,%；

X_1——烧后样品醇溶液中中总氯的浓度，mg/L；

X_{01}——空白中氯离子的浓度，mg/L；

m_1——试样质量，g。

无机氯含量按式（2-3）计算：

$$A_{无} = \frac{(X_2 - X_{02}) \times 100}{m_2 \times 10^6} \times 100 \tag{2-3}$$

式中 $A_{无}$——无机氯含量,%；

X_2——样品醇溶液中无机氯的浓度，mg/L；

X_{02}——空白中氯离子的浓度，mg/L；

m_2——试样质量，g。

有机氯含量按式（2-4）计算：

$$A_{有} = A_{总} - A_{无} \tag{2-4}$$

式中 $A_{有}$——有机氯的含量,%。

（3）油田清防蜡剂中有机氯含量测定方法检测实例。

对某油田清防蜡剂按照Q/SH 1020 2093—2011《油田用采油助剂中有机氯含量测定方法》进行了检测，检测结果见表2-2。

结果显示，36个清防蜡剂样品中，除A35型号、A36型号2个样品严重超标外（达到59.16%～62.97%），其他34个样品中有机氯含量均在0.09%以下。依据大庆油田Q/SYDQ 0829—2006《清蜡剂产品验收和使用效果检验指标及方法》，有机氯含量在0.2%以下均为合格。

表 2-2　清防蜡剂中有机氯含量检测结果

助剂名称	型号	有机氯含量（%）
清防蜡剂	A1，A2，A5，A6，A7，A9，A10，A12，A17，A18，A19，A21，A22，A23，A24，A25，A26，A27，A28，A29，A30	0.00
清防蜡剂	A8，A11，A13，A14，A20，A33，A34	0.04~0.09
清防蜡剂	A35，A36	59.16~62.97
强力清蜡剂	B3，B4，B16，B31，B32	0.00
强力清蜡剂	B15	0.08

四、典型清蜡剂配方

1. 国外专利典型配方

美国专利号为 US6176243 的发明专利 “Composition for Paraffin Removal from Oilfield Equipment” 配方主要讲述的清蜡剂是一种安全的、不自燃的、可生物降解的清蜡剂，其配方按质量分数主要包括柠檬烯（0.3%）、乙二醇醚（3%）、乙氧基醇表面活性剂（1%）、带有 1~4 个 C 原子的脂肪醇（0.3%）、有机酸（0.3%）、水（95%）。脂肪醇可以是甲醇、乙醇或者它们的混合物；有机酸是醋酸、柠檬酸、甲酸的一种。

美国专利号为 US4380268 的发明专利 “Petroleum and Gas Well Enhancement Agent” 清蜡剂配方按质量分数，主要由醇和环氧乙烷组成的聚合物（10%）、硅酸钠（2%）、水（88%）组成。

2. 国内专利典型配方

专利号为 93110192.1 的发明专利 “一种采油用的油井清蜡剂” 介绍的清蜡剂配方主要由不饱和烃的裂解汽油、煤油馏分、重质烃类、抗氧剂或阻聚剂、表面活性剂、渗透剂配制而成。配制时，将含有不饱和烃的裂解汽油、煤油馏分与重质芳烃按 8:2 至 1:1 配置（质量），首先在含有不饱和烃的裂解汽油、煤油馏分中加入 0.5‰~1‰的抗氧剂 2，6 二叔丁基-4 甲基苯酚或阻聚剂间甲酚，然后加入重质芳香烃和 1%~3% 的表面活性剂 OP-15 或 OP-7，最后加入 3‰~5‰的渗透剂丁基醚或丁醇，在常温常压下均匀搅拌，制成成品。其相对密度大于 0.86，闪点大于 60℃。含不饱和烃的裂解汽油、煤油馏分的作用在于迅速溶解石蜡沉积物；重质烃类用于增加清蜡剂的相对密度和溶蜡速度；表面活性剂通常采用 OP 系列，作用是促进重质芳香烃与轻质芳香烃均匀混合不分层；抗氧化剂或阻聚剂的作用是保护组分中不饱和物不氧化与不缩聚；渗透剂的作用是增加清蜡剂的渗透性。

专利号为 200410023491.8 的发明专利 “清洁型高效清蜡剂” 介绍的配方按体积分数主要由低密度溶剂（67%~29.5%）、高密度溶剂（30%~67%）和油溶性渗透剂（0.5%~3%）混合组成。其中低密度溶剂可以是溶剂油、轻质油、石油醚等，首选轻质油。高密度溶剂主要是重质芳香烃。渗透剂可以是渗透剂 T、渗透剂 TX、渗透剂 OT、渗透剂 JFC，优选渗透剂 JFC。其特点是将两种在溶蜡速率方面具有协同效应的低迷地溶剂和重质芳香烃复配，使混合溶剂不但具有较高的溶蜡性能，还具有较高的密度。

专利号为98107596.7的发明专利“油田用油井清蜡剂”配方是由烷烃、芳香烃、卤代烷及表面活性剂组成，其各组分配比为：烷烃30%～55%、芳香烃30%～60%、卤代烷14.9%～7%、表面活性剂0.1%～3%。其中烷烃是为碳链长度7～10的纯直链烷烃或混合烷烃，芳香烃是甲苯、二甲苯或混合苯，卤代烷是四氧化碳、氯仿，表面活性剂是非离子表活剂JFC、改性松香或聚醚。具有溶蜡速度快、饱和溶蜡量大、凝点低、成本低的特点。

3. 长庆油田采用的主要清蜡剂

长庆油田开发应用了多种清蜡剂，如CX－1，CX－2，CX－3，QL－20，QL－30，HQL－02，FL－3，CJ－3，XL和XL－1等，主要成分由芳香烃类溶剂、醇类、蜡晶分散剂、表面活性剂等组成，具体见表2－3。

表2－3　长庆油田典型清蜡剂

型号	产品主要组分	型号	产品主要组分
CX－1	芳香烃系类溶剂85%，醇类15%	QL－20	芳香烃系类溶剂90%，醇类10%
CX－2	芳香烃系类溶剂85%，互溶剂10%，醇类5%	XL	芳香烃系类溶剂90%，表面活性剂5%，强力渗透剂5%
CX－3	芳香烃系类溶剂60%，蜡晶分散剂10%，蜡晶改进剂10%，表面活性剂20%	XL－1	芳香烃系类溶剂90%，表面活性剂5%，强力渗透剂5%
QL－30	芳香烃系类溶剂粗苯82%，醇类10%，蜡晶改进剂8%	FL－3	助溶剂50%，活性剂25%，降黏剂25%
HQL－02	芳香烃系类溶剂95%，蜡晶改进剂5%	CJ－3	苯、烷烃、芳香烃、卤代烷及表面活性剂组成

五、清蜡剂的加注方式、加药制度及加注实例

清防蜡剂好的清蜡效果不仅要有好的配方，现场加注方式、加药制度也很重要。往往发现筛选出的配方，浓度和用量在室内试验时效果很好，而现场实施效果并不理想，甚至无效，主要是加药方式不当造成的。因此化学清防蜡必须根据油井条件和结蜡情况，采用合适的加药方法来保证充分发挥清蜡剂的清防蜡效果。总的原则是清蜡时要保证足量的清蜡剂有一定时间与石蜡接触，使石蜡溶解和剥离。

1. 加注方式

根据长庆油田的油层井筒特点，形成了3种加药方式：

（1）油套连通，套管不带压加药。将清蜡剂通过套管口直接投加，可一次或多次批量加入油套环形空间。主要适用于原油中含有少量的伴生气，井筒脱气不严重，或不存在脱气现象，井口套管无压力的油井。一般应用于侏罗系。

（2）油套连通，套管有一定压力。加药时采用加药罐（图2－7），依靠清蜡剂自重沉降到井底。加药量主要依靠阀门开启程度控制，保持一定时段连续加注，当设定的药量加注完后，需要补充药剂。加药时，先关闭进气阀和连通阀，打开放空阀放空，再打开加

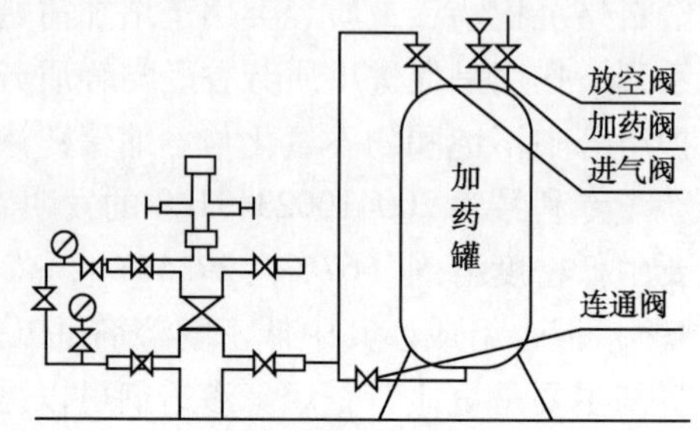

图2－7　清防蜡剂加药装置示意图

药阀加足够量的药，然后关闭加药阀和放空阀，打开进气阀。主要适用于原油中含有较多的伴生气，井筒脱气严重，或不存在脱气现象套压较高的油井。一般应用于三叠系。

（3）油套不连通，井下有封隔器。油管安装有泄油器，定时采用移动泵车从油管注入，操作时需要关井停抽，打开井下泄油器，从油管定量注入，再关闭泄油器，恢复抽油。

2. 加药制度

通过跟踪油井的载荷，绘制载荷变化趋势图，从而有针对性地调整加药量，实现油井清防蜡的动态监控。图 2－8 是庆××8 井区元东×－5 井的加药调整曲线，从曲线看，1 日至 10 日，加药量保持在 30L，最大载荷持续上升，从 30kN 增加到 35kN；15 日增大加药量，从 30L 增加至 50L，最大载荷降低，25 日观察，最大载荷已降至 30kN。

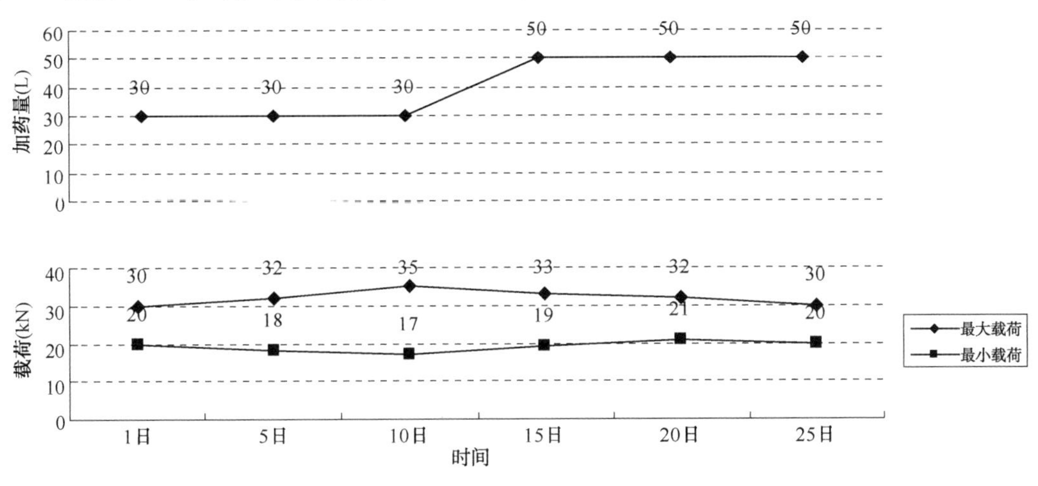

图 2－8　元东×－5 井加药调整曲线

3. 加注实例

1）白豹油田清蜡剂加注情况

白豹油田进行了高效清蜡剂 HQ－1N 加注试验，采用的加药制度为：前期采用连续大剂量，载荷下降后每 5 天 50kg。典型井的清蜡工作情况如表 2－4 所示。清蜡剂加注方式为：在油套环空采用冲击式加注清蜡剂，每 2 天加 1 次，每次 100～150kg，待清蜡剂靠自重沉降到井底，停井 20～30min，开井抽油。不断观察抽油机载荷变化情况，待抽油机载荷降低至正常载荷，每 5 天油套环空加注高效清蜡剂 30～50kg，维持抽油机载荷一个月，清蜡结束。

图 2－9～图 2－11 分别是白××3－2 井、白××1－01 井、白××－03 井的载荷变化曲线。

从这些载荷变化曲线图上可以看出加注清蜡剂 HQ－1N 后，载荷先是有所下降，然后变化平稳，说明清蜡效果较好。

表 2－4　白豹油田清蜡工作情况

施工井号	起始日期	项目	井况
白××3－2	2007. 10. 25	加注清蜡剂	载荷增大，每日 100kg 加药两日后减小
白××1－01	2007. 10. 27	加注清蜡剂	载荷增大，每日 100kg 加药两日后减小
白××－03	2007. 11. 3	加注清蜡剂	载荷增大，每日 100kg 加药三日后减小

注：清蜡剂加注方式为前期采用连续大剂量，载荷下降后每 5 天 50kg。

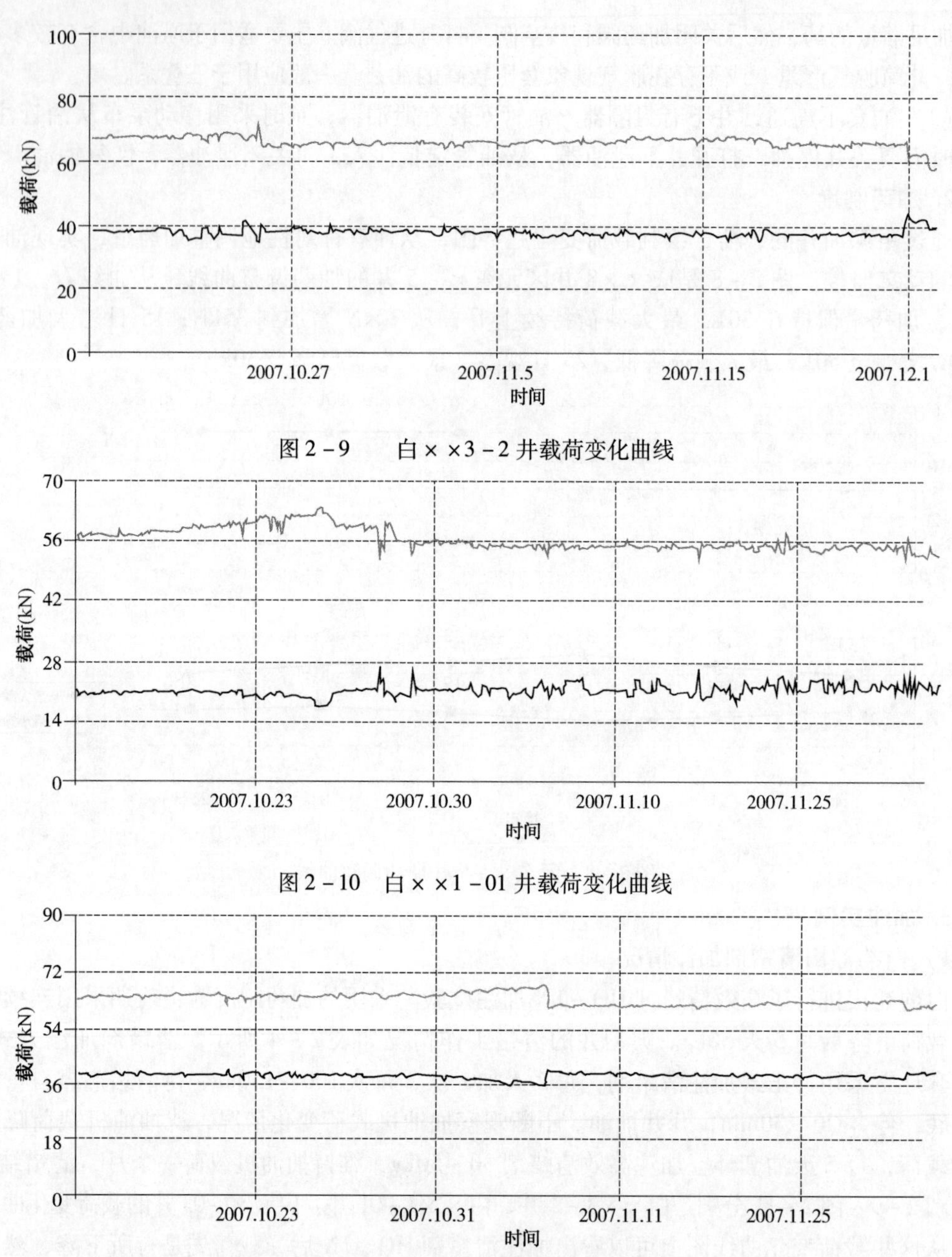

图 2－9　白××3－2 井载荷变化曲线

图 2－10　白××1－01 井载荷变化曲线

图 2－11　白××－03 井载荷变化曲线

2）长庆油田主要采油厂清蜡剂加注情况

长庆油田采油厂在加注清蜡剂过程中，所选清蜡剂的种类、加药浓度、加药周期都是根据各采油厂具体情况制定的，见表 2－5。如采油七厂三叠系加药周期是 10 天，侏罗系加药周期是 5 天。采油一厂根据结蜡周期的长短，确定加药周期和加药量，结蜡周期在 90～120 天的，加药量在 20～25kg，加药周期为 3 天；结蜡周期大于 120 天的，加药量在 20～50kg，加药周期为 15 天。

表 2-5 长庆油田主要采油厂清蜡剂加注情况

采油厂	药剂型号	加药量（kg）	加药周期（d）	投加方式
一厂	CX-2	15~50	3-15	油井套管口加药、加药罐
二厂	CX-2，QL-30，HQL-02	30~60	2~10	
三厂	CX-3，CX-2，QL-30，QL-20，FL-3	5~10	5	
五厂	CJ-3，QL-30，HQL-02	25~100	3~10	
六厂	CX-1，CX-3，HQL-02，QL-30，XL-1	1.5~3	5	
七厂	XL，CX-1，CX-2	15~20	5~10	
八厂	CX-1，CX-2，CX-3，QL-20	10	5~10	
超一	CX-1，CX-2，CX-3，XL	30~50	5~10	
超二	CX-2	15~30	5~10	
超四	HQL-02	10~50	5~10	

第二节 物理清蜡

一、油井热洗清蜡

热洗一直是油田清蜡的基础工艺，一般是利用热油或者热水将热能带入井筒中，提高井筒温度，超过蜡的熔点使蜡熔化达到清蜡的目的，能够使清蜡检泵周期得到延长。

1. 主要的热洗技术

1）常规热洗

这种方法主要是向油套环形空间注入热载体，反循环洗井，边抽边洗，热载体连同产出液通过抽油泵一起从油管排出。常规热洗技术虽取得了一定的效果，但它存在着诸多的缺点：对整个井筒热洗，用液量大、热洗耗时长、热洗能量损耗大、清蜡不彻底、伤害油层。

2）自循环热洗

自循环热洗清蜡是在抽油机协作下完成的热洗清蜡工艺，产出液体不断从井中抽出，经过自循环洗井装置升温后，将热井液以每秒数十米的速度喷射于油套环形空间，快速流入井底，使得油管和井液温度升高。这样就形成了油井自身热载体循环，熔化油管和抽油杆上的积蜡，同时加热并冲洗油管内壁的结蜡，如此循环，形成一个竖向热交换体系，实现热洗清蜡的目的。该工艺与常规洗井的不同之处在于封闭循环加热油套空间内的液体，洗井液的流动只靠抽油机自身的动力，自循环热洗井升温到设定加热温度之后加热炉停火，利用装置内的余热继续加温，降低能耗。

冀东油田在应用自循环洗井后，热洗温度由洗井前的 34~35℃，升高到洗井结束时的 62~66℃，确保了结蜡完全熔化；平均日产液增加 2.5m^3，提高 15%，日产油增加 1.0m^3，提高 14%，含水变化不明显；平均最大载荷降低 3.8kN，降低 4.8%；单次洗井费用比传统热洗减少 2000 元，避免了传统热洗后造成的二次伤害。

3）蒸汽热洗

蒸汽热洗是利用地面高压锅炉车，将清水加热至140℃高温，高温水蒸气从油套环空注入，利用高温将附在油管、抽油杆、抽油泵上的蜡熔化，最终达到清蜡的目的。

（1）蒸汽热洗的优点。

常规泵车热洗时热水温度在85℃左右，油井出口温度在70℃左右，而锅炉车蒸汽热洗时加热温度可以达到120～160℃，一般控制在140℃，油井的出口温度可以达到90℃左右，清蜡效果更好。

针对低产井，由于蒸汽热洗用水量较少，热洗后能更快地将这些水抽出地面，减少含水恢复时间。

（2）蒸汽热洗的缺点。

所用燃料较多，成本较高，不利于节约型企业建设。对高黏度油井冬季降回压效果没有泵车热洗效果好。

4）温控短路热洗

该工艺采用温控热洗阀和温控封隔器配套将油井结蜡段和非结蜡段分开，热洗时，热液从环空注入，当温度达到设定值（56～60℃）时，温控封隔器膨胀密封油套环空，热洗阀打开，热液进入结蜡段，形成短路循环，集中对结蜡段进行热洗，因此能提高热洗效率和效果。

经长庆油田现场热洗使用表明，温控短路热洗用液量减少，时间缩短，抽油机的上下载荷和电流明显下降，达到了用少量液体清蜡的目的。经使用后认为，该工艺初期应用效果比较理想，热洗效率可提高50%（表2－6），但温控短路热洗阀胶筒设计寿命为一年，达不到油井免修期，使用后期热洗通道阀密封装置不严，产生油管漏失现象，因此温控短路热洗阀还需从胶筒设计寿命上做研究。

表2－6　温控短路热洗装置使用初期热洗效果

时　　间	最大载荷/最小载荷（kN）	最大电流（A）
洗井前	31.11/10.97	22
15:50	28.82/12.07	20
16:10	26.27/13.18	18
16:40	23.12/14.03	17
洗后	22.84/14.73	17

注：洗井耗时：90min　热洗用水量：10m^3，井口建热油时间：30min。

5）空心杆短路循环

基本原理：由热洗锅炉车加热热洗介质（通常采用清水），经高压水龙带泵入空心光杆，热水向下经空心杆至单流阀，在此过程中，空心杆被加热，杆体外壁的黏稠物及蜡被熔解，随着上返的油流返至地面。热水经单流阀流入油管内，沿油管向上流动，溶解油管内壁黏稠物及蜡并携至地面。

适用技术要求：选井一般在结蜡严重、热洗周期短，常规清防蜡措施效果不明显的油井；空心杆下入深度1000m以内，泵挂深度2200m以内；若所选井在结蜡段以上有斜度，需在空心杆上安装扶正器。

技术优点：由于洗井液只在空心杆和油管之间流动，因此不会伤害地层，同时由于热洗时不停产，洗井后仅需几小时就可将洗井液完全排出，不会因洗井对油井产量造成任何影响。

6）超导热洗

（1）技术原理。

超导热洗车以抽油泵抽汲形成的泵压为系统循环动力，以油井产出液为循环介质，介质经循环管路进入清蜡装置，被清蜡装置的超导加热器加热后，进入油套环空，经油管采出进入清蜡装置继续加入，再进入油套环空，如此往复循环使井筒温度不断升高，使杆管上的蜡逐渐熔化，并随产出液排到生产管线内，实现清蜡的目的。

（2）技术特点。

①超导热洗效率高，清洁环保。加热温度高，升温快，热效率高，利用油井自身产出液循环洗井，热利用率高，不伤害油层，不压井。

②超导装置安全可靠、操作简单、节约人力，采用自动控制系统，在设定的温度、压力指标内，燃烧器自动测温和自动启停。

③超导热洗也有不足的地方，超导热洗车本身不具备对外提供动力的功能，对井下抽油泵的工作状况要求高，另外对产液量和含水有一定局限性。

（3）应用实例。

坪北油田属于特低渗油藏，油井结蜡严重，平均蜡含量16.5%，引入了GKA超导自动热洗清蜡装置。应用了76口井后，日产液、日产油增加，最大载荷降低，电流下降，延长了油井的免修期，降低能耗，节约成本。

7）自能热洗

（1）技术原理。

该技术以地面抽油设备为动力，以油井环套天然伴生气作能源，以蒸汽或油井自产液作媒介，经该设备加热后，将产出液注入油套环形空间，逐步升温，当油管结蜡段温度达到蜡熔点后，结蜡被熔化，并随产出液举升到地面。

该技术与自循环热洗井技术相比，施工工艺都是液体经过加热，注入油套环形空间，使油管温度升高，结蜡熔化。不同之处在于加热液体的热源不同，自能热洗技术强调利用油井环套天然伴生气作能源，所以具有节能环保的优势。

（2）适用范围。

①被洗油井的动液面大于500m。根据自能热洗工艺原理，被洗油井必须有一定热效应传递空间才能达到熔蜡的目的。

②间歇出油，泵效极差和严重漏失的油井不能为热洗流程提供足够的液量置换热能，不宜适用自能热洗清蜡工艺。

③被洗油井有一定的套管气和伴生天然气。

④深井不宜使用。热油在深井的油套空间循环时间过长，热量散失，热洗效率低。井深超过3000m的井应禁止使用自能热洗。

（3）应用实例。

白豹油田试验了该工艺和常规热洗，实践表明应用自能热洗的白××1－01井在300～

600m 处有 1mm 蜡层，而应用常规热洗的白××0－03 井 400m 以上有 2～4mm 的蜡层，应用自能热洗后，与常规热洗相比，载荷下降幅度大，热洗周期变长。

辽河油田曙光油区应用了自能热洗技术，实施了 80 余井次后，大部分达到了清蜡的目的，对于结蜡不是很严重的井，还达到了增产的效果，典型井曙×－×－05 井自能清蜡热洗前后的示功图显示出了较好的清蜡效果（图 2－12）。

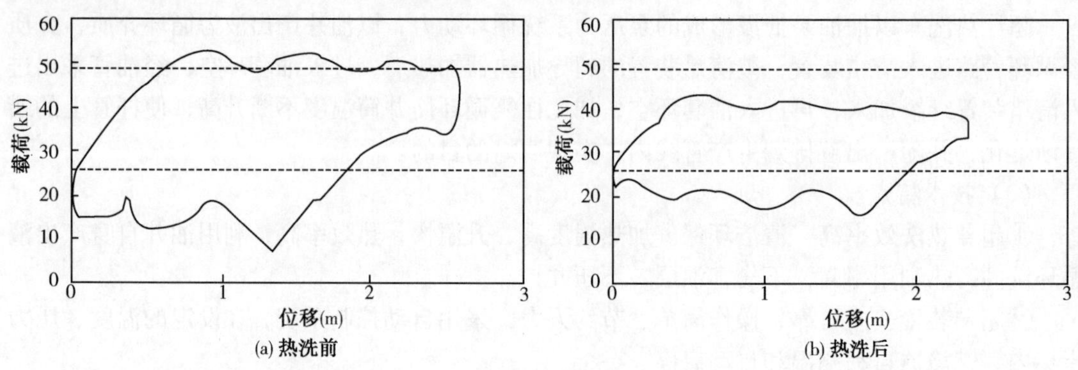

图 2－12　曙×－×－05 井自能清蜡热洗前后示功图

2. 热载体循环洗井设计

1）热载体用量计算

一般可根据矿场实践经验，采用以下经验公式进行计算：

$$K=\frac{CQ\Delta t}{\overline{\omega}} \tag{2-5}$$

式中 C——热载体比热容，J/（kg·℃）；

Q——热载体总用量，kg；

Δt——进出口温差，℃，一般取 40～45℃；

$\overline{\omega}$——结蜡量，kg；

K——经验常数，空心抽油杆洗井取 26151，油套环形空间洗井取 34868。由于各油田情况的差异，有时 K 值需要进行必要的调整。

2）洗井排量的确定

通常在压力允许的条件下尽可能提高排量，一般以 10～15m³/h 为宜。但是在刚开始洗井时，温度和排量都不宜太高，防止大块蜡剥落，造成抽油系统被卡事故，循环正常后才能提高温度和排量。

3）洗井温度的确定

一方面洗井温度要根据蜡的熔点来确定，返出口温度要高于蜡的熔点 30%～50%，蜡的组成碳数越高，返出口温度就越高。

另一方面，如果洗井温度过高，套管受热膨胀，由于水泥固结，限制了套管的自由伸缩，因此套管内部产生了较大压应力，易引起固井水泥环损坏，套管的屈服强度随着温度的升高而下降，在热洗时需要考虑热洗的最大升高温度。

固井后套管的变形受到约束，假设不能产生轴向变形，参考钻井手册及相关文献，受热条件下产生的最大热应力为：

$$\sigma_{max} = E \times C \times \Delta T_{max} \tag{2-6}$$

又

$$\sigma_{max} = A \times Y \tag{2-7}$$

则

$$\Delta T_{max} = \frac{A \times Y}{E \times C} \tag{2-8}$$

式中 ΔT_{max}——热洗井最大温度升高值,℃;

E——钢材弹性模量，MPa，取值参见表2-7；

C——钢的膨胀系数；取 12.1×10^{-6}m/（m·℃）;

Y——套管屈服强度，MPa;

A——不同材料的温升对套管强度降低系数，参考表2-8。

表2-7 不同温度下套管钢材的弹性模量

钢级	弹性模量（10^6MPa）					
	20℃	200℃	250℃	300℃	350℃	400℃
N80	0.206	0.166	0.149	0.136	0.118	0.111
P110	0.206	0.184	0.178	0.173	0.167	0.163

表2-8 不同温度下套管钢材屈服强度降低系数

钢级	套管钢材屈服强度降低系数					
	20℃	200℃	250℃	300℃	350℃	400℃
N80	0.77	0.76	0.76	0.76	0.72	0.66
P110	0.77	0.66	0.65	0.64	0.61	0.57

从上面公式可以看出,A 和 E 是温度的函数，通过试算法把温度分为5个区间进行计算，分别为: $20 \leqslant t \leqslant 200$, $200 \leqslant t \leqslant 250$, $250 \leqslant t \leqslant 300$, $300 \leqslant t \leqslant 350$ 和 $350 \leqslant t \leqslant 400$ ，可求得最大热洗温度。

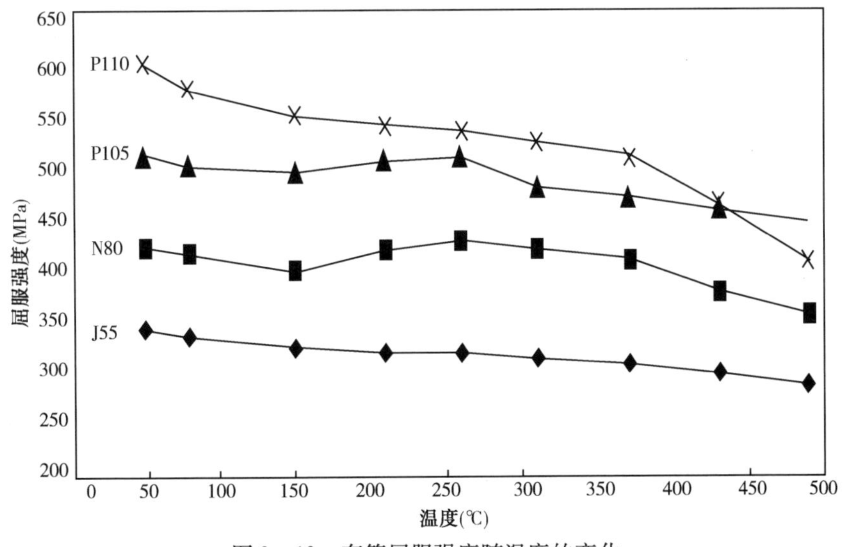

图2-13 套管屈服强度随温度的变化

算例1：某热洗井采用套管为J55套管，屈服强度为379MPa，参考《采油技术手册（第三版）》（罗英俊，万仁溥，2005），不同温度下J55套管的屈服强度（图2－13），计算出套管所允许的最大热洗温升为128℃。

算例2：某热洗井采用套管为N80套管，屈服强度为552MPa，则套管所允许的最大热洗温升为234℃。

算例3：某热洗井采用套管为P110套管，屈服强度为758MPa，则套管所允许的最大热洗温升为218℃。

二、化学生热清蜡

这种清蜡体系是清蜡物质与油管里的水发生化学反应，产生的热量直接扩散到沉积在油管中的石蜡上，将石蜡熔化。

1. 亚硝酸盐与铵盐生热体系

由亚硝酸钠（$NaNO_2$）和硝酸铵（NH_4NO_3）或氯化铵（NH_4Cl），反应方程式如下：

$$NaNO_2 + NH_4NO_3 \longrightarrow N_2\uparrow + 2H_2O + 热量$$

每摩尔产生的热量为5543800J。反应生成物氮气有助于恢复流体的流动。

2. 金属钠与水生热体系

反应方程式为：

$$2Na + 2H_2O = 2NaOH + H_2\uparrow + 热量$$

每摩尔产生热量184800J，生成的氢气有助于流体的流动。

国内塔里木油田LN2－5－13B井运用了该化学生热技术，试验前ϕ38mm通径规通井至井下40m处遇阻，试验后ϕ38mm通径规顺利下放至井下4000m，通井无阻。

3. 过氧化氢生热体系

过氧化氢（H_2O_2）是一种不稳定的氢氧化合物，为无色透明液体，无臭味或稍具特殊气味，遇光、热、有机物和某些金属离子（如Fe^{2+}，Mn^{2+}，Cu^{2+}，Cr^{3+}）会分解，生成氧气和水，并产生196000J/mol的热量，化学反应方程式为：

$$2H_2O_2 \longrightarrow O_2\uparrow + H_2O + 热量$$

由于不稳定，在油气环境使用，由于分解产生氧，易发生火灾爆炸。

4. 多羟基醛氧化生热体系

利用三氧化铬与一种多羟基醛化合物（如葡萄糖），在催化剂的作用下，发生反应，具有强氧化性的三氧化铬将多羟基醛的羰基链氧化断裂，释放出二氧化碳气体和产生107020J/mol的热量，化学反应方程式为：

$$CrO_3 + C_6H_{12}O_6 + 3H^+ \longrightarrow Cr^{3+} + C_5H_{10}O_5 + CO_2 + 热量$$

三、电热杆清蜡

主要是利用电加热原理，将电缆通过空心抽油杆下到井下，接通电源后，利用井中的电缆加热抽油杆，进而加热油管内的原油，这样既可以熔解掉抽油杆上的蜡起到清蜡作用，又可以使井筒内的原油温度保持在凝固点和析蜡点以上，这样从根本上解决了结蜡问题。

电热杆加热温度高，可达到100℃，且加热温度可人为通过控制加热时间自由控制；作业维修方便，与普通检泵井相比，只多了起下电缆的工序；容易掌握，使用方便，只需根据加热周期和加热温度及时送电、断电即可；选井条件宽，只对井斜有要求，如斜度过大，空心杆磨损严重，则寿命短。

阿塞拜疆 KARABAGLI 油田平均地温梯度 2℃/100m，原油含蜡 8.6% ~12.9%，胶质与沥青质含量 11.3%，凝固点 24℃，油井生产管柱 900 ~ 1300m 以上结蜡严重。选用长度为 1150m 的加热电缆，下井 1100m，另 50m 作为地面余量，使用 75kW 供电装置，加热制度：每 72h 加热 5h，通电加热 2h 后，出油温度即达到了 50℃，在随后的 3h 里，温度维持在 52 ~ 53℃之间，可以充分熔化管柱内的积蜡。

四、机械清蜡

抽油机自动清蜡装置在正常工作时，步进簧夹紧抽油杆柱，传递抽油杆柱的运动力，迫使清蜡装置运行。换向楔齿向油管壁，使清蜡装置单向运动，直至换向器的扩腔中才直立起来，而后进行换向向反方向运动，当清蜡装置的主体运动到抽油杆接头处时，抽油杆接箍的“楔形构造”迫使步进簧张开通过清蜡器主体运动时，刀口部位刮除油管内壁上附着的蜡质成分；而当清蜡器主体停止时，抽油杆柱在步进簧中滑行，刮除抽油杆上的蜡质。清蜡装置随着抽油杆柱的运动而连续运行于上下换向器之间的结蜡区段。

与其他的清蜡方式相比，管理方便，操作简单，不伤害油层，不影响产量，可减少油井清蜡工作量，降低工人的劳动强度，但结蜡区间内必须保持直径段，最大井斜不得超过 7°，清蜡主体运动困难。

五、电磁清蜡

基本原理是利用地面电磁波源，将油杆和油管作为两极，油杆为正极，油管为负极，发射横电磁波。利用油杆和油管内介质对电磁波损耗特性，使电磁能转化为热能作用于结蜡段，达到清洗油管结蜡的目的。热作用主要分两方面：

（1）抽油杆电阻损耗由电磁能转化为焦耳热，对管内介质加热，使之变为熔化状态产生流动。这种作用是从油杆表面向外的热传导过程，属于面加热。

（2）油管内介质在高频电磁场作用下，极性分子随电磁波的频率振动，形成共振状态，吸收电磁能转化为分子动能，直接将电磁能转化为热能。由于电磁场是在整个油管内作用于介质，各部分同时受热，加热方式为体加热，热作用效率高。吸收的电磁能与环空内的电场强度和磁场强度成正比，与电磁波的频率及介质的电导率有关。

另外，由于磁场存在，对介质还有降黏作用。

六、超声波 + 电热清蜡

1. 清蜡原理

该种清蜡技术主要是根据超声波在特定频率下对两种不同介质之间的剥离作用（蜡和杆、管壁）及蜡的高温易熔性，而设计制造的一种新型油井清蜡工艺，其操作方法：由车载滚筒带动，将特种电缆和超声波换能器从抽油机井偏心井口下入井下，由地面超声波发生机将振荡信号经电缆传输给井下换能器，以发射纵向超声波（沿油管方向）。在声波的作用下，使结在抽油杆表面及油管和套管壁上的蜡逐步剥蚀并与管壁分管，特种电缆发热将蜡熔化，在抽油机的往复运动下，随液体一起抽出。

2. 适用范围

（1）该种清蜡方法目前只适用于抽油机井，井口必须是偏心井口，无偏心井口的井无法清蜡。

（2）不适用于斜井清蜡。

第三节　化学防蜡

化学防蜡因防蜡机理明确，使用简单，应用效果好，成为油井防蜡技术的主体技术。

一、化学防蜡剂的分类

能抑制原油中蜡晶析出、长大、聚集和（或）在固体表面上沉积的化学剂称为防蜡剂。根据防蜡剂的结构及作用机理，防蜡剂可分为稠环芳香烃型、表面活性剂型、聚合物型3种；根据防蜡剂的形态，可分为液体防蜡剂和固体防蜡剂。

1. 稠环芳香烃型

稠环芳香烃是指含有两个或两个以上苯环分别共用两个相邻的碳原子而成的芳香烃，如萘、菲、蒽、芘、苊、苯并苊、芴等都属于稠环芳香烃，主要来自于煤焦油。稠环芳香烃的衍生物等也有稠环芳香烃的作用。

稠环芳香烃在原油中的溶解度低于石蜡，将它们溶于溶剂中从环形空间加至井底，并随原油一起采出。在采出过程中随着温度和压力的降低，稠环芳香烃首先析出，给石蜡的析出提供了大量晶核，使石蜡在稠环芳香烃的晶核上析出。但这样形成的蜡晶不易继续长大，因为在蜡晶中的稠环芳香烃分子影响了蜡晶的排列，使蜡晶的晶核扭曲变形，不利于蜡晶发育长大，这样就可使这些变形的蜡晶分散在油中被油流携带至地面，起到防蜡作用。

也可将稠环芳香烃掺入加重剂，制成棒状或颗粒状固体投入井底，使其缓慢溶解，延长使用效果。

2. 表面活性剂型

用于防蜡的表面活性剂可以是油溶性的，也可是水溶性的，二者的作用原理不同。

油溶性表面活性剂是通过吸附在蜡晶表面，使非极性的蜡晶表面变成极性的蜡晶表面，从而抑制了蜡晶的进一步长大；水溶性表面活性剂是通过吸附在结蜡表面，使非极性的结蜡表面变成极性表面，从而防止了蜡的沉积。

根据表面活性剂防蜡作用机理，表面活性剂型防蜡剂加入原油中后，使油水乳液由W/O型转变成O/W型，或迅速破乳，脱出部分水分，形成水外相或在管壁上形成活性水膜，使非极性的蜡晶不易黏附。另外，表面活性剂分子的非极性基团与蜡晶颗粒结合，使之吸附在蜡晶颗粒上，亲水的极性基团向外，形成一个不利于非极性石蜡在上面结晶生长的极性表面，使颗粒保持细小的状态，悬浮在原油中，达到防蜡的目的。

油溶性表面活性剂型防蜡剂主要有石油磺酸盐和胺型表面活性剂。水溶性表面活性剂型防蜡剂主要有季胺盐型、平平加型、OP型、聚醚型和吐温型等，也可用硫酸酯盐化或磺烃基化的平平加型活性剂和 OP 型活性剂。

3. 聚合物型

这类防蜡剂都是油溶性的梳状聚合物，分子中有一定长度的侧链，在分子主链或侧链中具有与石蜡分子类似的结构和极性基团。在较低的温度下，它们分子中类似石蜡的结构与石蜡分子形成共晶。由于其分子中还有极性基团，所以形成的晶核扭曲变形，不利于蜡晶继续长大。此外，这些聚合物的分子链较长，可在油中形成遍及整个原油的网络结构，使形成的小晶核处于分散状态，不能相互聚集长大，也不易在油管或抽油杆表面上沉积，而易被油流带走。

下列聚合物可作为防蜡剂：

CH_2OOCR OH HO O CH_2OOCR OH HO O $]_n$

（直链淀粉脂肪酸酯）

$-[CH_2-CH(COOR)]_n-$

（聚丙烯酸酯）

$-[CH_2-CH(OOCR)]_n-$

（聚羧酸乙烯酯）

$-[CH_2-CH(R)]_m-[CH_2-CH(C_6H_5)]_n-$

（α－烯—苯乙烯共聚物）

$-[CH_2-CH(R)]_m-[CH_2-CH(CH_3)]_n-$

（α－烯—丙烯共聚物）

$-[CH_2-CH_2]_m-[CH_2-CH(COOR)]_n-$

（乙烯—丙烯酸酯共聚物）

$-[CH_2-CH_2]_m-[CH_2-CH(OOCR)]_n-$

（乙烯—羧酸乙烯酯共聚物）

$-[CH_2-CH_2]_m-[CH_2-C(CH_3)(COOR)]_n-$

（乙烯—甲基丙烯酸酯共聚物）

$-[CH_2-CH_2]_m-[CH_2-C(CH_3)(OOCR)]_n-$

（乙烯—羧酸丙烯酯共聚物）

$-[CH_2-CH(C_6H_5)]_m-[CH(COOR)-CH(COOR)]_n-$

（苯乙烯—顺丁烯二酸酯共聚物）

$-[CH_2-CH(R)]_m-[CH(COOR)-CH(COOR)]_n-$

（α－烯—顺丁烯二酸酯共聚物）

这些梳状聚合物是效果好、有发展前景的防蜡剂，复配使用时有很好的协同效应。聚合物防蜡剂侧链的长短直接与防蜡效果有关，当侧链平均碳原子数与原油中蜡的峰值碳数相近时，最有利蜡的析出，可获得最佳防蜡效果。

二、防蜡剂的作用机理及分析方法

1. 防蜡剂作用机理

蜡在结晶过程中首先要有一个稳定的晶核存在，这个晶核就成为蜡分子聚集的生长中心。随着原油温度的降低，越来越多的蜡分子从原油中沉积出来，沉积的蜡分子浓度也会越来越大，并足以使原油中蜡分子束破裂，使其平衡遭到破坏，随之而来便是分子束的叠加作用，而使蜡晶增长。蜡从原油中结晶析出后，就有可能在管壁表面直接生长，或者油中的蜡晶彼此结合，并在金属表面堆积。针对这种结蜡理论，主要的防蜡机理有：

（1）成核作用。

在高于原油析蜡温度时，防蜡剂从原油中析出，产生大量的结晶中心，石蜡烷烃则黏附在防蜡剂的微晶上，蜡晶之间不趋于连接。沥青质能有效地降低井壁蜡沉积的机理就是沥青质的成核作用。实验证明，大部分沥青质原油的蜡晶生长快，因此人们将类似于沥青质结构的稠环烃用作防蜡剂。

（2）共结晶理论。

原油温度降至析蜡温度时，防蜡剂与石蜡同时析出生成混合晶体即共结晶，与纯蜡相比，这种晶体的晶形不规则、不完整，分支较多，破坏了纯蜡晶生长的方向性，抑制了蜡晶网状结构的形成。根据这一理论，防蜡剂大分子的支链通常应具有该石油中石蜡类型的链接，链长和基团以便能与蜡晶共同析出，对于低倾点原油或石蜡相对分子质量较低的含蜡原油多用短支链防蜡剂。例如，聚甲基丙烯酸酯是具有梳形链结构的支链高分子，其多个侧链烷基能与石蜡共结晶。

（3）吸附理论。

在原油温度低于析蜡温度之后，防蜡剂被吸附到已形成蜡晶表面，抑制其生长，阻止蜡晶之间相互连接和聚集，烷基萘之类的芳香烃防蜡剂就是通过对蜡晶的吸附作用，促使原油倾点降低，用显微镜观察加入烷基芳香族防蜡剂的油样时发现，蜡不是片状或针状，而是有分支的星型结晶，使蜡晶处于分散状态。

2. 机理分析方法

以乙烯—醋酸乙烯酯—丙烯酸三元共聚物与一种非离子型表面活性剂进行复配的防蜡剂为例对长庆油田现场分离的纯蜡样机理进行讲述。

（1）偏光显微镜法。

偏光显微镜可以分析蜡晶的光学形态，通过观察加入防蜡剂前后蜡晶结构的变化，分析防蜡的机理。

实验时，将蜡晶改进剂或表面活性剂溶解在特定溶剂中，配制成质量分数为0.1%的稀溶液。在试管中熔化0.5g石蜡，并定量加入上述稀溶液后，混合均匀直到凝结。然后取少量熔体移到显微镜的载玻片上，轻轻地用盖玻片盖上，在80~90℃下恒温10min左右。将恒温过的载玻片放在已调好的偏光显微镜上观察结晶体，并分别同纯蜡样、蜡晶改进剂和表面活性剂等进行对照，记录观察到的现象并拍照（图2-14~图2-16）。

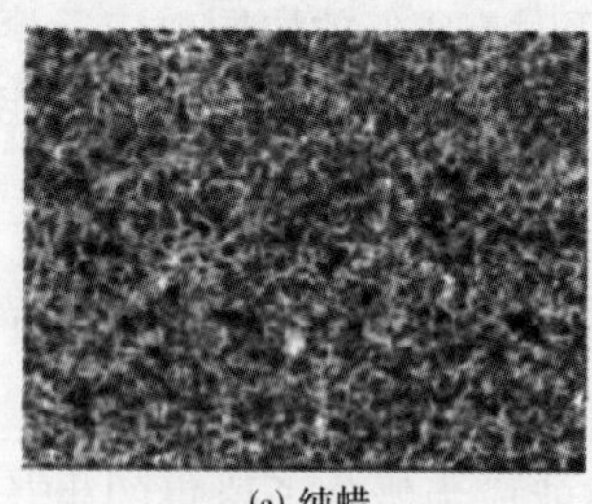

(a) 纯蜡

(b) 蜡晶改进剂

(c) 表面活性剂

图2-14　混合前各试样的照片

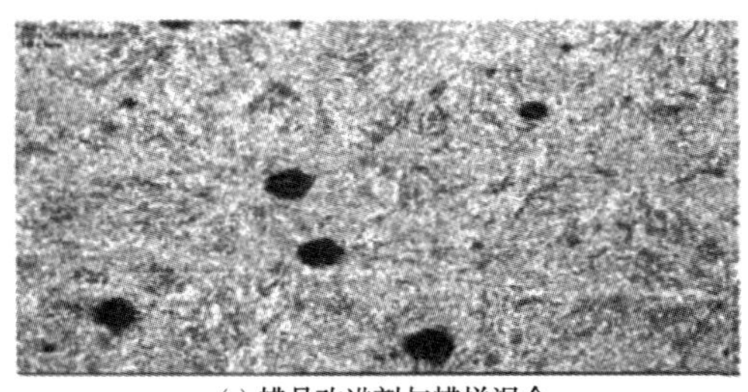
(a) 蜡晶改进剂与蜡样混合

(b) 表面活性剂与蜡样混合

图 2－15　单组分与纯蜡组合的照片

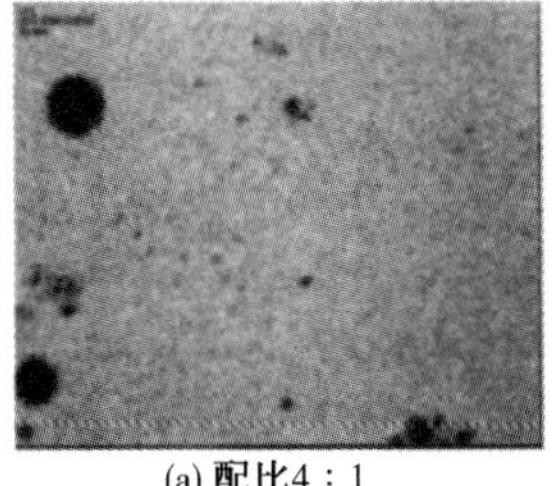
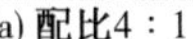
(a) 配比4：1

(b) 配比2：1

(c) 配比1：1

图 2－16　蜡晶改进剂与表面活性剂在不同配比下的照片

图2－14（a）表明纯蜡样是由一些针状纤维紧密地连接而成，纤维较大，结构致密。从图2－14（b）看出明显的十字消光性，表明蜡晶改进剂为球状晶体构成。从图2－14（c）看出表面活性剂为细小的纤维晶体组成。从图2－15（a）看出将蜡晶改进剂加入蜡样后，蜡晶改进剂能均匀分布在蜡样中，与蜡样相比，蜡晶变小且纤维状结构变差，不是紧密排列，说明蜡晶改进剂明显改变了蜡样的结构，但蜡晶改进剂的球状结构仍有些存在。图2－15（b）与图2－15（a）相比，蜡晶变小，不是紧密排列，而是分散开来，致密的结构变得疏松，说明表面活性剂对纯蜡晶体有较好的分散作用。图2－16与图2－14（a）和图2－15（a）比较看出，当同时加入蜡晶改进剂和表面活性剂时，蜡晶的纤维结构几乎完全被破坏并且变得更加疏松，说明同时加入蜡晶改进剂和表面活性剂对蜡样的晶体同时具有破坏作用和分散作用。同时比较图2－16（a）、图2－16（b）、图2－16（c）看出，蜡晶改进剂与表面活性剂的比例不同对最终复配成的防蜡剂对蜡晶的作用效果有所不同，当两者的比例为1∶1时，对蜡晶的破坏作用和分散作用更为明显，其对应的防蜡效果最好。从上面的图片分析可看出高碳蜡防蜡剂微粒与蜡晶形成一种混合晶体，结果使其大小、形状、结构发生根本性的变化，从而防止形成连续的网络结构。

（2）红外光谱分析。

通过加入防蜡剂前后红外吸收峰面积比值的变化可以观察防蜡剂分子与石蜡烷烃分子是否发生共晶现象。防蜡剂或蜡晶改进剂分子与众多蜡分子形成共同结晶，蜡分子中连在同一碳原子上的两个协同甲基的对称变形振动一方面相互偶合，另一方面与防蜡剂或蜡晶改进剂分子中甲基的对称变形振动也产生偶合，导致蜡晶结构发生变化。

图2－17中719cm^{-1}和729cm^{-1}双吸收峰是不同结晶状态的亚甲基吸收峰，1368cm^{-1}和1378cm^{-1}双吸收峰是连在同一碳原子上的两个协同甲基的对称变形振动吸收峰。按基线法求得的吸收峰面积的比值（A719/A729，A1368/A1378）列于表2－9。从表中可以看出，石

蜡中加入防蜡剂后吸收峰面积比值均减小，另外防蜡剂比单用蜡晶改进剂时，其吸收峰的比值减少得更多些，说明由蜡晶改进剂与表面活性剂具有协同作用，蜡的晶体结构有更大的作用效果。

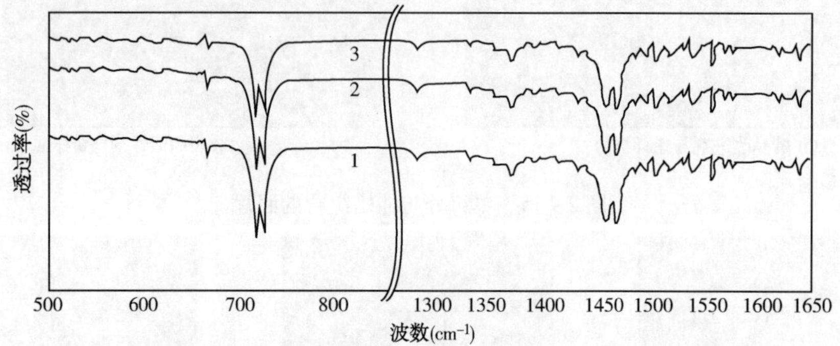

图 2－17　不同试样的红外光谱局部图

1—纯蜡；2—纯蜡＋蜡晶改进剂；3—纯蜡＋蜡晶改进剂＋表面活性剂

表 2－9　不同红外吸收峰面积的比值

面积比	纯蜡	纯蜡＋蜡晶改进剂	纯蜡＋蜡晶改进剂＋表面活性剂
A719/A729	1.266	1.030	0.976
A1368/A1378	1.653	1.175	1.102

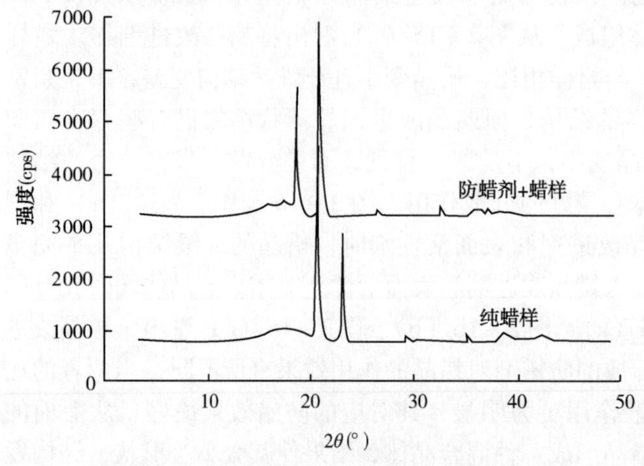

图 2－18　蜡样在加入防蜡剂前后 X－衍射图

（3）衍射法分析。

加入防蜡剂前后，衍射峰的强度会有变化。图 2－18 是纯蜡样与加入防蜡剂的蜡样的X－衍射谱图，加入防蜡剂后峰的位置改变，表明蜡晶类型在加入防蜡剂后有些变化，而且加入防蜡剂后衍射峰的强度降低，说明防蜡剂对蜡样具有一定的分散作用。由于未加防蜡剂原油的蜡晶致密，当蜡含量高时易形成网状结构，在较高温度时降低了原油的流动性。原油加入防蜡剂后，在相同温度下由于形成的蜡晶结构被破坏，且较分散，不易形成网状结构，有利于原油的流动，从而起到防蜡作用。

（4）差示扫描量热分析。

每个蜡样的谱图由两个放热峰组成，蜡样在加入防蜡剂前后都有两个结晶过程，加入防蜡剂后蜡的晶型转变过程没有改变。在较高温度下，蜡由液相变为可旋转的 α 正方晶体；当温度降低时，α 正方晶体又转化为致密的 β 晶体。加入防蜡剂后，蜡的两个结晶温度都有一定程度的降低。

实验时，将 20mg 的纯蜡样或加入了防蜡剂的蜡样放入加热池中，缓慢升温到 100℃，然后按 3℃/min 的速度降温到 -10℃。图 2-19 是纯蜡样在加入防蜡剂前后的差示扫描量热分析结果，结晶温度从 78.4℃ 和 82.2℃ 降低到了 74.2℃ 和 78.7℃。降低了纯蜡样的凝固点，改变了蜡的结晶过程，从而有利于防止蜡在降温过程中在管壁上的聚积。其蜡样在加入防蜡剂前后晶型结构的变化以及与金属管道壁的相互作用可用图 2-20、图 2-21 表示。

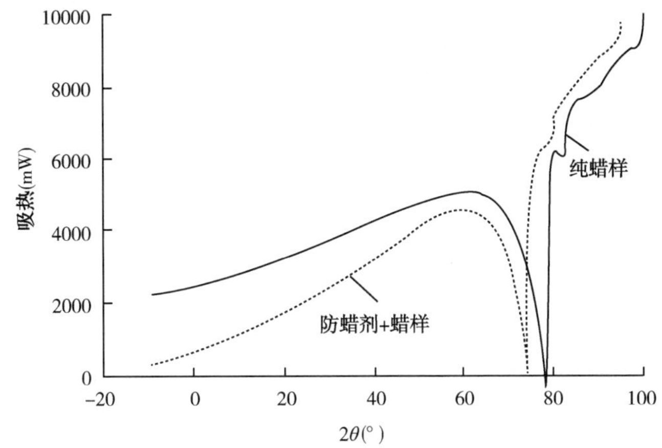

图 2-19 蜡样在加入防蜡剂前后的差示扫描量热分析图

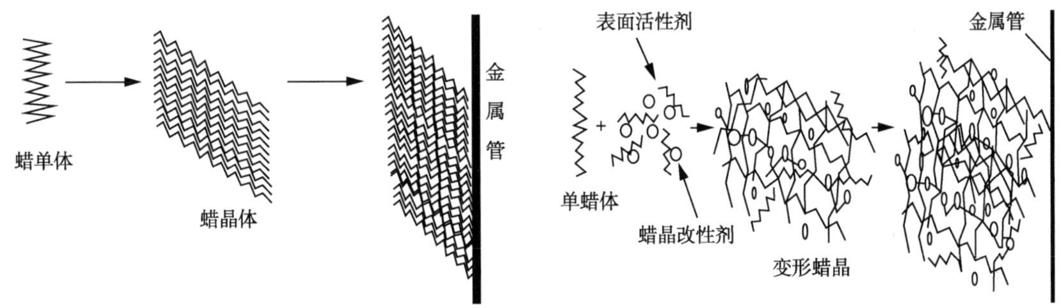

图 2-20 蜡在油管中的沉积过程

图 2-21 防蜡剂、蜡及管道的作用图

三、室内实验评价方法及典型实例

对防蜡剂室内的评价指标主要是防蜡率和析蜡点。

1. 防蜡率评价方法

（1）倒杯法。

防蜡率传统的测定方法为倒杯法。倒杯法的原理是：在析蜡点温度下原油中的蜡会在杯壁上析出，通过测量加或不加清防蜡剂时的蜡析出量，来计算防蜡率，但存在准确性差的缺点。

（2）动态结蜡率测试法。

该方法所采用的仪器是原油动态结蜡率测试仪，采用的标准为 SY/T 6300—1997，特点是按照原油在流动状态下（循环过程中），采用控制温度差使蜡析出。当样品在流动状态下经过设在低温区的可动载体时，其中的直链烷烃（蜡）成分析出，从而得到蜡沉积测试结果。该仪器具有样品用量少的特点，可直观地得到蜡沉积模拟和清防蜡剂的评价测试结果。主机和结蜡管分别如图 2-22 和图 2-23 所示。

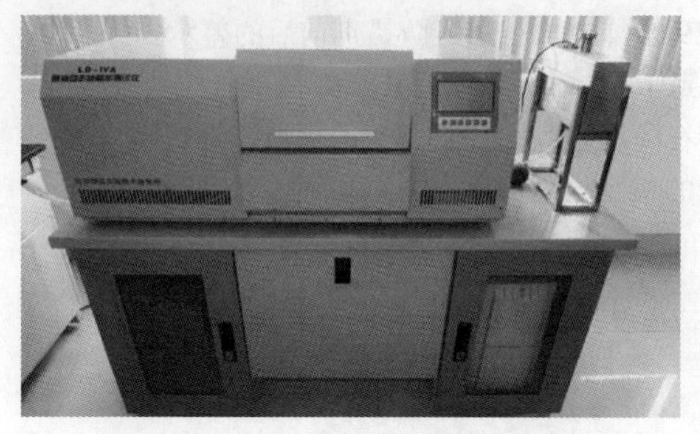

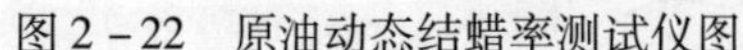

图 2-22　原油动态结蜡率测试仪图

图 2-23　结蜡管

（3）防蜡率计算。

防蜡率采用式（2-8）和式（2-9）进行计算：

$$m_a = m_t - m_e \tag{2-9}$$

$$f = \frac{m_0 - m_f}{m_0} \tag{2-10}$$

式中　m_a——蜡沉积量，g；

m_t——蜡沉积量与结蜡管的总质量，g；

m_e——结蜡管的质量，g。

f——防蜡率，%；

m_0——空白试液的蜡沉积量，g；

m_f——加药试液的蜡沉积量，g。

2. 析蜡点测试方法

（1）旋转黏度计法。

旋转黏度计法是在连续降温的过程中，在固定剪切率下测定并记录绘制剪切应力—温度曲线，其转折点对应的温度即为原油的析蜡点。

根据黏度计测量系统的结构特点，控温水浴与定子相连，在连续降温测试过程中，定子与转子间隙内的油样存在着温度梯度，其大小与降温速率、系统结构有关，降温速率越快，所确定的析蜡点温度就越低，因此降温速率对测定结果有影响。

（2）差式扫描量热（DSC）法。

DSC 法是将原油试样加热至其析蜡点温度以上，再以一定速率降温，记录各温度点下的试样和参比物的差示热流，绘制原油析蜡差示扫描量热（DSC）曲线，热流曲线开始偏离基线的转折点对应的温度即为原油的析蜡点。

DSC 法确定原油析蜡点具有简便、耗样量少、再现性好的特点。DSC 法直接测量油样能量的变化，测定参数全部由计算机控制，在试验过程中可基本消除人为因素的影响。但 DSC 仪器较为昂贵。

（3）显微观察法。

偏光显微镜观察法是以降温过程中在偏光显微镜观察下首次出现细小的亮点时所对应的温度作为原油的析蜡点。

偏光显微镜观察法确定的析蜡点与试片厚度与透光亮度有关，其测试结果受人为因素影响较大，此外，载玻片、盖玻片上的玻璃缺陷、环境条件（温度、湿度）等均会影响到测试结果，仪器也较为昂贵。若试验前已知原油析蜡点的温度范围，结果往往有先入为主因素的影响。

（4）活化能增量法。

在析蜡点温度以上时，含蜡原油的黏度只是温度的函数，具有牛顿流体的性质，其黏温关系符合 Arrhenius 指数方程，即：

$$\eta = Ae^{E_a \cdot RT} \tag{2-11}$$

$$\lg\eta = \lg A + \frac{E_a}{2.303R} \cdot \frac{1}{T} \tag{2-12}$$

式中 η——原油动力黏度，Pa·s；

E_a——黏性流动活化能，J/mol；

A——指前因子或频率因子，Pa·s；

R——气体常数，R =8.314J/（mol·K）；

T——绝对温度，K。

在析蜡点以上时，原油的黏性流动活化能 E_a和指前因子 A 都为常数；当有蜡晶析出时，由于分散相蜡晶的出现使得原油的黏温关系发生变化，原油的黏性流动活化能也将随之增大。在非牛顿区，E_a和 A 不再是常数，而是和剪切率有关的函数。当蜡晶析出时，E_a将增大，使得直线的斜率增大，直线斜率发生变化时该转折点对应的温度即为原油的析蜡点。

根据标准 SY/T 7549—2000 测试含蜡原油的黏温曲线，便可确定原油的析蜡点，操作较为简单。

（5）激光功率法。

地层原油处于高温、高压下，原油的蜡晶处于熔解状态，原油为单一液相，用激光透过原油时，激光功率为一恒定值。当由于温度下降或溶解气体脱出时，蜡晶颗粒在原油中的溶解度下降，此时，蜡晶颗粒析出，使得原油呈现雾状，蜡晶颗粒对激光光束产生散射，透过原油的激光功率会迅速下降。随着析出蜡晶颗粒的增多，激光功率也随之下降，通过温度与激光功率曲线的拐点可以准确判断原油的析蜡点。

该方法的主要优点是可以测定高压含气原油的析蜡点，而旋转黏度计法、差式扫描量热法、显微观察法、活化能增量法主要是针对脱气原油测定析蜡点的。

3. 防蜡剂室内研究评价实例

长庆油田复配的 PY－1 固体防蜡剂主要由主剂（乙烯—醋酸乙烯酯共聚物）、溶解度控制剂、分散剂及其他助剂组成。

1）主剂的评价

防蜡剂中的乙烯—醋酸乙烯酯共聚物，由于具有与蜡结构相似的$\{CH_2—CH_2\}_n$链节，又具有一定数量的极性基团，它溶于原油中，在冷却时它与原油中的蜡产生共晶作用，然后通过伸展在外的极性基团抑制蜡晶的生长，达到防蜡的目的。图 2－24 ~ 图 2－27 是几种防蜡剂的防蜡率效果对比图，其中 E－1 是乙烯—醋酸乙烯酯共聚物的一种，防蜡效果较好，浓度在 100mg/L 时防蜡率可以达到 80% 以上，也能使原油的析蜡点降低 3 ~ 10℃。表 2－10 是某油田白××2－2 井原油加蜡析蜡点及加清防蜡剂后析蜡点的比较结果。

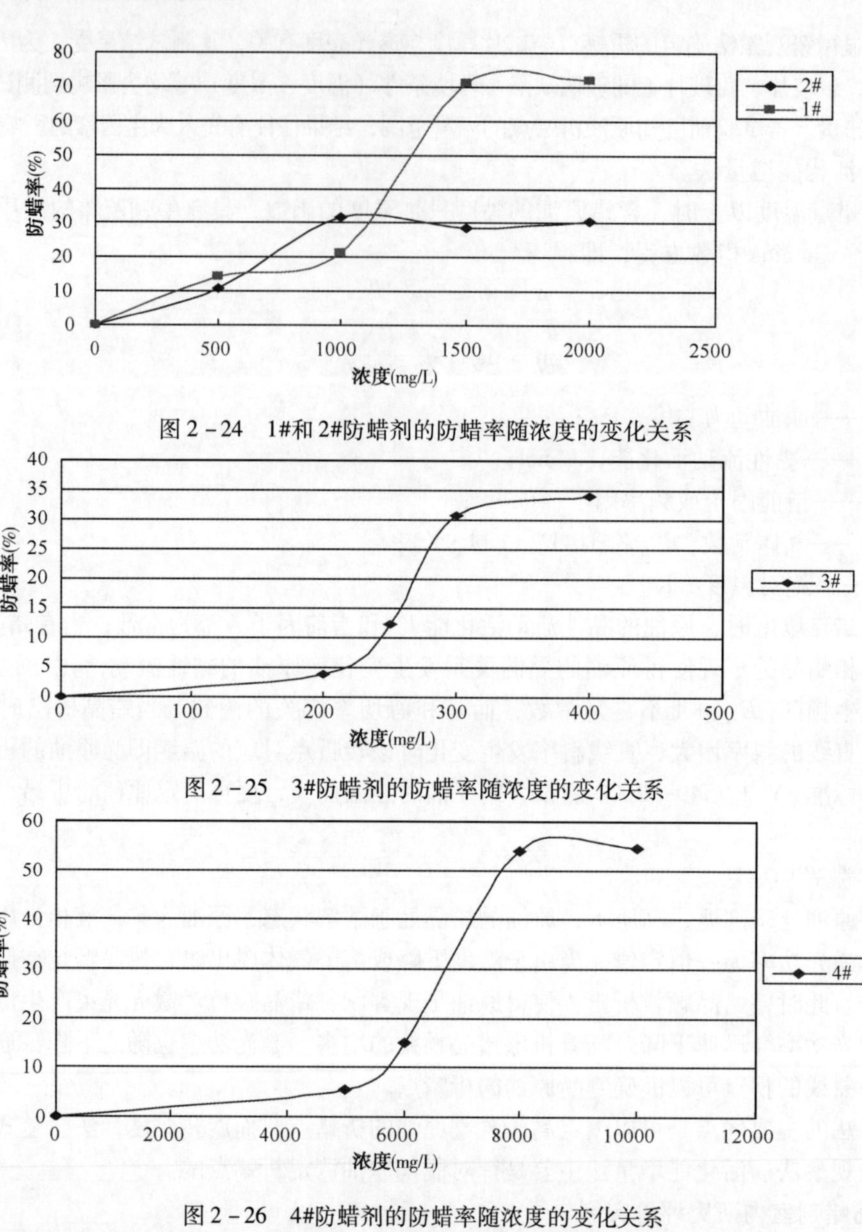

图 2-24　1#和 2#防蜡剂的防蜡率随浓度的变化关系

图 2-25　3#防蜡剂的防蜡率随浓度的变化关系

图 2-26　4#防蜡剂的防蜡率随浓度的变化关系

图 2-27　E-1 防蜡剂的防蜡率随浓度的变化关系

表 2-10 某油田白××2-2 井原油加蜡析蜡点及加清防蜡剂后析蜡点比较

名　称	加药浓度（mg/L）	析蜡点（℃）
5% 含蜡空白原油	—	34.7
3#	100	36.7
5#	500	35.3
E-1	100	32.4
	500	29.8
	1000	24.2

虽然该主剂有较好的防蜡性能，但是针对白豹油田井底温度为 60℃，远远高于室温，E-1在井底深处不能保持低速微溶状态，溶解速度太快，影响防蜡效果，需要寻找另一种可以起到调节防蜡剂溶解速度的材料，并且具有与石蜡相同的结构链节。

2）溶解度控制剂的评价

高压聚乙烯也叫低密度聚乙烯，是油溶性的，具有石蜡结构基本链节的支链型的高分子化合物。它溶解在原油中，当浓度很小时，就能形成遍及整个原油的网状结构，在原油温度降低时，析出的石蜡微晶体就被吸附在这些网格上，因此能防止蜡微晶体的聚结长大，使其不易在管壁沉积而随油流带走，达到防止管壁结蜡的目的。

高压聚乙烯的溶解过程很慢，特别是在原油中。它首先溶胀，然后才溶解。溶胀过程与两种液体的相互扩散相像，实质上是原油中各种烃类在各种程度上贯穿到高压聚乙烯的链段，使之吸油而溶胀。溶胀的同时，高压聚乙烯缓慢溶解在原油中。

经过室内实验，发现 LD-1 属于高压聚乙烯的一种，有着调节溶解速度的功能，LD-1 含量达到 40% 时，溶解速率降低 94.7%，随着 LD-1 含量的增加，溶解速率逐渐减缓，当 LD-1 含量达到 100% 时，溶解速率降低 99.9%，基本呈现微溶。因此，LD-1 所占比例的大小直接决定了防蜡剂在井下的溶解速度。

表 2-11 LD-1 对 E-1 溶解速率的影响

LD-1 与 E-1 的比例	溶前质量（g）	溶解情况	48h 后质量（g）	溶解速率［g/（d·cm^2）］
0:5	4.8321	5h 完全溶解	0	0.4460000
2:3	4.5748	48h 取出干后为漂白色	2.1224	0.0236000
1:1	4.4314	48h 取出干后为漂白色	2.3730	0.0198000
5:0	4.3854	48h 取出干后为原色	4.3437	0.0000167

3）分散剂的评价

有时，为了进一步提高固体防蜡剂的性能，可以加入具有防蜡性能的分散剂。分散剂有两类，即油溶性分散剂和水溶性分散剂。油溶性分散剂是通过改变蜡晶表面的性质而起作用的，由于分散剂在蜡晶表面吸附，使它变成极性表面，不利于蜡分子的进一步沉积。水溶性分散剂是通过改变结蜡表面而作用的，由于溶于水的分散剂可以吸附在结蜡表面，使它变成极性表面并有一层水膜，不利于蜡在上面沉积。借鉴以往的经验，水溶性分散剂防蜡效果不理想，这次我们主要选择以油溶性分散剂为主，分别为 T-85，T-80，S-80，S-60，单硬脂酸甘油酯，聚醚分散剂，分子结构见图 2-28。

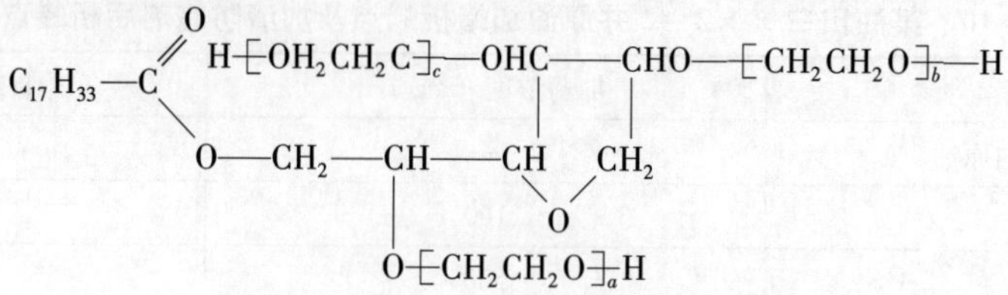

$C_{17}H_{33}$—C(=O)—O—CH_2—CH—CH—CH_2

H—[OH_2CH_2C]$_c$—OHC—CHO—[CH_2CH_2O]$_b$—H

O—[CH_2CH_2O]$_a$H

$a+b+c=21$

T－80

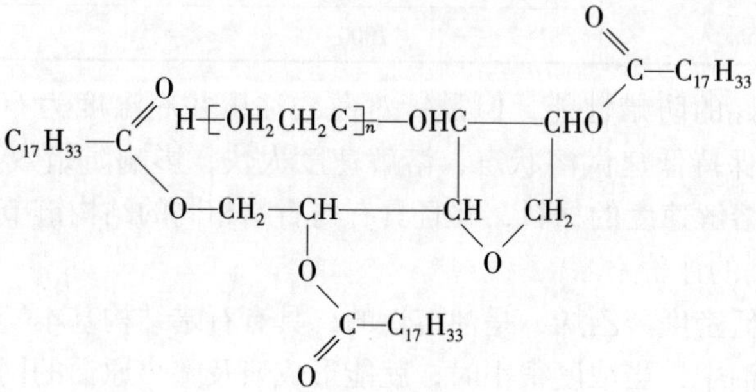

$C_{17}H_{33}$—C(=O)—O—CH_2—CH—CH—CH_2

H—[OH_2CH_2C]$_n$—OHC—CHO—C(=O)—$C_{17}H_{33}$

O—C(=O)—$C_{17}H_{33}$

$n=22$

T－85

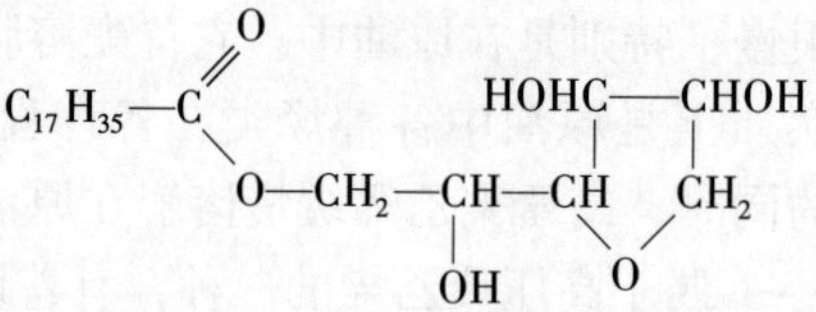

$C_{17}H_{35}$—C(=O)—O—CH_2—CH—CH—CH_2

HOHC—CHOH

OH

S－60

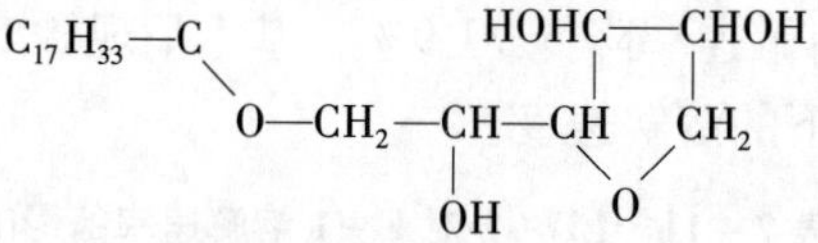

$C_{17}H_{33}$—C—O—CH_2—CH—CH—CH_2

HOHC—CHOH

OH

S－80

CH_2O—C(=O)—$C_{17}H_{35}$

CHOH

CH_2OH

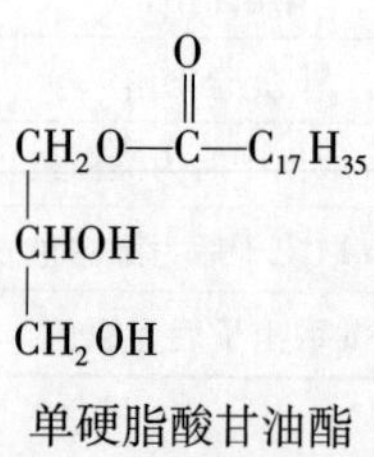

单硬脂酸甘油酯

图 2－28　分散剂分子结构

从图 2－29 可以看出，在 35℃以下，分散剂的加入表现出两种现象，一种就是以聚醚、S－60、甘油脂代表的分散剂，它们的加入使含蜡原油的黏度随着温度的降低明显的升高；另一种就是以 T－85 和 T－80 为代表的分散剂，它们的加入相对于空白来说，使含蜡原油的黏度在同等温度下有所下降，其中 T－80 这种分散剂效果尤为明显，在 15℃时其黏度只有 1.2Pa·s，使未加分散剂含蜡原油黏度降低了 33.3%。这些说明选择合适的分散剂对降低原油的黏度是有较大影响的，同时也说明了合理的分散剂在原油防蜡方面是有显著作用的。

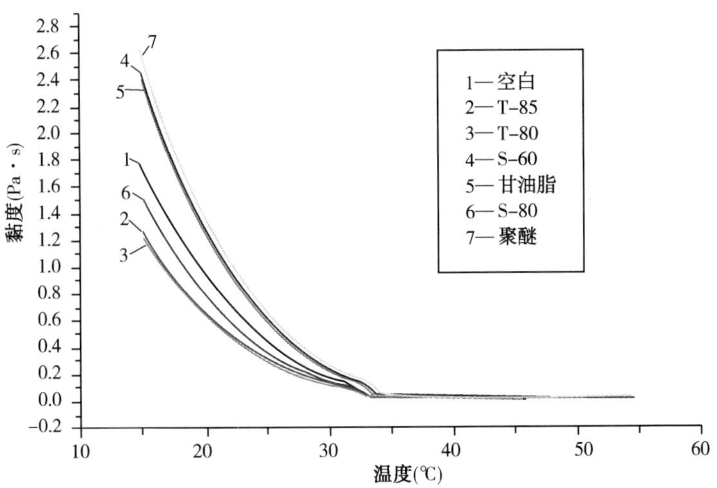

图 2-29 分散剂对含蜡原油的黏温曲线

4）检泵周期、溶解速率、防蜡率之间的关系

在油井现场加注固体防蜡块时，往往要考虑检泵周期、固体防蜡块的溶解速率及在井底保持的有效浓度之间的关系。固体防蜡块溶解速率过大，有效浓度提高，但不能满足检泵周期的要求；固体防蜡块溶解速率过小，溶解时间延长，但不能保证防蜡效果。要求固体防蜡块有一个合理的溶解速率。

假设某油田应用的固体防蜡管尺寸为：工作筒的孔径为 0.0135m，每米有 80 个孔，防蜡块尺寸：每块质量为 192g，每块高为 0.1067m。

则防蜡块在井筒中的裸露总面积 S 与防蜡块数 n 的关系为：

$$S = \frac{\pi d^2}{4} \times 80 \times 0.1067 \times n = 12.21n \tag{2-13}$$

溶解速率的计算公式为：

$$\gamma = \frac{(M_0 - M_i)}{(tS)} \tag{2-14}$$

溶解时间与防蜡块溶解速率之间的关系为：

$$t = \frac{M_0 - M_i}{\gamma S} = \frac{192n}{12.21\gamma n} = \frac{15.72}{\gamma} \tag{2-15}$$

防蜡块在井筒的有效浓度与溶解速率之间的关系为：

$$p = \frac{\gamma S}{q} = \frac{12.21\gamma n}{q} \tag{2-16}$$

式中 γ——溶解速率，g/（d·cm²）；

M_0——溶解前的质量，g；

M_i——溶解 t 时间时的质量，g；

t——溶解的时间，d；

S——流体侵入防蜡块的表面积，cm²；

n——防蜡块的数量；

p ——防蜡块在井筒的有效浓度，mg/L；

q ——油井的日产油量，t。

根据式（2－14）和式（2－15），检泵周期与防蜡块的溶解速率成反比关系，防蜡块在井筒的有效浓度与溶解速率和防蜡块数成正比关系。某油井加注150块防蜡块，则检泵周期、溶解速率、防蜡率之间的关系如图2－30所示。

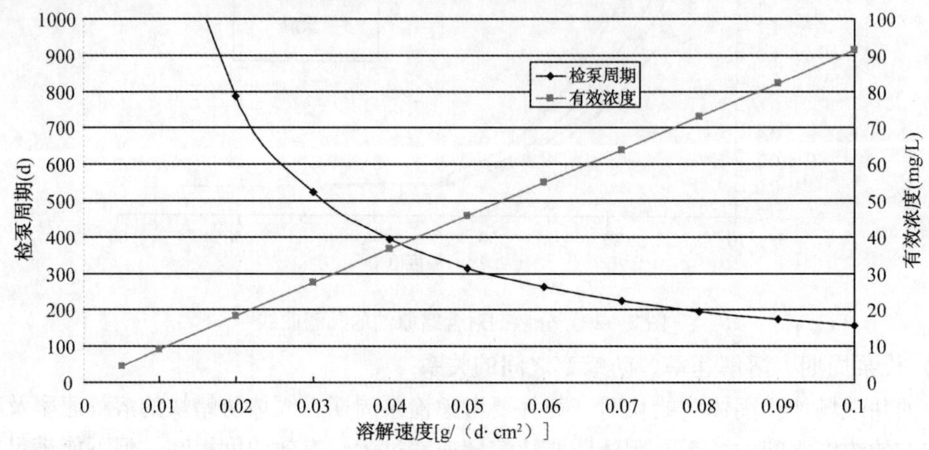

图2－30　某油井检泵周期、溶解速度、防蜡率之间的关系

根据检泵周期、溶解速率、防蜡率之间的关系，可以指导现场防蜡块的加注。

（1）指导防蜡剂配方，计算防蜡块数量。

某油田井底温度为60℃，平均日产油1.8t，检泵周期为400天，保持防蜡块在井底的有效浓度大于30mg/L才能防蜡有效。

则需要同时满足浓度和检泵周期两个条件：

$$p = \frac{12.21\gamma n}{q} \geqslant 30$$

$$t = \frac{15.72}{\gamma} \geqslant 400$$

计算出：$\gamma \leqslant 0.0393$，$n \geqslant 112$，即溶解速率不大于0.0393g/（d·cm^2），防蜡块数量不小于112块。

（2）判断防蜡剂在井筒的有效性。

某油田井底温度60℃，平均日产油1.8t，检泵周期400天，防蜡块溶解速度为0.0356g/（d·cm^2），在井底保持防蜡剂有效浓度大于30mg/L才能防蜡有效。

则可计算出则防蜡剂溶完所需时间为441天，在油井井筒保持防蜡剂有效浓度为36mg/L。

四、国内外典型化学防蜡剂

防蜡剂大部分是一些高分子聚合物，下面介绍一些典型的防蜡剂产品。

1. 国外常用的防蜡剂

据文献调研，国外埃索公司用部分水解乙烯—醋酸乙烯酯共聚物作防蜡剂，加入量约为

10～50mg/L。大西洋里奇费尔德公司采用高分支的聚乙烯（相对分子质量大于6000）乳化液作防蜡剂，聚乙烯含量为40%左右，加入量小于0.05mg/L。也有使用高分子的聚乙烯、萘、沥青和一种微晶型蜡制成的固体加入到油管防蜡。

2. 国内常用的防蜡剂配方

1）液体类防蜡剂

（1）以多乙烯多胺类为主复配的防蜡剂。

①PW8105防蜡剂。PW8105防蜡剂为黄色黏稠液体，密度为0.95g/cm^3，黏度为24.37mPa·s，倾点为－15℃，pH值为10，主要组分为多乙烯多胺聚氧丙烯、聚氧乙烯醚的三段和两段聚合物的复合物。

②ME8407防蜡剂。ME8407防蜡剂为黄色液体，密度为0.95g/cm^3，黏度为23.73mPa·s，倾点为－51℃，pH值为9～10，主要组分为多乙烯多胺聚氧乙烯、聚氧丙烯嵌段聚合物及聚氧乙烯烷基苯酚醚和有机溶剂的复合物。

③FG5545防蜡剂。FG5545防蜡剂为黄色液体，密度为0.96g/cm^3，黏度为26.31mPa·s，倾点为－75℃，凝固点为－36℃，pH值为9～10，易溶于低级醇和水，主要组分为聚氧丙烯、聚氧乙烯、多乙烯多胺醚、聚氧丙烯、聚氧乙烯丙三醇醚、聚氧乙烯烷基苯酚醚及有机溶剂的复合物。

另外，从中国专利网上查到，申请号为200910234155.0的防蜡剂配方主要是由聚丙烯酰胺（1%～3%）、表面活性剂（2%～5%）、聚乙氧基烷基酚（0.02%～0.08%）、水（余量）组成。

（2）高碳酯类防蜡剂。

①丙烯酸高碳醇酯。西安石油大学陈刚等合成的聚丙烯酸酯类防蜡剂主要是将丙烯酸高碳醇酯加入到三口烧瓶中（另加或者不加一定量的交联剂N，N－二亚甲基丙烯酰胺），加甲苯溶解，再加入0.1%引发剂，搅拌下回流反应，冷却至室温，蒸去溶剂，得到聚丙烯酸高碳醇酯［聚丙烯酸十二醇酯（PAD），聚丙烯酸十四醇（PAT），聚丙烯酸十六醇酯（PAH），聚丙烯酸十八醇酯（PAO）］和交联的聚丙烯酸高碳醇酯［交联的聚丙烯酸十二醇酯（CPAD），交联的聚丙烯酸十四醇脂（CPAT），交联的聚丙烯酸十六醇酯（CPAH），交联的聚丙烯酸十八醇酯（CPAO）］。

合成丙烯酸高碳醇酯时，在三口烧瓶中分别加入高碳醇（十二醇或十四醇、十六醇、十八醇），加热使之完全融化，再加入1.2倍量的丙烯酸和质量分数为0.6%的阻聚剂和1%的催化剂，加热至110℃，反应6h。反应结束之后，冷却，加入乙酸乙酯，用饱和碳酸钠溶液洗涤至弱碱性，再用饱和氯化钠溶液洗至中性，分出有机层，加入无水氯化钙干燥，过滤，蒸去溶剂，得到丙烯酸高碳醇酯。

合成的聚丙烯酸十六醇酯，在加量为2%时，防蜡率可以达到88.4%。

②CRT－2聚合物防蜡剂。重庆石油高等专科学校廖久明等合成的CRT－2聚合物防蜡剂，合成过程主要是将一定量的甲基丙烯酸高碳酯、马来酸酐和甲苯装入三颈瓶中，在过氧化苯甲酰引发下进行共聚，即可制备出防蜡剂。

合成甲基丙烯酸高碳酯时，分别称取一定量的甲基丙烯酸与高碳醇，然后将2%的盐酸（占甲基丙烯酸高碳酯）和高碳醇放入三颈瓶中。在回流温度下开始滴加甲基丙烯酸，当生产的水量接近理论值时，反应即可结束，产物呈乳白色油酯状。

对含蜡量为16.3%的中原油田原油，当加入100mg/L的CRT－2防蜡剂时，其防蜡率高达79.24%，同时使含蜡原油从塑性流体转变成牛顿流体，提高了原油的流动性。

（3）苯乙烯—马来酸酐类防蜡剂。

①SMAE聚合物防蜡剂。西南石油大学谢建华等合成的SMAE聚合物防蜡剂主要是由苯乙烯（St）、马来酸酐（MA）、十八醇/十六醇三元聚合物组成的防蜡剂。合成原理是以甲苯为溶剂，用溶液聚合法先合成SMA二元共聚物，然后利用酯化反应使SMA二元共聚物酯化得到反应产物。

SMA共聚物的合成：称取马来酸酐（MA）放入三口烧瓶，加入甲苯作为溶剂，在恒温水浴锅中低于40℃下加热搅拌至溶解，然后再加入苯乙烯（St），在此温度下滴加少部分引发剂过氧化苯甲酰（BPO）（将BPO用甲苯配成溶液），搅拌并逐渐升温至所需温度。在升温过程中滴加部分BPO，待升温至反应温度时将剩余的BPO全部倒入三口烧瓶，在此温度下开始引发聚合。恒温反应一定时间后，三口烧瓶中开始出现白色沉淀，继续反应至所需时间结束。停止加热搅拌，趁热用乙醇洗涤沉淀，将产物自然干燥24h，即得苯乙烯—马来酸酐二元共聚物白色粉末。

SMA共聚物的酯化：取苯乙烯—马来酸酐二元共聚物加入三口烧瓶中，加入的甲苯作为溶剂和携水剂，再称取十八醇/十六醇倒入三口烧瓶，以对甲苯磺酸作为催化剂。用电热套加热至120℃，维持该温度反应1.5h，然后再升温至140℃，在此温度下分水回流一定时间，待反应生成的水量达到理论值时，结束反应，即得浅黄色黏稠状液体。将产品倒入烧杯中，用乙醇反复洗涤，待冷却后得浅黄色固体，即苯乙烯—马来酸酐—十八醇/十六醇三元共聚物。

该防蜡剂针对塔河油田高含蜡原油，在使用量达到2000mg/L时，防蜡效果较好。

②SMANE聚合物防蜡剂。四川大学马骏涛合成的SMANE聚合物防蜡剂主要是由苯乙烯（St），马来酸酐（MA），丙烯腈（AN）组成的防蜡剂。

三元共聚物SMANE的合成：将丙酮提纯的马来酸酐按量称取，置于三颈瓶中，加入甲苯升温溶解后加入苯乙烯与丙烯腈，搅拌并逐渐升温至80℃，加入部分过氧化苯甲酰（BPO），缓慢升温至反应温度，将剩余BPO全部加入，开始计时，恒温反应，观察黏度变化，反应结束后用乙醇沉淀洗涤，即得苯乙烯—马来酸酐—丙烯腈（SMAN）共聚物白色粉末。

SMANE的酯化：采用直接酯化法，将SMANE共聚物与十六醇或十八醇或其混合物按量加入三颈瓶中，以甲苯为溶剂和携水剂，浓硫酸作催化剂，在一定温度下进行酯化反应。反应结束后，加入热乙醇（50℃），搅拌5～10min，趁热过滤，将滤物重复用热乙醇洗涤2～3次后用低浓度的碱液洗涤，然后用乙醇或水清洗，真空干燥即得淡黄色SMANE酯化物。

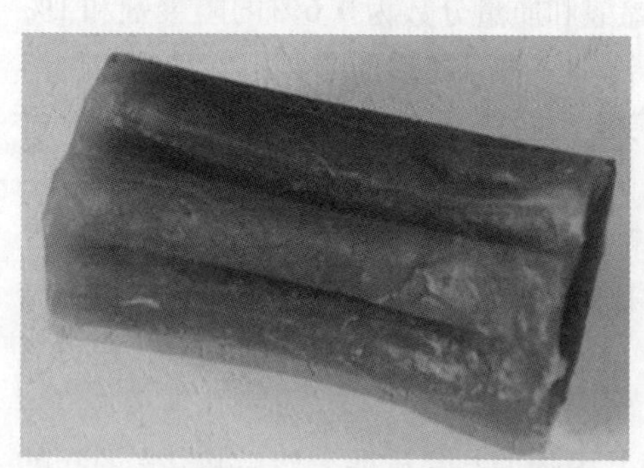

图2－31 固体防蜡剂

2）固体防蜡剂

固体防蜡剂主要由高压聚乙烯、稳定剂和EVA（乙烯—醋酸乙烯酯聚合物）及其他助剂组成，它可以制成粒状，或混溶后在模具中压成一定形状的防蜡块（图2－31）置于油井一定的温度区域或投入井底，在油井温度下逐步溶解而释放出药剂并溶入油中。根据固体防蜡剂的耐温范围可分为低温型和中温型固体防蜡剂。

（1）低温型固体防蜡剂（35℃以下）。

吴旗油田所应用的固体防蜡剂是由高压聚乙烯（22%）、EVA（28%）、煤油（45%）、二丁酯（5%）组成，适应的温度是31～33℃，井深是640m。

（2）中温型固体防蜡剂（50℃左右）。

长庆油田地层温度在60℃左右，适合中温型的固体防蜡剂。马岭油田、宁夏区块配方见表2－12。

表2－12 固体防蜡块配方表

应用	组分含量（%）										适用条件	
	聚乙烯	EVA	煤油	柴油	硅油	萘	二丁酯	抗氧剂	爽滑剂	破乳剂	温度（℃）	深度（m）
马岭油田	38	20	—	25.5	10	—	5	1	0.5	—	38～40	1130
宁夏区块	22	30	30	—		8	—	—	—	10	36～39	1050

胜利油田刘同春设计的固体防蜡剂主要由EVA（77%）、萘（20%）、煤油（3%）组成。成型过程是将一定量的EVA和萘倒入一只可加热的金属容器中，升温至100℃，待完全互溶后，再加入一定量的煤油，恒温15min，搅拌均匀后倒入模具，冷却后取出即可。为便于脱模，可先在模具壁上涂一层硅油。固体防蜡剂形状：高100mm，外径70mm，纵向有ϕ30mm孔一个，周围有凹槽，每块重300g，表面积为$3.2\times10^{-2}m^2$。在胜利油田所适应的温度为50℃，井深为900～1000m为宜。

川中油田应用的SN－2固体防蜡剂（30～70℃）主要成分为高分支度的高压聚乙烯，稳定剂和EVA按一定配比组成，具有一定的机械强度，在0.5MPa下不变形，防蜡剂截面为梅花状，外观为黄棕色柱状固体。室内实验表明，防蜡剂浓度在15～20mg/L时，防蜡剂效果较好。现场施工过程中，将固体防蜡剂装入防蜡管（即ϕ76.2mm），把防蜡管接在油井抽油泵下部。

五、化学防蜡剂的应用实例

1. 加药工艺

化学防蜡除筛选好配方和用量外，还是必须保证防蜡剂在原油中的含量始终符合设计要求。所以，不但要对不同的原油和石蜡性质筛选最优的防蜡剂配方，而且要保证清蜡剂在一天24小时，一年365天不间断地在原油中保持设计的配方和浓度，才能有效地解决石蜡的结晶和沉积问题，达到防蜡的目的。主要的加药工艺有：

（1）液体防蜡剂加药。

液体防蜡剂的加注和清蜡剂的加注在工艺上是相同的，前面已有所述。

（2）固体防蜡剂加药。

通常采用固体防蜡装置。将固体防蜡剂做成蜂窝煤式样，装入固体防蜡装置内，下到筛管或喇叭口等进油设备与深井泵之间，当油流经过时逐步溶解防蜡剂，达到防蜡目的。也有在泵的进油口以下装一个捞篮，将固体防蜡剂制成球状或棒状，由油套环形空间投入，待防蜡剂溶解完了再投。

2. 现场应用实例

（1）液体防蜡剂应用实例。

油房庄作业区投加了 YFL 乳状型防蜡剂，试验前结蜡严重，热洗周期在 45 天左右，加药后，抽油机的上行、下行电流运行平稳，最大、最小载荷都有所下降，加药后 150 天都未进行热洗，运行效果良好（表 2－13）。

YFL 水基液体防蜡剂能大大降低水的表面张力，并具有润湿作用，容易润湿与之接触的表面，如油管、套管、抽油杆表面，并在其表面形成一层极性水膜。石蜡为非极性烃，故石蜡不易在设备或管线表面沉积，活性剂还可以在蜡晶表面上吸附，使蜡表面形成不利于蜡晶继续长大的极性表面，蜡晶保持细碎状态，易被油流带走。

表 2－13　定××1－10 井投加前后油井参数对比

时间	加药量（kg/d）	日产量（m^3）	电流（A）		载荷（kN）		油井含水（%）
			上行	下行	最大	最小	
2009. 2. 8	1. 5	5. 27	38	30	53. 37	31. 41	17. 5
2009. 3. 9	1. 5	5. 27	37	29	33. 85	24. 7	18
2009. 4. 13	1. 5	5. 2	33	21	33. 85	24. 7	18
2009. 5. 23	1. 5	5. 34	33	21	33. 85	24. 7	18. 5
2009. 6. 25	1. 5	5. 27	33	20	33. 85	24. 7	18. 5
2009. 7. 26	1. 5	5. 04	33	20	27. 91	20. 06	18. 5
2009. 8. 3	1. 5	5. 38	33	21	27. 01	18. 28	17. 5
2009. 10. 6	1. 5	5. 02	33	21	27. 36	18. 36	17. 5

（2）固体防蜡剂应用实例。

白豹油田应用的固体防蜡剂主要由高压聚乙烯、EVA、分散剂及其他助剂组成，取得了较好的防蜡、降载效果。

①化学固体防蜡块的施工工艺。

在井下安装固体防蜡块。将防蜡块组合装入工作筒（由 2⅞in 油管制成的花管）中，工作筒随井下作业时下入井中，见图 2－32。工作筒连接在抽油泵下筛管的下端，工作筒与筛管之间通过丝堵完全隔离，并且筛管内衬或外包 55 目铜质滤网。防蜡块完全浸泡在液体（原油及产出水）中，防蜡剂溶入油中，起到防蜡作用。

②应用效果。

截至 2008 年 11 月 30 日，所应用的 200 口井，未发生因结蜡原因而起管柱的情况，其中使用最长时间已达 417 天，有效延长了油井检泵周期，节约了清蜡检泵、热油清蜡和日常清防蜡费用，单井使用有效节约费用 3. 4 万元，应用效果很好。

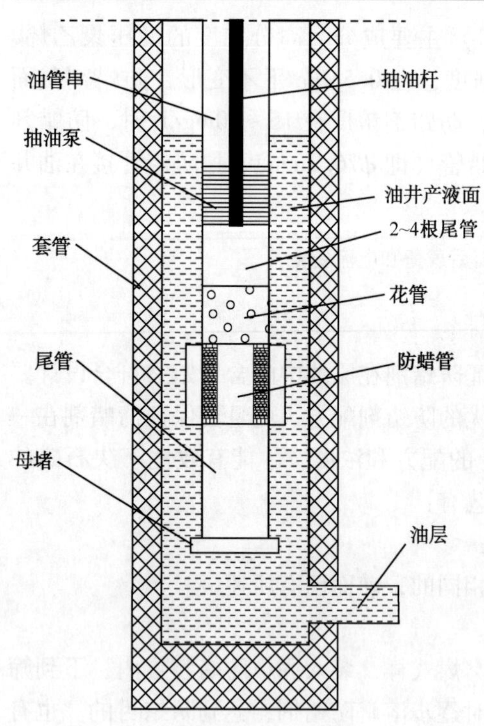

图 2－32　油井固体防蜡块下井示意图

典型实例：在白××2 区块结蜡严重的油井下防蜡管后，悬点载荷平均下降 9.73kN，悬点载荷平均负载下降 15.43%。系统效率平均提高了 6.92%，泵效平均提高 6.38%。负载电流平均下降了 3.732A，平均下降率为 19.15%。平均有功节电率为 16.2%，平均无功节电率为 15.6%，平均综合节电率为 21.12%，达到了预期效果，典型井的试验效果见图 2－33、图 2－34。

上述典型实例表明，清防蜡技术不但能提高油井泵效，同时能大幅降低电能消耗。

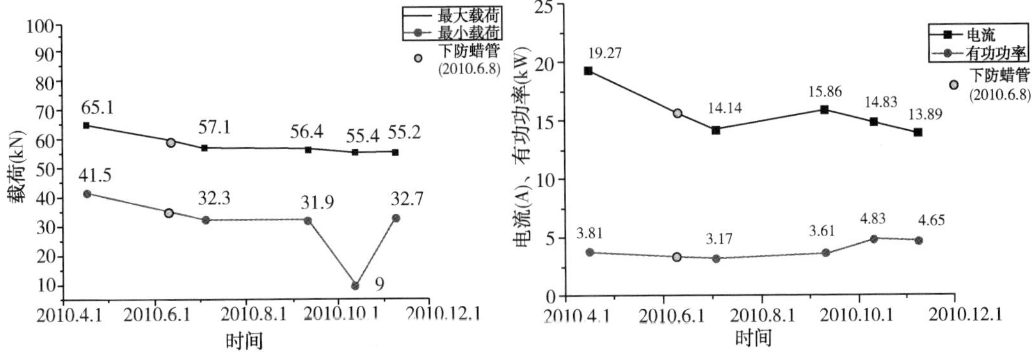

图 2－33　白××2－03 井试验前后载荷和电流变化

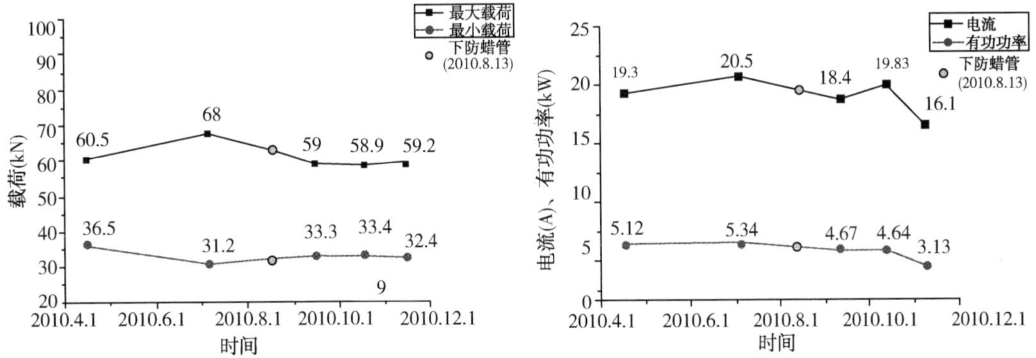

图 2－34　白××－02 井试验前后载荷和电流变化

第四节　物理防蜡

物理防蜡在各大油田进行了试验。主要有磁防蜡、声波防蜡、超声波防蜡、涡流振荡降黏防蜡、涂料油管防蜡。

一、磁防蜡

1. 防蜡原理

石油中的石蜡是一种抗磁的物质，分子本身没有磁矩，当油流通过磁场后，石蜡分子被瞬时磁化，使石蜡分子中的电子自旋量增加，运动轨道发生变化，产生了能量的跃进，其结果是使石油的物性在一定的时间内发生变化，克服和削弱了石蜡分子间的引力和附着力，使蜡晶呈细碎状态悬浮在油流中被带走，减轻了油管内壁的结蜡程度。

原油的磁处理过程可以分为两个阶段：第一阶段是原油的一级磁处理；第二阶段即磁化原油再次经过磁处理时，晶核及未结晶的石蜡分子同时受到磁化效应的抑制，不仅延缓了蜡晶的聚集，而且也抑制了新的蜡晶析出，油管结蜡量减少，沉积蜡为软蜡，也可以认为硬蜡段被移出井筒。

原油经过两级磁处理后，石蜡中的重组分的结晶过程受到抑制，即晶核的生成与晶核的生长受到抑制，使沉积蜡中重组分的含量减少，蜡质变软。石蜡中含量较多的轻组分在受到两次磁场力的作用后，它们在重组分晶核表面的沉积即晶核的长大聚集过程进一步受到抑制，管壁沉积蜡减少，这样少量的软蜡在管壁的黏附能力较弱，易被油流携带，故可延长抽油井的磁防蜡周期。

2. 影响磁防蜡效果的因素

（1）流速。

原油通过磁场必须具备足够的流速，否则磁化效果就会减弱。因为原油分子的运动是原油整体的规则运动和分子无规则布朗运动的合成。原油必须有足够的流速使规则运动占优势，这样油分子以一定量的、规则的速度进入磁场，受磁线切割，从而保证了原油的有效磁化。否则，原油的布朗运动会阻止磁场对分子键的破坏，并使这种破坏迅速恢复。再者，原油的流动不仅保证了原油的有效磁化，而且有利于阻止分子间的重新迅速缔和。由于采油井流速较低，为了保证防蜡效果，在防蜡器的设计和使用中采取了多极方案，以弥补流速低而影响防蜡效果。

（2）作用距离。

原油以一定的流速通过防蜡器，产生的磁化效应是暂时的，随着运动距离的增加和时间的延迟，磁化效应会逐步减弱而消失。所以，在使用条件、原油物性、流速相同，但井深不同的油井使用防蜡器会产生不同的效果。目前防蜡器的有效距离是300～1000m，所以不同井深的油井使用防蜡器时可采用多极串联方案保证防蜡效果。

（3）磁场强度。

磁化器的磁场强度是决定磁化效果的重要因素。有关文献表明，磁场强度介于200～400Gs，抗磁性物质就会显示磁化效应。所以在一定磁场范围内提高磁场强度是可以提高磁化效果的，但不是越高越好，因为原油是多种有机物组成的，加之各地的原油成分、含量的不同，这些抗磁物质的磁化率不同，要想取得最佳的磁化效应，必须进行最佳磁场匹配。

（4）环境温度。

磁防蜡器所处的环境温度的高低对防蜡效果有直接的影响。环境温度过高会直接影响到防蜡器磁性能的热稳定性，引起磁场减弱，也会影响到磁化效果和防蜡器的使用寿命。

3. 磁防蜡的局限性

磁防蜡的局限性表现在两个方面：一是使用温度受到限制，温度太高影响磁化效果，所以油井的热洗温度受到限制；二是强磁防蜡器的使用不具有普适性，需要根据具体的油井选择相应的磁防蜡器。

4. 应用实例

长庆油田进行了磁防蜡器的试验。采油二厂某油田下入了强磁防蜡器后，平均载荷由

48kN 下降到 45kN，油井平均检泵周期延长了 344 天；采油三厂五里湾一区应用后，热洗周期由初期的 90 天已经延长到了 210 天，达到了防蜡目的；采油五厂应用后，有效率能达到 80% 以上，平均单井检泵周期延长 23 天，最大载荷平均下降 1. 99kN。

强磁防蜡器重复使用周期长、后期管理难度小。但磁防蜡器的结构参数受原油的组成、物化性质、含水比例、流动方向、油管压力、产量、开采运输方式等诸多因素影响，增加了选择的难度，建议从工具的磁极分布、场强优化等方面做进一步改进，提高防蜡率。

二、声波防蜡

1. 防蜡原理

（1）机械作用。由声波发生器产生的声波以较高频率产生剧烈机械振动，振动作用于含蜡原油而产生搅拌、分散、冲击破碎等次级效应，原油中的胶质、沥青质与蜡晶均匀分布，从而减少了蜡晶相互结合的几率，同时剧烈的振动而产生的力学效应使流体质点动能增加而产生较大的剪切应力，从而减弱蜡晶之间的结合力，导致蜡晶的网状结构破坏，流动性改变，具体体现在降低析蜡温度并大幅度降低原油的黏度和流动阻力，是声波防蜡的主要作用机理。

（2）空化作用。在声波场中可以降低空化阈和空化产生的条件，使空化现象更容易发生，空化作用常常产生局部的高温高压的能量爆发，由此产生的破坏力是巨大的，因此这种作用对改变流体结构也起到不可忽视的作用。

（3）声波的热作用。热作用的大小与声波振动的频率及振动幅度有关，在频率不高时，这种作用就较弱。

2. 声波防蜡的优点

声波防蜡是一种新型高效低成本的先进技术，应用后防蜡效果好，有效期长，可降低抽油机电能消耗，延长洗井及检泵周期，且相当部分油井的产液量和产油量增加。

3. 声波防蜡的局限性

目前，该技术存在以下几方面问题：（1）由于声波防蜡器喷嘴尺寸较小，井下落物有时易堵塞流道，应配用割缝筛管或加滤网防止落物进入油管内；（2）由于声波防蜡器的结构所限，在抽油井上应用时只能接在泵下，不易串联多级使用，因此对井温梯度变化大的油井不能从根本上解决结蜡问题，仅起到使结蜡点上移和延长洗井周期的作用，若接在抽油杆上，可更有效地解决油井防蜡问题。

三、超声波防蜡

1. 防蜡原理

在强超声波的作用下，原油中会产生空化现象，即当超声波的强度足够大时，流体内会产生空穴和气泡，当其破裂时，会在局部产生高温、高压（压强可达十几个大气压，温度可达上万摄氏度），超声空化可使石蜡在未凝结成固相前就被分散成极细的颗粒而悬浮在油液中，以致无法形成固相石蜡结晶，从而降低了熔化温度。

2. 防蜡特点

作用迅速，增产效果明显；不会对油井产生伤害，不会伤害油层；设备费用相对较低，施工工艺简单，成本低，效益高；可与其他增产方法结合使用，优势互补，适用范围广。

四、涡流振荡降黏防蜡

利用流体通过涡流振荡器时产生的涡流振动形成涡流场，防止蜡在油管壁上聚结，起到了防蜡作用；当流体流过涡流振荡时，涡流振荡器还可以产生剪切作用从而起到降低原油黏度的作用；同时涡流振荡器还可以通过机械作用清除油管壁上的蜡。

涡流振动器的盘片式振动片在中心杆体上并列安装组成，作为抽油杆短节连接在抽油杆上任意井深位置，每块盘片式振动片上有缝槽，两相邻振动片之间具有一定的距离，相邻盘片上的缝槽不在同一平面上。在抽油杆上下运行过程中，盘片式振动片与液体之间产生机械剪切搅拌作用，导致液体黏度降低。在原油与结蜡层、管壁的分界面处，由于振动速度的巨大差异，使得原油与结蜡层、管壁之间发生摩擦，产生局部高温，使结蜡层软化，受到破坏。机械振动作用可引起原油本身强烈的振动，它使结蜡层疲劳，直至脱离管壁，不利于蜡晶在管壁上析出。

五、涂料油管防蜡

涂料油管防蜡是在油管内壁涂一层固化后表面光滑、亲水性强、起绝热作用的物质。这类防蜡涂料大致分为两类：一类是改善油管表面亲水性和光滑性，主要有聚氨基甲酸酯，此外还有糠醛树脂、漆酚糠醛树脂、环氧咪唑树脂等；另一类是降低油管表面能，如聚乙烯涂料、聚四氟乙烯涂料及硅氧烷涂料等。最早使用的是普通清漆，但由于其在管壁上粘合度低，效果差而被淘汰，目前应用最多的是聚氨基甲酸酯。另外，纳米涂层防蜡油管也有报道。

辽河油田开发的聚氨酯涂层油管，是将加有亲水性表面活性剂的聚氨酯涂料喷涂在油管内外壁上，在300℃固化，共涂敷3次，使涂层厚度达到50μm。该涂层可耐10% HCl，10% NaOH，5% NaCl，90号汽油，120℃原油及沸水，耐冲击性良好，在辽河油田的应用中，油井平均免热洗长达311天。

辽河油田茨榆坨采油厂采用的超高分子聚乙烯内衬防蜡油管，是以超高相对分子质量聚乙烯作为原材料，添加助剂在临界熔点下制成耐磨且摩擦系数小的超高相对分子质量聚乙烯管材。在结蜡井段可以降低蜡体附着，从而延长结蜡免修期。在牛74－18－17井进行了试验，在前后液量不变的情况下抽油机上行最大电流由措施前的64A下降到措施后的57A，最大载荷由措施前的98kN下降到措施后的88kN，清蜡热洗周期措施前为45天，措施后一年未洗井。

青海油田用一种表面改性剂RBE对钢管表面进行转化膜处理，该表面改性剂是一种多元醇磷酸酯，具有很强的亲水憎油性，同时与钢管壁具有很强的亲和力。膜分子中的亲水性基团磷酸基和羟基，能和介质中的H_2O产生较强的氢键作用，在膜表面形成一种较为稳固的水膜，起到了抑制蜡沉积的作用，对脱水原油的防蜡率达到84.8%。

综合以上几种物理防蜡技术，磁、声波防蜡的防蜡机理并不十分明确，受影响因素条件限制较大，有成功的例子，但有很多是失败的，还不是油田主要发展的方向。

第五节 其他清防蜡技术

一、微生物清防蜡

1. 清防蜡作用机理

微生物清防蜡的作用机理表现在细菌对石蜡和重质原油的代谢作用。这种微生物可以把饱和蜡烃、长链烃选择性地降解为不饱和烃及低相对分子质量；微生物新陈代谢可产生脂肪酸、糖脂、类脂等多种生物表面活性物质和低相对分子质量的溶剂，它们可以和蜡晶发生作用而改变蜡晶的状态，防止结晶生长，从而表现出降低蜡、沥青质、胶质等重质组分沉淀的作用。原油中重组分不能吸附沉积在油管内壁和抽油杆表面，改进井筒区域原油的流动性能，使原油的产量上升。

2. 选井原则及施工方式

由于微生物清防蜡降黏是通过细菌在井下的生长代谢活动来实现的，因此对井矿有基本的要求，如油井具备正常的生产条件、管柱合理、预定处理油层上部没有封隔器、不是化学砂井。微生物处理油井类别一般选用抽油机井，油层 pH 值大于 5，油层渗透率应大于 50mD，油层水中氯化物的总量最好低于 15%，原油黏度低于 4000mPa · s，地层水的矿化度低于 1.5×10^5mg/L。

微生物防蜡的现场应用，一般采用多轮次套管加注施工方式，即多次少量周期性地向目标油井井筒投注微生物制剂，在井筒中逐渐形成生物场。这个生物场具有改善原油物性、减轻井筒结蜡的作用，从而提高油井的生产效率。

微生物作为防蜡剂使用时，为了提高微生物的防蜡效果，要在第一次施工前 3 天，根据井况选择合适的热洗方式，对目标井筒彻底清蜡一次。在微生物防蜡维护期间，要注意观察油井载荷、电流变化，发现异常及时分析原因，并采取相应的配套管理措施。

3. 微生物菌种的获得途径

菌种的开发是微生物清蜡的关键技术，菌种主要通过两种途径获得：

（1）国内外一些公司或者科研单位提供成品。

（2）运用微生物驯化技术自行研制。根据微生物采油条件筛选微生物菌种，富集培养的菌种接入含原油的培养液中进行驯化培养并在特定的原油中生长、繁殖。经过多次重复培养、热处理（10 天）和兼性厌氧富集培养。然后进行性能考察，配伍优化综合评价，最后得到经过驯化的菌种。它能以特定的原油为唯一碳源进行新陈代谢并分解原油，对原油有极强的针对性和配伍性。如胜利油田垦 90 断块和孤岛勃 3 断块、辽河油田曙三区块和华北油田泽 10 断块所运用的菌种都是这样驯化而来的。

4. 微生物清防蜡的局限性

（1）有效菌种的开发存在一定的技术问题，菌种的有效周期过短，一般油田都是在大约 30 天，有效菌种不能在油井中自行繁殖延长使用周期。

（2）细菌清防蜡只局限于产水的泵抽油井，细菌降解大相对分子质量的烃使油品性质发生了变化。

（3）菌种有可能发生遗传变异，产生有害的细菌，如硫酸盐还原菌，造成严重的管线腐蚀。

5. 使用实例

冀东、大庆、中原、胜利、华北等油田先后引进了加拿大 Kiseki 公司和美国 Micro – Park 公司的微生物清蜡技术，并进行了现场应用实验，能使油井热洗周期减短，负荷下降。但由于细菌菌种选择、培养、适应条件等方面存在复杂性，微生物清防蜡总体上处于试验阶段。

二、连续油管清蜡

1. 概述

连续油管清蜡是通过连续油管在油气井生产管柱内建立液体循环通道，通过循环加热不断地将热油（热水、清蜡剂）所携带的热量传递到生产管柱内堵塞段的上端面，将生产管柱内凝固的蜡质熔化（溶解）并随着原油返出地面。边循环边加深连续油管，最终解除油气井管柱内的堵塞。

对于当前深井超深井高压高含蜡油气井，井口施工压力过高，风险大，常规的清蜡方式解堵成功率低，并且清蜡不彻底，效果不好，不能解决管柱内被堵死的情况。用连续油管进行解堵作业，由于连续油管具有挠性，不需要上卸扣，能可靠地密封，且连续起下速度快，在不压井、不同管柱的情况下实施尺寸大于连续油管外径的各类管内或过管作业，在有井口防喷器的情况下允许负压作业，有利于保护油气层，且整体为密闭循环系统，环保性好；施工过程简单快捷，安全可靠，能极大地提高作业效率，降低劳动强度和作业费用。

2. 连续油管设备的组成

连续油管设备是一种移动式液压驱动的作业设备，其基本功能是在作业时向油井中的生产油管或套管内下入或起出连续油管，并把连续油管缠绕在滚筒上以便运移。这种设备主要由液压注入头、滚筒、井口防喷器组、液压随车吊、液压动力系统、控制室和自走式底盘等组成。连续油管作业车示意图、连续油管设备机械组成、连续油管装备图分别见图 2 – 35 ~ 图 2 – 37。

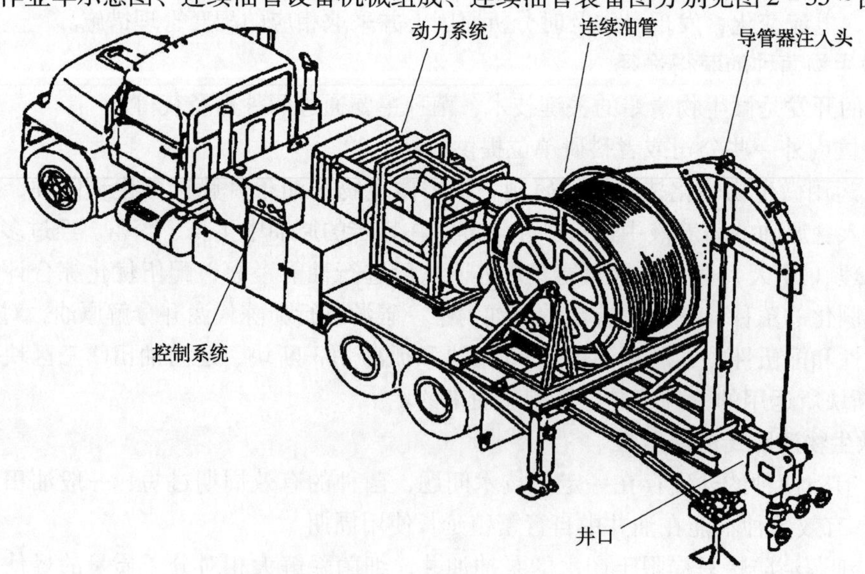

图 2 – 35　连续油管作业车示意图

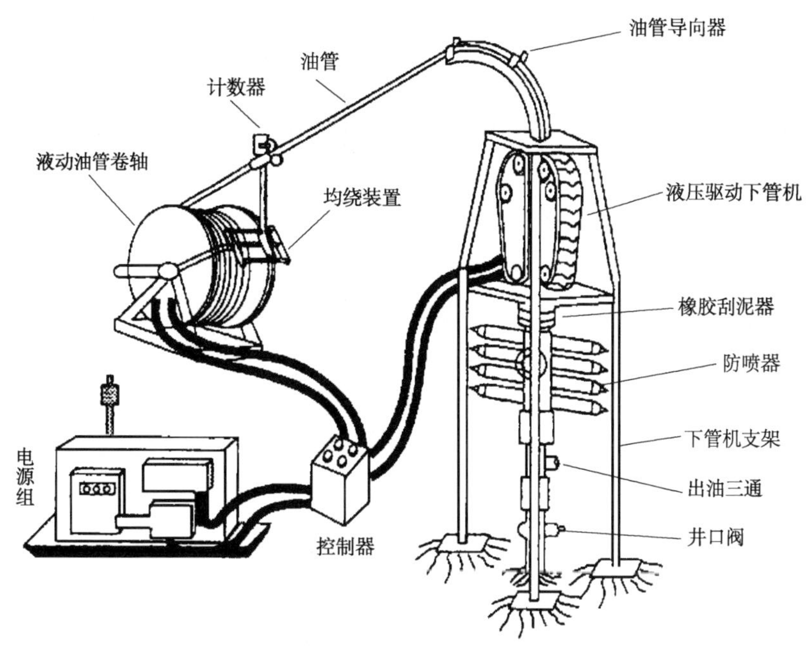

图 2 – 36　连续油管设备机械组成

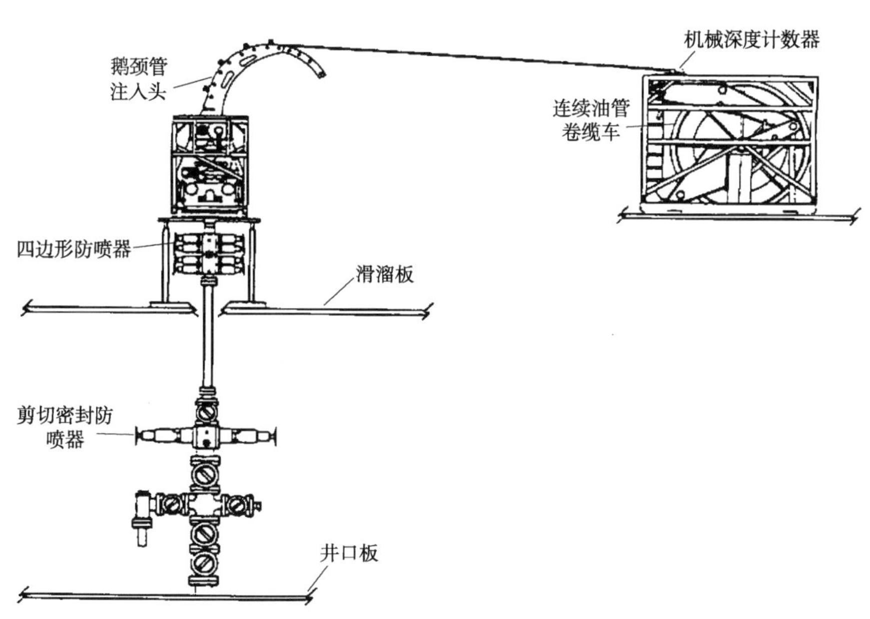

图 2 – 37　连续油管装配图

连续油管井下作业工具主要有连接器、单流阀、安全接头、冲洗工具、定位装置、扶正器等（图 2 – 38、图 2 – 39）。最常用的连接方法有外部和内部卡瓦式连接；常见的单流阀有双阀板单流阀、球阀（单球或双球）、打压单流阀等。冲洗工具主要有单孔、多孔、复合反孔、复合孔、侧孔、单斜孔、螺旋型冲洗工具、旋转清洗工具、水力喷砂工具等类型。螺旋型冲洗工具采用 360°螺旋喷嘴，可换喷嘴，不旋转件，不同外径尺寸使喷嘴贴近油管内壁。

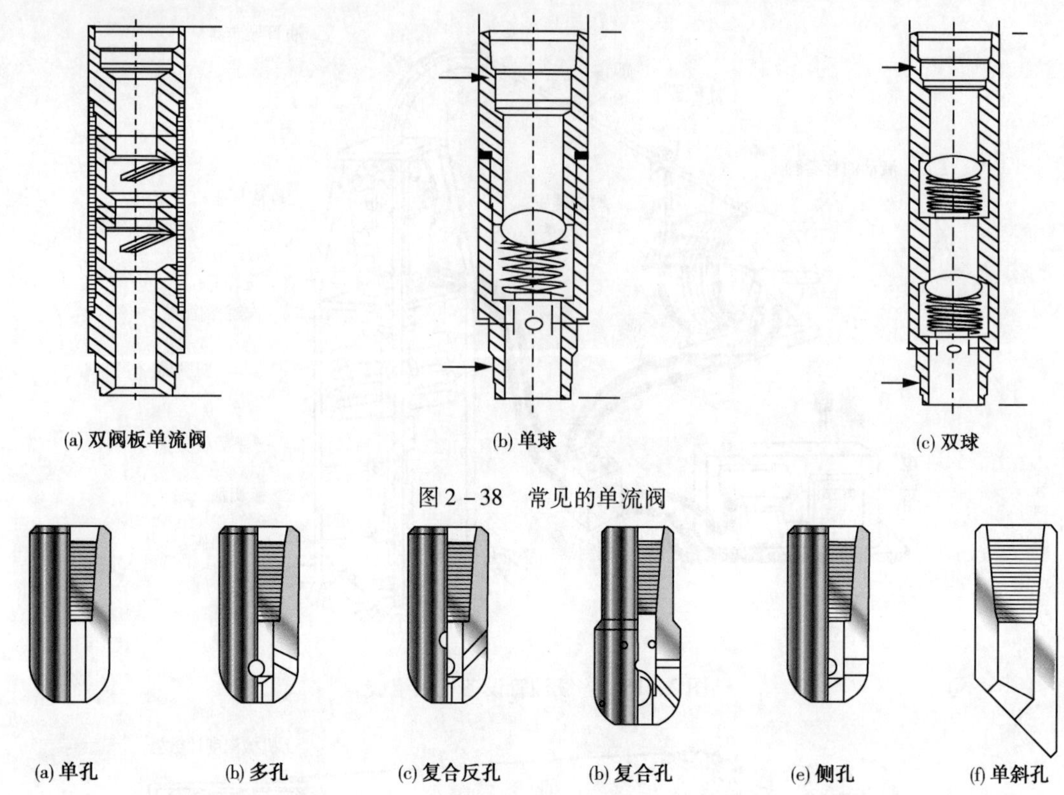

图 2－38　常见的单流阀

图 2－39　冲洗工具

3. 连续油管清蜡的优点

（1）能够解决现有的清蜡方式不能解决的蜡堵。

在以塔里木油田为代表的高压超深井的现场施工中，现有的机械清蜡、化学溶蜡及挤注热油溶蜡等措施，都不能解决管柱内被堵死的情况。挤注热油解堵则会造成高的施工泵压，在热能利用方面效率也很低。挤注热油解堵主要是靠高的施工泵压从蜡堵段中打开一个通道后，才能有效地利用热能来清除管柱内的堵塞物。而当堵塞段达到一定长度后，高的施工泵压也难从堵塞段中打开通道，所以挤注热油解堵的成功率较低，并且施工风险很高。

（2）避免激动压力产生的风险。

对于结蜡点较深、堵塞段较长的井，具体的结蜡点深度、堵塞段长度目前还没有有效的手段来检测。不能获得堵塞段的具体长度数据，也就无法预测堵塞段以下的圈闭压力，在解除堵塞段的瞬间产生的激动压力也不可预测，给解堵作业带来了潜在的危险。特别是针对原始地层压力较高的井、新开井及长时间关井的油气井在解除堵塞的瞬间产生的激动压力，给解堵作业带来的危险更大。

4. 连续油管清蜡局限性

作业成本高，不适合低产、低压井。

5. 应用实例

塔里木油田公司对乌参 1 井实施连续油管喷射解堵作业，彻底疏通了生产管柱，使该井恢复了生产。塔里木油田乌参 1 井 2002 年 5 月开钻，2003 年 8 月完钻，原始地层压力达

117.76MPa，原始地层压力系数为2.01。2004年投产以来，这口井因无法进行常规清蜡，导致先后两次因结蜡堵死井下管柱而关井。针对蜡堵情况，塔里木油田先后对其采取挤注热柴油、投棒化学清蜡等措施，但未能彻底清通油管，致使这口井长时间关停。为彻底消除隐患，恢复生产，塔里木油田利用连续油管喷射冲洗疏通生产管柱。

作业过程中，施工人员严把从入井工具、注溶蜡剂到喷射冲洗结束后每一个环节的安全关和质量关。在选用入井工具时，遵循先小后大的原则，先后使用本体外径45mm、64.3mm的喷头进行喷射冲洗，使作业更加合理有效。在注溶蜡剂时，一边采用定点注入，一边提连续油管喷射，使溶蜡剂发挥最大作用。在喷射冲洗结束后，考虑到生产管柱最小内径为74.2mm的情况，选用直径70mm的刮蜡片通井至5600m且无遇阻，最终用最短时间验证蜡堵完全解除，生产管柱彻底疏通。

参考文献

[1] 李明忠，赵国景，张贵才，等．油基清蜡剂性能研究［J］．石油大学学报，2004，28（2）：61－63.

[2] 曹怀山，杨丙飞，姜红．油溶性清防蜡剂CL－92［J］．油田化学，2001，18（4）：297－298.

[3] 朱义吾，李忠兴．鄂尔多斯盆地低渗透油气田开发技术［M］．北京：石油工业出版社，2003.

[4] 常明林．油井清蜡剂的新进展［J］．国外油田工程，1998，14（8）：29－31.

[5] 刘彝，陈馥，张启根．微乳液清蜡剂的研究［J］．钻采工艺，2008，31（1）：114－116.

[6] 陈亮，杜宝中，冯虎群．防冻乳液型清防蜡剂及其应用［J］．油田化学，2008，25（2）：108－110.

[7] 马殿坤．清蜡剂和清蜡条件的选择［J］．油气田地面工程，1995，14（5）：25－28.

[8] 王济新．油井清蜡剂评价方法研究［J］．新疆石油科技，1999，9（3）：26－30.

[9] 赵作滋，刘亚东，顾洪生．油井解堵剂——KY－3型清蜡剂［J］．兰化科技，1986，4（1）：31－33.

[10] 都芳兰，冀海南，黄梅，等．油田自循环热洗井清蜡技术与设备［J］．石油化工腐蚀与防护，2010，27（2）：58－61.

[11] 李兆权，刘书炳，罗庆梅，等．安塞油田延长油井免修期技术应用［C］//中国石油长庆油田分公司2002年度油气勘探开发工程技术座谈会论文集，2003：145－156.

[12] 郭明安．空心杆短路循环实现油井清蜡［J］．油气田地面工程，2010，29（6）：45－46.

[13] 张志龙．浅析GKA超导自动热洗清蜡装置的适应流量［J］．油气田地面工程，2009，28（7）：35－36.

[14]《钻井手册（甲方）》编写组．钻井手册（甲方）上册［M］．北京：石油工业出版社，1990.

[15] 潘昭才，黄时祯，任广今．化学生热清蜡体系试验及其矿场应用［J］．国外油田工程，2006，22（5）：19－20.

[16] Jack H Bayless. Hydrogen Peroxide：A New Thermal Stimulation Technique［J］. World Oil，1998（5）：29－31.

[17] Jack H Bayless. Hydrogen Peroxide Application for the Oil Industry［J］. World Oil，2000（5）：50－53.

[18] 任福生，刘艳平．微生物清蜡降粘采油技术在垦90断块油田的应用［J］．油田化学，2002，19（3）：218－221.

[19] 付亚荣，靳海鹏．泽10断块微生物清蜡菌种的开发与应用［J］．石油钻采工艺，2002，24（4）：72－74.

[20] 董渤，马玉天，于希贤，等．电磁清蜡工艺技术研究［J］．石油钻采工艺，1997，19（增刊）：118－121.

[21] 于小明，张英．超声波＋电热清蜡技术［J］．油气田地面工程，2004，23（8）：28－28.

[22] 侯光东，林彦兵，史存和．抽油井磁防蜡技术及其应用［J］．国外油田工程，2005，21（2）：41－46.

[23] 宫俊峰. 声波防蜡技术的应用现状 [J]. 油气地质与采收率, 2004, 11 (1): 68 - 69.
[24] 张建国, 王峰, 朱继东. 涡流振荡降黏防蜡 [C] //中国油气钻采新技术高级研讨会论文集, 2006: 380 - 384.
[25] 廉军豹, 刘利清, 窦红梅. 表面改性剂 RBE 转化膜的防蜡缓蚀性能研究 [J]. 石油天然气学报: 江汉石油学院学报, 2010, 32 (5): 340 - 342.
[26] 孙耀国. 油井微生物防蜡技术应用 [J]. 复杂油气藏, 2009, 2 (1): 69 - 72.
[27] 李金波, 贾庆明, 王光义, 等. 一种井筒高效防蜡剂的微观作用机理研究 [J]. 西安石油大学学报: 自然科学版, 2007, 22 (5): 74 - 77.
[28] 张凤芹. 采油用清防蜡剂防蜡率测定法 [J]. 油气田地面工程, 2002, 21 (3): 28.
[29] 陈刚, 汤颖, 邓强. 聚丙烯酸酯类防蜡剂的合成与性能研究 [J]. 石油与天然气化工, 2010, 39 (2): 140 - 143.
[30] 廖久明, 江晓玲, 陈峰. CRT - 2 聚合物防蜡剂的研制 [J]. 石油与天然气化工, 2002, 31 (4): 202 - 203.
[31] 谢建华, 杨林, 杨保海. SMAE 聚合物防蜡剂的研制及效果评价 [J]. 石油与天然气化工, 2009, 38 (2): 145 - 149.
[32] 马俊涛, 黄志宇. 聚合物防蜡剂的研制及其结构对性能的影响 [J]. 西安石油学院学报: 自然科学版, 2001, 16 (4): 55 - 58.
[33] 刘同春. 固体防蜡剂的研制及其应用 [J]. 钻采工艺, 1990, 13 (3): 50 - 53.
[34] 余晓玲, 王平全, 余勇. 固体防蜡剂 SN - 2 的室内研究及应用 [J]. 断块油气田, 2007, 14 (5): 82 - 84.
[35] 唐小斌, 王维, 刘治民, 等. AF 型清防蜡剂的研制及在赵凹油田的应用 [J]. 石油地质与工程, 2011, 25 (3): 131 - 133.

第三章　油田结垢机理及垢型分析方法

注水开发是目前保持地层压力和提高采收率的主要手段之一，已为国内外广泛采用。我国大部分油田在注水开发过程中存在许多亟待解决的问题，其中结垢是在油田注水开发中常见的严重问题之一。结垢引起注水压力升高、注水效果差、地面管网堵塞、集输站点输送量降低、输送压力升高、能耗增加、油井频繁作业等一系列问题，严重影响原油生产，造成巨大的经济损失。

本章主要讲述了油田结垢类型及机理、垢型分析方法以及相关的油田结垢趋势预测技术。

第一节　结垢类型及机理

油田从第一口井打开油气层生产，到开发结束的过程中，油藏中的油、气、水等流体从油气层中流出，经过井筒、井口到地面集输系统，在流体运移过程中，由于温度、压力、油气水平衡状态及其离子浓度都在不断地发生变化，流体中物质的物理化学状态也发生相应的变化，通常发生结垢的主要原因为：

（1）两种以上不配伍的水相遇。

（2）在流动过程中压力和温度变化。

（3）流体的化学组分不平衡。

垢是在以上条件下从水中析出的固体物质，通常是溶解度很小的无机盐，最常见的是 $CaCO_3$，$CaSO_4$ 和 $BaSrSO_4$ 等，其次就是 FeS，$MgCO_3$ 和 SiO_2 等。由于垢物在颜色、晶体形状、表面特征以及溶解度等方面有所不同，所以掌握它们各自的性质特征能快速地判断垢物的成分和结垢的原因。

一、油田结垢类型

1. 按照生成垢的化学组成分类

油田常见的垢按照其化学组分，主要有以下几种：

（1）$CaCO_3$ 垢：钙离子与碳酸根或碳酸氢根结合都会生成 $CaCO_3$ 垢，此反应随系统中二氧化碳分压、pH 值、温度及含盐量而变化：

$$Ca^{2+} + CO_3^{2-} = CaCO_3 \downarrow$$

（2）$CaSO_4$ 垢：从水中生成 $CaSO_4$ 的反应方程式如下：

$$Ca^{2+} + SO_4^{2-} = CaSO_4 \downarrow$$

（3）$BaSO_4$ 垢：$BaSO_4$ 的溶解度是垢中最小的，钡垢的形成受温度、压力和浓度的影响：

$$Ba^{2+} + SO_4^{2-} = BaSO_4 \downarrow$$

(4) $SrSO_4$ 垢：$SrSO_4$ 比 $BaSO_4$ 的溶解度稍大，其溶解度特性与 $BaSO_4$ 相似，它很少以单纯的 $SrSO_4$ 获得，经常与钡共沉淀形成 $BaSrSO_4$ 垢。

(5) 铁化合物垢：水中出现铁离子，可能是天然存在于水中的，也可能是腐蚀的结果。

根据油气田的具体实践和分析结果得出各种常见垢的性质见表 3－1。

表 3－1 常见油气田垢物的性状

垢物		表观形状	溶解性
$SrSO_4$，$CaSO_4$，$BaSO_4$，混合垢	无其他杂质	坚硬致密的白色或浅色细颗粒	不溶于盐酸，其中 $BaSO_4$ 最难溶，垢层坚硬不易清除
	混有腐蚀物或氧化铁等	褐色致密物	常温下基本不溶于盐酸，加热后褐色物溶解使酸液变黄，剩下的白色物不溶解
$CaSO_4$（石膏）	无杂质	致密的长针状结晶，浅色	粉末在酸液中溶解慢，无气泡，残液用 $BaCl_2$ 实验为阳性
	混有腐蚀物或氧化物	致密褐色物	常温下基本不溶于盐酸，加热后褐色物溶解使酸液变黄，剩下的白色物不溶解
$CaCO_3$	无杂质	致密的白色细粉状	易溶于酸且产生气泡
	含有 $MgCO_3$	碎成菱形结晶	溶解慢
	混有氧化铁或硫化铁	致密的黑色或褐色物	易溶于 4% HCl 且产生气泡，剩余物为不溶的褐色或黑色固体
FeS		是 H_2S 与 Fe 反应的腐蚀产物，垢为坚硬易碎的致密黑色物	酸液中溶解慢，放出 H_2S 气体，剩余物为白色

2. 按照结垢部位分类

根据油田结垢部位不同，将垢型分为地层垢、井筒垢、地面系统结垢。

1) 地层垢

地层垢是在油气田开发过程中由于地层压力的下降，温度的降低使原来处于稳定状态的地层水发生沉淀或者原油中的石蜡、胶质和沥青质析出来；也可能是保持地层能量采油，注入的流体如水、蒸汽、聚合物和碱液等与地层中的流体或储层不配伍生成的沉淀。钻结垢检查井也能找到并证实有地层垢存在。结垢一旦堵塞地层，通常很难再清除掉，因此地层垢造成的地层伤害常是永久性的。

2) 井筒垢

井筒垢是流体从地层到井口之间产生的垢。其生成原因有 3 种：(1) 流体从相对高温高压的地层流入井筒时，由于压力和温度的急速降低而产生的垢，多为碳酸盐垢；(2) 不同储层合采，由于不同层的产液水的不相容性产生的垢，多为硫酸盐垢；(3) 由于水力学原因，如电潜泵采油时地层流体经泵时因为流速增加引起紊流和流体通道的突然改变而形成的垢。这些结垢多聚集在油管内外壁、筛管、尾管、套管内壁等处。

近井垢是发生在注水井与生产井附近的垢。注水井附近的垢是注入的流体与储层或储层中的流体不配伍引起的结垢现象；生产井附近的垢是地层流体经过近井地层的“压降漏斗区”（压降可达几个兆帕，甚至更多）时，由于压力的迅速下降致使流体里的气体逸出而产生的垢，例如水中含有二氧化碳，二氧化碳会因压力降低而逸出，这一过程破坏了水的原始平衡状态，造成碳酸盐垢“就地”生成。

3）地面系统结垢

在油田开发中，地面集输系统结垢与注水地层、油井结垢在机理及分布规律上是不尽相同的，总体来说，是由于水的热力学条件变化及不配伍水的混合造成的。地面系统结垢一般易产生于输油管线及注水管线弯头、闸门的滞流区。

当各产层混输时，不配伍的液体相混合在各种设备中产生垢；当各产层分开输油时，油井产出液离开井口，在经过不同的管线和设备中时，由于压力、温度、流速等的变化产生结垢。即如一般油田生产中常见到的，液流速度快，垢不易沉积，如果流速突然改变或流向改变，都易造成结垢。

二、结垢机理

油田结垢是一个复杂的物理化学过程，这里简要概括地介绍上述几种类型垢的生成机理。

1. 碳酸盐结垢机理

碳酸盐垢包括 $CaCO_3$，$MgCO_3$ 和 $SrCO_3$ 等组分，是由于 Ca^{2+}，Mg^{2+} 和 Sr^{2+} 与 CO_3^{2-} 或者 HCO_3^- 结合而生成的，化学反应式如下：

$$Ca^{2+} + CO_3^{2-} = CaCO_3 \downarrow$$

$$Ca^{2+} + 2HCO_3^- = CaCO_3 \downarrow + CO_2 \uparrow + H_2O$$

$$Mg^{2+} + 2HCO_3^- = MgCO_3 \downarrow + CO_2 \uparrow + H_2O$$

$$Sr^{2+} + 2HCO_3^- = SrCO_3 \downarrow + CO_2 \uparrow + H_2O$$

碳酸盐垢是油田生产过程中最为常见的一种沉淀物。常温下，碳酸钙溶度积为 2.9×10^{-9}，在25℃溶解度为0.053g/L。在油田地面集输系统，由于温度升高，压力降低，二氧化碳释放，使碳酸钙沉淀的可能性增加；而在油井生产过程中，当流体从高压地层流向压力较低的井筒，二氧化碳分压下降，水组分改变，就成为碳酸钙溶解度下降并析出沉淀的主要原因之一。油田碳酸盐垢中以钙、镁为主，锶的碳酸盐垢理论上存在，但实际生产中还未发现，这可能与锶元素和钡存在类质同象有关。碳酸盐垢的形成主要是由于油田生产过程中物理条件改变，使水中 HCO_3^- 分解成 CO_3^{2-}，与成垢阳离子结合生成难溶化合物；地层碳酸盐垢主要发生在流体压力下降区域，如油井近井带较容易生成方解石垢、白云石垢等。

2. 硫酸盐结垢机理

油田硫酸盐垢主要有硫酸钙、硫酸钡和硫酸锶等组分，早期以硫酸钙最为多见，后期随着开发层系增多，尤其三叠系长8、长9等油层地层水 Ba^{2+} 和 Sr^{2+} 含量较高，硫酸钡和硫酸锶日益常见。硫酸盐在水中沉淀的反应如下：

$$Ca^{2+} + SO_4^{2-} = CaSO_4 \downarrow$$

$$Ba^{2+} + SO_4^{2-} = BaSO_4 \downarrow$$

$$Sr^{2+} + SO_4^{2-} = SrSO_4 \downarrow$$

对于硫酸钙垢，在38℃以下，生成物主要是石膏（$CaSO_4 \cdot 2H_2O$），超过这个温度主要生成硬石膏（$CaSO_4$），有时还伴有半水硫酸钙（$CaSO_4 \cdot 1/2H_2O$）。由于油田地层水中Ba^{2+}含量较Sr^{2+}含量高，所以生成钡垢（重晶石）比锶垢（天青石）常见。

硫酸盐垢形成主要由于两种不配伍水的混合，即在富含成垢阳离子的油层中注入含SO_4^{2-}的水，导致在油层、近井地带或井筒生成硫酸盐垢。同一口油井，采出不同层位的产出液，或不同水型的油井产出液在转油站（增压站）混合，都可能产生硫酸盐结垢。

当注入水进入油层后，形成一个由注入水—地层水—束缚水—含溶解气原油—地层岩石构成的复杂组分系统。其中最重要的是注入水与地下水（地层水与束缚水）的混合过程。由于热扩散、水动力扩散及岩石非均质性导致的分散作用，在油层中产生一个热过渡带和水混合带。在混合带之前，岩石孔隙中只有地层水、原油和气；之后，只有与该处地层温度和压力平衡了的注入水与残余油。在混合带，注入水由于与储层岩石的滤蚀浸溶和与原油本身的相互渗溶、离子交换、矿物及碳氢化合物的氧化、温度及pH值的变化作用等，化学成分变得更加复杂，过饱和度增加，因而容易与地层水在混合带中发生结垢的化学沉淀反应。其余注入水继续向前移动，直到注入水抵达生产井。因此，由于注入水在地层中沿不同距离的流动通道接近油井，在通道中与地层水混合，造成结垢甚至堵塞。随见水时间的延续，结垢量将逐渐增加。

在注水井到见水油井的注水地层运移带上，影响结垢发生和生长的因素很多，所以分布状况也必较复杂。按照晶核成垢理论，结垢分布最终是了解一个已经发生的晶粒或晶胞，在何处容易附着并发育长大的问题。在地层条件下，由于岩矿分布的非均质性，岩石粒径和孔隙的构造大小不同，表面粗糙程度与吸附能力不同，液体的渗流状态与速度不同，晶种的多少与晶胞类型不同，周围介质的化学成分、温度、压力、pH值等也各不相同，诸多因素共同影响着结垢的分布规律。从理论文献和油气层渗流力学观点分析，以粒间、晶间孔隙和裂缝—孔隙结构作为基本孔隙结构的碎屑岩油藏，渗透率较低时，孔隙较大的地方渗流速度缓慢，是流体储存或滞留的主要场所，因而也是注入水与地层水接触混合最充分的场所，地层结垢容易在此发生。

3. 其他沉积物形成机理

结垢物中常常存在硫化亚铁、氧化亚铁与氧化铁，其主要来源是由井筒、集输管线与设备遭受腐蚀而产生的。这些腐蚀产物常与碳酸盐、硫酸盐垢混杂而沉积下来。

注入水或地层水中含铁量较低，由于水中含氧、硫化氢或二氧化碳，也会与地层岩石中的铁反应生成铁的化合物。在地层或井底较密闭的体系中，生成物多为还原性铁盐，即二价铁盐，但与大气接触后，还原性铁氧化，则生成三价铁盐，油田地面系统一般铁盐为氧化铁，很少出现硫化亚铁。

硅垢，即是以硅酸盐或二氧化硅为主的垢，这类垢在结垢产物中含量较少，这主要是油井投产初期从井内带出的泥沙，随结垢物一起沉淀下来。

三、结垢影响因素

结垢主要的促成因素有内外两种因素，成垢离子是结垢的物质基础，是内因；外因是成垢的条件，主要指水的温度、系统压力、矿化度、pH值等的变化。

1. 成垢离子

成垢离子含量越高，形成垢的可能性就越大，对某一特定的垢，当超过了它在一定浓度和 pH 值下的可溶性界限时，垢就沉积下来。当不同的两种水混合，涉及两种情况，一是两种以上不同来源的水混合后注入地层，其次是注入水注入地层后同地层水混合。两种以上的水混合时，水中各离子发生再分配，当水中某种盐的浓度超过该条件下的溶解度时，该盐就从水中结晶析出，形成结垢，根据化学反应原理，混配水中易结垢离子为等量时，结垢最严重。

结垢要经过一个过程，通常认为，两种结垢离子碰撞生成分子，分子按一定顺序结合形成微晶从水中析出，大量晶体沉淀堆积起来形成垢。不同成分或在不同条件下形成的垢微晶，堆积和形成沉淀的速度可能不同。

2. 外界因素

当外界环境条件发生变化，打破了原来地层中溶解物质的平衡状态，易形成水垢。表 3－2是油田常见垢及影响因素，表 3－3 是各类垢型对影响因素的变化趋势。

表 3－2　油田常见水垢及影响因素

名称	化学式	溶解度①（mg/L）	影响因素
碳酸钙	$CaCO_3$	53	CO_2 分压、温度、含盐量、pH 值
硫酸钙	$CaSO_4 \cdot 2H_2O$	2630	温度、压力、含盐量
	$CaSO_4$	2060	
硫酸钡	$BaSO_4$	2.3	温度、含盐量
硫酸锶	$SrSO_4$	114	温度、含盐量
铁化合物	$FeCO_3$，FeS，Fe（$OH)_2$ Fe（$OH)_3$，Fe_2O_3		腐蚀、溶解气体、pH 值

①表中数据为 25℃时蒸馏水中的溶解度。

表 3－3　各类结垢物相对影响因素的变化趋势

结垢物	各影响因素下的变化趋势			
	压力降低	温度升高	含盐量升高	pH 值降低
$CaCO_3$	↗	↗	↘	↗
$CaSO_4$	↗	↗	↘	↗
$BaSO_4$	↗	↘	↘	
$SrSO_4$	↗	↘	↘	

原地层水中的成垢阳离子主要为：Ba^{2+}，Sr^{2+} 和 Ca^{2+} 三种，注入水中的成垢阴离子有 SO_4^{2-} 和 CO_3^{2-}，两类离子相遇后则会形成难溶化合物。

依据难溶化合物沉淀顺序的规律，溶解度小者首先沉淀，即溶度积常数 K_{sp} 值越小，则沉淀优先形成，因此，在注入水与地层水混合后相应的硫酸盐与碳酸盐沉淀顺序具有如表 3－4的特征。

表 3－4　地层水和注入水相遇后形成的难溶化合物及其溶解度

难溶化合物	K_{sp}	难溶化合物	K_{sp}	难溶化合物	K_{sp}
$BaSO_4$	1.1×10^{-10}	$CaSO_4$	9.1×10^{-6}	$SrSO_4$	3.2×10^{-7}
$BaCO_3$	5.1×10^{-9}	$CaCO_3$	2.9×10^{-9}	$SrCO_3$	1.1×10^{-10}

（1）硫酸盐沉淀的形成顺序为：硫酸钡 > 硫酸锶 > 硫酸钙。

（2）碳酸盐沉淀的形成顺序为：碳酸锶 > 碳酸钙 > 碳酸钡。

（3）系统中总的沉淀形成的顺序为：硫酸钡、碳酸锶 > 碳酸钙 > 碳酸钡 > 硫酸锶 > 硫酸钙。

由于硫酸钡、碳酸锶溶解度相等，且在 6 种难溶盐中其溶解度最小，因此两种水混合后，它们会优先沉淀，亦即当体系中的成垢阳离子为 Ba^{2+}，Sr^{2+} 和 Ca^{2+}，成垢阴离子为 SO_4^{2-} 和 CO_3^{2-} 时，其中的 SO_4^{2-} 将优先与 Ba^{2+} 结合，CO_3^{2-} 将优先与 Sr^{2+} 结合。

第二节　结垢垢型分析方法

油田结垢主要来源于注入水与地层水两种水质的不配伍性，井筒碳酸盐结垢主要是压力下降引起的流体化学平衡破坏。油田水的成分通常十分复杂，性质也特殊，大多数油田水的 pH 值为 5～9，属中性、弱碱或弱酸性。水质除了受其中的金属离子和溶解气体影响外，还与悬浮物、细菌等有关，因而，油田水质分析很困难。本节首先对油田水质常用的分析方法进行阐述，然后介绍常用的几种垢型分析方法。

一、油田水质分析

表 3－5、表 3－6 列出了油田水的主要成分和性质、测定项目和常用的分析方法，准确地进行水质分析是预测结垢的必要条件，目前已发展了许多新的分析方法。

表 3－5　油田水的主要成分和性质

阳离子	阴离子	其他性质
Ca^{2+}	Cl^-	pH
Mg^{2+}	CO_3^{2-}	悬浮固体
Ba^{2+}/Sr^{2+}	HCO_3^-	浊度
Fe^{2+}	SO_4^{2-}	比重
K^+/Na^+	PO_4^{2-}	溶解氧
气体		硫化物
H_2S，CO_2，O_2		

表 3－6　油田水的测试项目和分析方法

测定项目	分析方法	测定项目	分析方法
Ca^{2+}	滴定	pH 值	pH 计法，比色法
Mg^{2+}	滴定	悬浮固体	薄膜过滤器法

续表

测定项目	分析方法	测定项目	分析方法
Fe^{2+}	滴定或比色	浊度	浊度计或比色法
Ba^{2+}	原子吸收或离子色谱	温度	温度计
Cl^-	滴定	相对密度	比重计
CO_3^{2-}	滴定	溶解氧	测氧仪、滴定法、比色法
SO_4^{2-}	重量法	硫化物	AI Kaseitzer 试验法

1. 离子色谱法

离子色谱技术于1977年开始在水处理领域中采用，在离子色谱法中，各种离子根据相对亲和力与交换树脂进行离子交换而分离开。阴离子是在阴离子交换树脂柱（分离柱）上被分离的，当阴离子分离柱的出水流经阳离子交换树脂柱（抑制柱）时，阴离子就转变成相应的酸；阳离子是在阳离子交换树脂柱（分离柱）上被分离的。阳离子交换柱的出水流经阴离子交换树脂柱（抑制柱）时，阳离子就转变成氢氧化物，而阴离子则转变成为低电导率组分。一般油田水中待测的阴离子：SO_4^{2-}，Cl^-和CO_3^{2-}，阳离子：Na^+，K^+，Ca^{2+}，Mg^{2+}和Ba^{2+}/Sr^{2+}等。图3-1为离子色谱系统组成示意图。

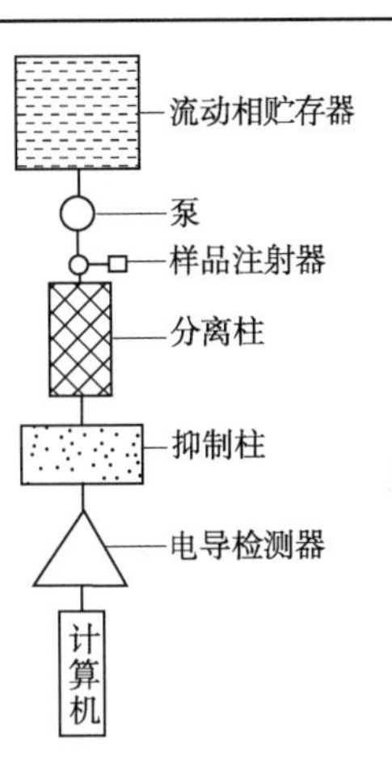

图3-1 离子色谱系统组成示意图

2. 滴定分析法

在分析油气田水时，滴定分析法常指EDTA络合滴定法，EDTA是乙二胺四乙酸的简称，用H_4Y表示。EDTA是白色无水结晶粉末，无毒无臭，具有酸味，溶解度为0.2g/L（常温），难溶于酸和一般的有机溶剂，易溶于氢氧化钠溶液和氨水中，生成相应的盐溶液。由于EDTA酸在水中的溶解度很小，通常将其制成二钠盐，以$Na_2H_2Y \cdot 2H_2O$表示，或叫EDTA二钠盐，22℃时，每100mL水可溶解11.1g（约为0.3mol/L），其0.01mol/L溶液的pH值约为4.8。

2~4价金属离子与EDTA形成配合物时，配位数一般不超过6，而EDTA分子中的4个羧基氧原子和两个氨基氮原子都具有与金属离子配位的能力，因此，它能与绝大多数金属离子形成1∶1非常稳定的环状结构螯合物。由于EDTA的阴离子Y^{4-}带有4个负电荷，通常金属离子多为1价、2价或3价，因此在满足配位数的基础上，配合物带有电荷而易溶于水，使滴定能在水溶液中进行。

在一定pH值下用EDTA滴定某金属离子M时，将少量指示剂加入待测的金属离子M溶液中，有如下反应发生：

$$\underset{\text{甲色}}{M + In} \rightleftharpoons \underset{\text{乙色}}{MIn}$$

滴定开始后，随着EDTA的不断滴入，游离的金属离子逐渐与EDTA形成MY，当反应达化学计量点时，由于MIn的稳定性小于MY，所以EDTA能从MIn中夺取金属离子M，从而使指示剂游离出来，溶液的颜色由乙色转变为甲色，表明滴定完毕。

滴定完毕时发生反应：

$$\underset{\text{乙色}}{MIn} + Y \rightleftharpoons MY + \underset{\text{甲色}}{In}$$

另外，张德军、黄小琼等提出了测定 Ba^{2+} 含量的间接碘量法，其与原来其他离子的分析方法（例如：依据石油天然气行业标准 SY/T 5523—2006《油田水分析方法》对脱出水进行水质测定）相结合，就能获得油田水的成垢离子的真实含量。

在注水开发过程中，注入水进入油藏，形成水、油、气及地层岩石等组分构成的复杂多相体系。在这里除了注入水与地层水、原油混合外，还有注入水与岩石的溶解反应、不配伍水产生的沉淀与溶解、气体的分配与逸出、黏土的膨胀运移等。在注水初期，产出水主要组分与地层水相近；随着油井含水上升，产出水是混合水，其组分愈来愈大的受注入水的影响；在油田高含水期，注入水与岩石相互作用不断强化，产出水矿化度降低，成为近于注入水的组分的一种低矿化水。

地层水的化学变化，主要是研究注入水与边外注水时的地层水、边内注水时的束缚水之间的关系。但由于确定束缚水组分十分困难，且井下高压取样与井口取样水质分析结果十分相近，所以在这方面研究时，大多数以未注水时的产出水代替地层水。

现场调研发现油田在注水开发中后期结垢较为严重，结垢程度与地层水成垢离子含量呈正比关系，成垢离子含量越高，结垢越严重。通过对注入水、地层水水样进行分析，再将两者混合测配伍性，能基本明确造成地面管线、井筒结垢的主要因素。

二、垢样的分析方法

对垢样的分析，可采用酸溶法初步判断垢型，用 X 衍射仪测垢样成分，用扫描电镜测垢样内部结构，也可用 X－射线能谱仪分析垢样元素组成数据。

针对几种具有代表性的垢样，首先要结合运行工艺进行初步调查，了解该垢样来自于哪个系统、设备及部位，确定垢样形成的原因，对系统或设备会造成的腐蚀或损失，系统在运行过程中可能出现了哪些问题，可能含有哪些成分，才能针对样品分析项目进行合适的样品处理。图 3－2 为垢样的分析流程。

1. 酸溶法

（1）碳酸盐垢的判断。

加入稀盐酸后，垢块迅速溶解，同时产生大量气泡，溶液剩余残渣量极少，可判断为碳酸钙，其中也可能含镁垢盐如碳酸镁，如图 3－3 所示。

（2）硫酸盐垢的判断。

硫酸盐垢实际上不是单一的垢种，它一般与其他垢种同时存在，但是由于它不溶于盐酸、硝酸、硫酸以及其他有机酸，也不溶于络合剂，垢中有硫酸盐存在时就变得极难清除，因此，在许多书中常将其作为单独垢列出。

由于硫酸盐垢难以溶解，且对受热面和传热面的热阻影响较大。因此，当它的含量在垢中达 20% 时，可以认为这种垢是硫酸盐垢（图 3－4）。

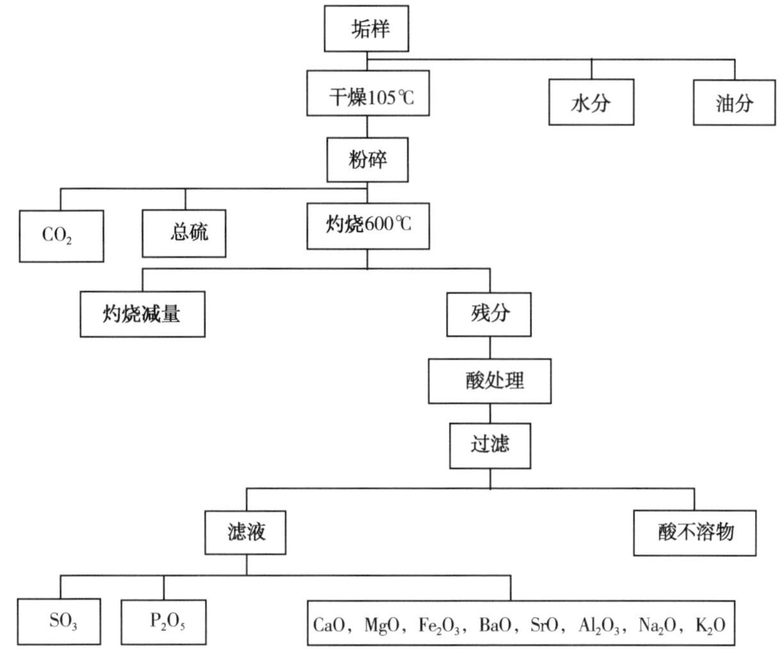

图 3-2 垢样分析流程

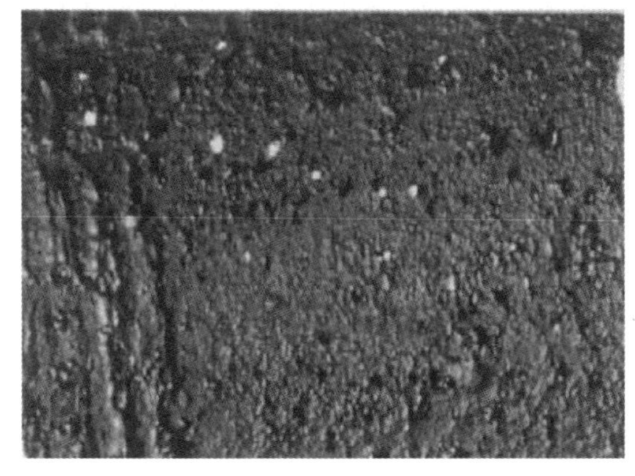

图 3-3 典型钙质垢

图 3-4 典型硫酸盐垢

首先用 10% 的盐酸溶解，如溶解速度较慢，则应加热助溶，经过上述溶解操作，试样仍有白色残留物不溶时，可采取将试样与碳酸钠以 1∶8 混合，在 900℃下加热 2h，则硫酸盐与碳酸钠作用转化为碳酸盐和硫酸钠，再用盐酸溶解时，可以完全溶解。此项操作需在铂中进行，为了使熔融物容易由坩埚中溶解脱出，可先将 3 倍于垢样的无水碳酸钠与垢拌均匀，加入其中，再在固体混合物覆盖与垢等量的无水碳酸钠。灼烧应在封盖的坩埚中进行，坩埚盖需留有缝隙，防止二氧化碳大量产生时将盖掀掉。

（3）铁化合物的判断。

加入稀盐酸后，垢样溶解，产生气泡，能够使湿润的醋酸铅试纸变黑，判断放出气体为硫化氢，同时溶液变为黑色，则多为硫化亚铁垢；加入稀盐酸后可溶解但速度较慢，其酸液呈黄绿色，使用测铁管粗测铁含量较高，则可能为铁类氧化物，如图 3－5 所示。

（4）油污蜡垢的判断。

将乙醚加入研碎的垢样中，垢样可溶，乙醚液层呈浅黄颜色，水浴加热 50～60℃，垢样可熔，胶质、沥青质含量较高则熔化温度相应升高。通过升温熔解实验可初步判断该物质是否为蜡质胶质，由此确定现场措施合适的处理温度，典型垢样如图 3－6 所示。

图 3－5　典型铁质垢

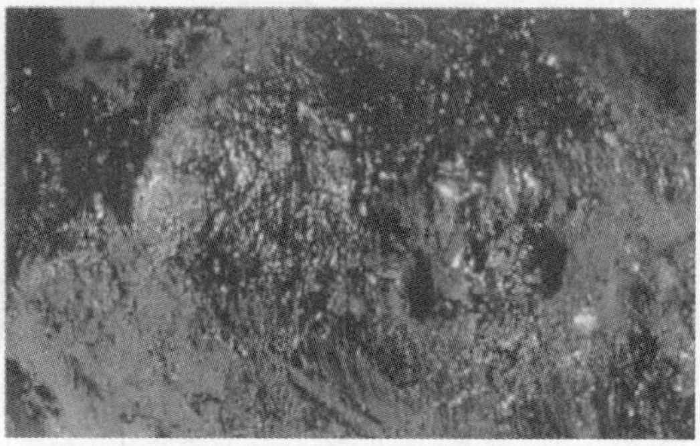

图 3－6　典型新鲜蜡垢

2. 垢样成分的仪器分析

化学分析必须首先将垢样完全溶解，然后再分析溶液中各种成分的含量，而个别不能完全溶解的垢样，成分含量也很难确定。而仪器分析可直接测定，无论可溶解成分还是不可溶解成分，其含量均可直接获得定量结果。常用的垢样分析仪器有 X 衍射仪、扫描电镜仪、能谱分析仪。

1）X－衍射分析法

X－衍射分析的基本原理是不同矿物的晶体结构不同，X－衍射角也不同。任何一种晶态物质都有自身独特的 XRD 谱线，通过将谱图中不同衍射峰组合与数据库中各个标准卡片进行对比识别晶相和垢样中的物质组成成分。下面列举了某油田垢样 X－衍射分析实例。

（1）华庆油田结垢产物分析。

对从华庆油田油管、井口管汇、增压点加热炉等收集的 9 个垢样进行 X－衍射分析，结果见表 3－7。

表 3－7　华庆油田垢样 X－衍射分析结果

垢样来源	层位	X－衍射分析	酸不溶物含量（%）
关××－52 油管外壁	Y10	$(Ca, Mg)CO_3$	27.82
关××－31 油管	Y10	FeS，$Ba_{0.5}Sr_{0.5}SO_4$	27.00
关××－32 油管	Y10	FeS，$CaCO_3$	49.93
关××－53 井组井口汇管	C4+5	$BaSO_4$	98.13
关××－52 井口汇管	C4+5	$(Ca, Mg)CO_3$	3.56
白×转加热炉	C3，C4+5	$Ba_{0.75}Sr_{0.25}SO_4$	98.61
白×增加热炉	C3，C6	$Ba_{0.75}Sr_{0.25}SO_4$	99.62
白×1 增加热炉	C6	$Ba_{0.75}Sr_{0.25}SO_4$	98.77
白×井油管外壁	Y10	$Ba_{0.75}Sr_{0.25}SO_4$	99.75

从垢样的 X－衍射分析结果可以看出，油井因开采的层位不同，有碳酸钙镁、硫化铁、硫酸钡锶等垢。集输系统如增压点、转油站加热炉以硫酸钡锶垢为主。井筒自然结垢以碳酸钙为主，见注入水后以硫酸钡锶为主。

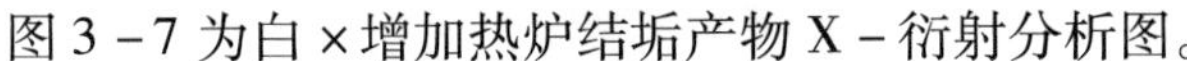
图 3－7 为白 × 增加热炉结垢产物 X－衍射分析图。

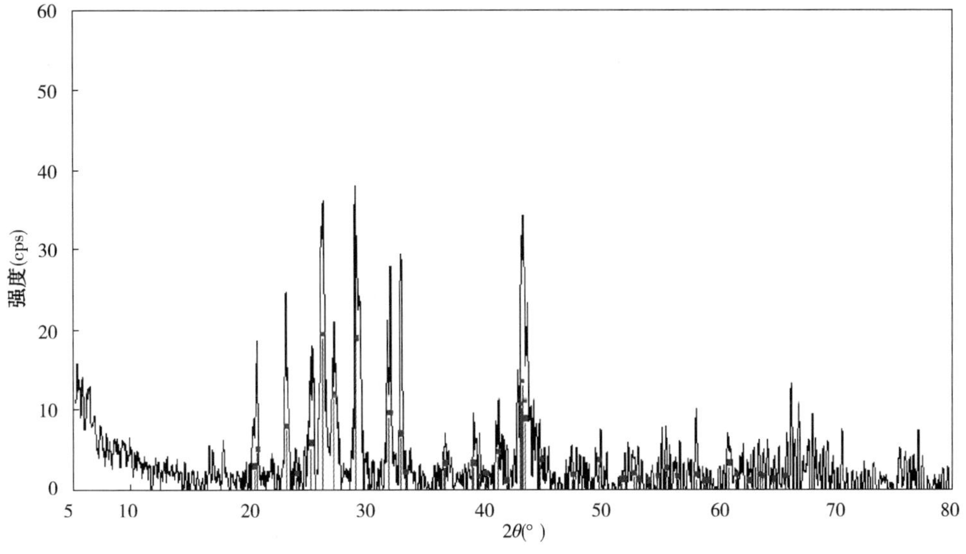

图 3－7　白 × 增加热炉垢样 X－衍射分析

（2）姬塬油田结垢产物分析。

从姬塬油田 13 座结垢站共收集到 15 种垢样，侏罗系结垢站点 2 座，C1 和 C2 油层结垢站点 7 座，C4＋5 油层结垢站点 7 座，各集输站垢样分析见表 3－8，分析结果表明，该油田集输站点结垢主要以硫酸钡锶为主。现场结垢照片见图 3－8，图 3－9。

表 3－8　姬塬油田结垢站点统计表

序号	站点	层位	结垢部位	垢型
1	樊 2 增	Y9	离心泵叶轮	$CaCO_3$72.9%
2	樊 3 增	Y9	加热炉盘管	主要为 $CaCO_3$
3	姬 1 转	C2	输油泵叶轮	Ba（Sr）SO_4 占 93.6%
4	姬 1 增	C4＋5	加热炉盘管	Ba（Sr）SO_4 占 90%
5	姬 2 增	C2	加热炉盘管	主要是酸不溶物
6	姬 2 转	C4＋5	加热炉盘管	Ba（Sr）SO_4 占 95.1%
		C2	输油泵叶轮	主要是酸不溶物
7	姬 3 增	C4＋5	站内管线	Ba（Sr）SO_4 占 90%
8	姬 5 转	C4＋5	加热炉盘管	主要是酸不溶物
9	姬 9 增	C4＋5	加热炉盘管	主要是酸不溶物
10	姬 7 增	C4＋5	站内管线	主要是酸不溶物
11	姬 9 转	C4＋5	输油泵叶轮	主要是酸不溶物

图 3－8　姬 2 增加热炉盘管结垢

图 3－9　姬 1 增加热炉出口管线结垢

目前该油田发现 11 个井组出现不同程度的结垢，如地 × ×－61 井组，投运一年半后，井组集油管线结垢严重，回压上升，不得不进行管线更换。

2009 年 5 月，在黄 × ×5 井进行分层测试，对已注水见效的长 6 层进行单采测试，15 天后起出测试管柱，测试筒上有垢生成。用 X 衍射仪对黄 × ×5 井采油测试管串上的垢样进行分析，15 天所结垢的成分为硫酸钡锶垢，见图 3－10、表 3－9。

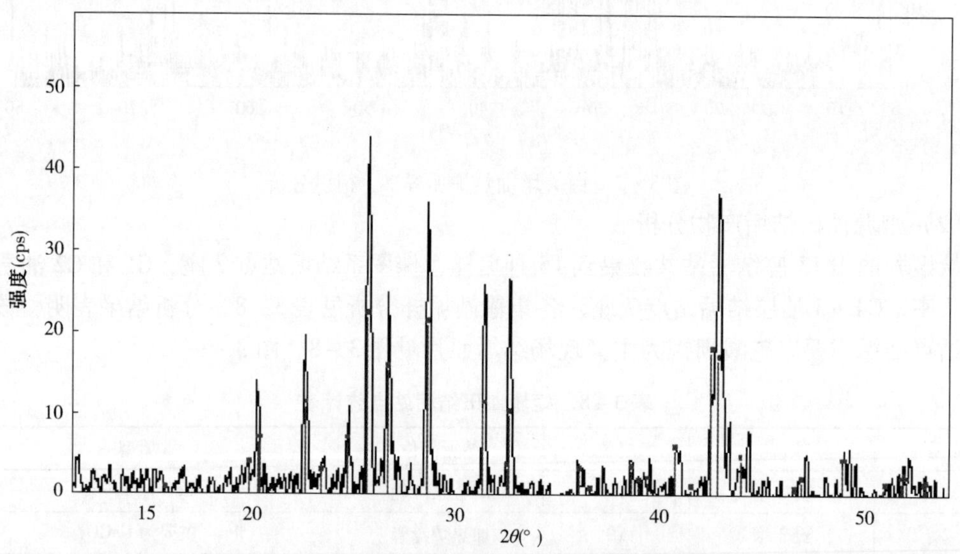

图 3－10　黄 × ×5 井垢样 X－衍射分析

表 3－9　黄 × ×5 井垢样 X－衍射及酸溶分析结果

井　号	X－衍射分析	酸不溶物含量（%）
黄 × ×5	$Ba_{0.75}Sr_{0.25}SO_4$	89.9

（3）樊学油田结垢产物分析。

该油田结垢严重的增压站点外输泵 7 天左右更换一次，现场对学 4 增外输泵进口处垢样进行了 X－衍射分析，见图 3－11。学 4 增 2008 年 10 月投运，目前管理油井 44 口，其中 15 口 Y9 层油井，1 口 Y10 层油井，18 口 C2 层油井，6 口 C6 层油井，1 口 Y9/C2 合采油井，1 口 Y10/C2 合采油井，2 口 C2/C4＋5 合采油井。站点中加热炉盘管、输油泵叶轮结垢严重，投运 3 个月加热炉盘管、外输泵进口结垢，站内管线一个月更换一次。

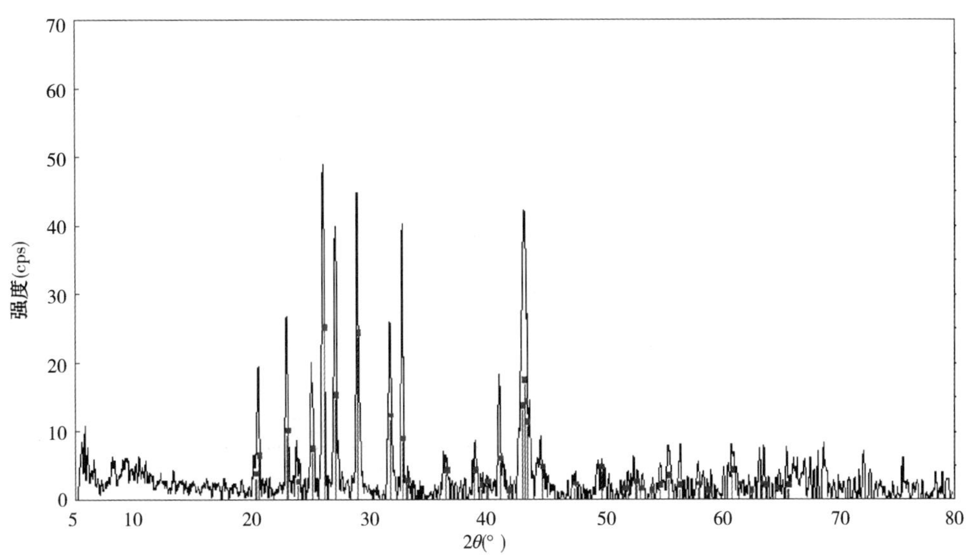

图 3－11　学 4 增外输泵垢样 X—衍射分析

图 3－11 图谱显示，学 4 增外输泵垢样中，硫酸盐含量最高，其次为碳酸钙，含有少量的铁的氧化物、铁盐等。其中硫酸钡约占 80%，碳酸钙占 20%。

2）电镜能谱分析法

进行高倍率下的微细结构、微细矿物学研究，对于确定垢的矿物类型、产状具有决定性的作用。通常用微电子束（微束）对矿物进行微区成分分析、形貌观察、物性研究和结构测定等，我们常用的微束分析仪器有扫描电镜和能谱。

采用日本 JSM－6360LV 扫描电子显微镜和能谱对现场取回的垢样进行微观结构分析。如图 3－12 所示。

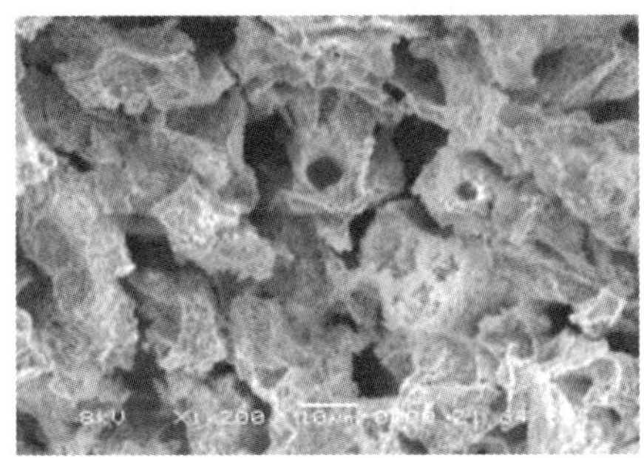

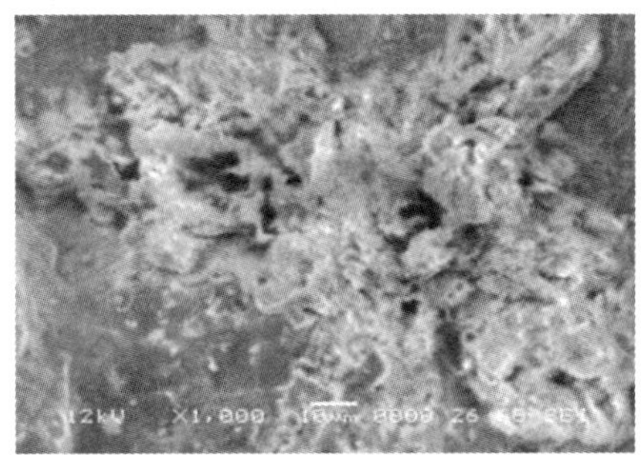

图 3－12　B17 井油管内垢样电镜图

表 3－10 是能谱仪分析的集输系统内的元素组成数据。

表 3－10　集输系统能谱分析数据

元素成分	B 一计		B 一拉	
	质量分数（%）	摩尔分数（%）	质量分数（%）	摩尔分数（%）
C	4. 06	12. 48	5. 01	14. 37
O	18. 42	42. 51	16. 41	35. 19

续表

元素成分	B一计		B一拉	
	质量分数（%）	摩尔分数（%）	质量分数（%）	摩尔分数（%）
Na	0.78	1.25	6.45	9.63
Sr	29.31	12.35	23.70	9.28
S	15.17	17.48	12.68	13.57
Cl	1.43	1.48	8.85	8.56
Ca	2.12	1.95	1.44	1.23
Ba	21.65	5.82	20.45	5.09
Fe	7.06	4.67	5.01	3.08

通过对垢样进行X衍射和能谱的综合分析和对比，现场垢样以硫酸钡锶垢为主。

第三节　结垢趋势预测

两种或两种以上不配伍水混合在一起，水中不同离子相互作用而生成垢，在注水开发油田中尤其需要重视。为明确不同源水的可混性而开展的结垢趋势预测研究，不仅为注水水源的选择和水质控制提供了依据，而且为研究水的成垢机理和除垢开辟了途径。

油田结垢以 $CaCO_3$，$CaSO_4$ 和 $BaSO_4$（$SrSO_4$）最为常见，本节就以上述几种垢的预测技术进行论述。

一、碳酸钙垢预测方法

目前常用的预测 $CaCO_3$ 结垢趋势的方法有两种：一种是在 Langelier 水稳定性指标的基础上，由 Davis 和 Stiff 将这一指标应用到油田水预测上，即饱和指数（SI）法；另一种是 Ryznar 提出的稳定指数（SAI）法。

1. Davis－Stiff 饱和指数法

$$SI = pH - P^{Ca} - P^{Aik} - K \tag{3-1}$$

$$P^{Aik} = \lg(2[CO_3^{2-}] + [HCO_3^-])^{-1}$$

$$u = 0.5(c_1z_2^2 + c_2z_2^2 + c_3z_3^2 + \cdots + c_iz_i^2)$$

式中　SI——饱和指数；

pH——实测的 pH 值；

P^{Ca}——钙离子浓度负对数；

P^{Aik}——总碱度的负对数，由于没有碳酸根离子故总碱度为碳酸氢根离子度；

u——离子强度，mol/L；

c_i——离子浓度，mol/L；

z_i——离子价数。

K——常数，由图3－13（不同温度下 K 与离子强度的关系）可得。

依据式（3－1）求得 SI 值，判断结垢与否。

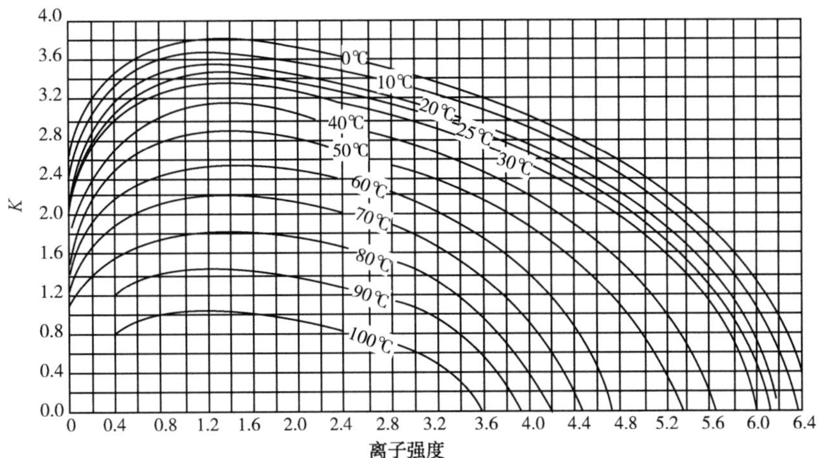

图 3－13 不同温度下 K 与离子强度的关系

判断标准：$SI>0$，有结垢趋势；$SI=0$，临界状态；$SI<0$，无结垢趋势。

2. Ryznar 稳定指数法

$$SAI = 2(P^{Ca} + P^{Aik} + K) - PH \tag{3-2}$$

式中 SAI——稳定指数。K，P^{Ca}和 P^{Aik}含义同式（3－1）。

判别标准：当 $SAI \geqslant 6$，无结垢趋势；当 $SAI<6$，有结垢趋势；当 $SAI<5$，结垢严重。

3. Oddo－Tomson 方法

碳酸钙结垢预测中要考虑 pH 值的影响，而在油气井中，实际的 pH 值的测量十分困难，Oddo－Tomson 饱和指数法很好地解决了这个问题，根据有无气相得出了 pH 值的计算方法，并考虑了二氧化碳逸度的变化和弱酸的影响。

（1）存在气相。

$$SI = \lg\left\{\frac{[Ca^{2+}][HCO_3^-]^2}{145pY_g^{CO_2}f_g^{CO_2}}\right\} + 5.85 + 15.19\times10^{-3}(1.8t+32) - 1.64\times10^{-6}(1.8t+32)^2 - 764.15\times10^{-5}p - 3.334I^{0.5} + 1.43I \tag{3-3}$$

$$pH = \lg\frac{[HCO_3^-]}{145pY_g^{CO_2}f_g^{CO_2}} + 8.60 + 5.31\times10^{-3}(1.8t+32) - 2.253\times10^{-6}(1.8t+32)^2 - 324.365\times10^{-5}p - 0.090I^{0.5} + 0.658I \tag{3-4}$$

其中

$$f_g^{CO_2} = \exp\left[145p\times\left(2.84\times10^{-4} - \frac{0.225}{1.8t+492}\right)\right]$$

$$Y_g^{CO_2} = \frac{Y_t^{CO_2}}{\left[1 + \frac{145pf_g^{CO_2}(5Q_w + 10Q_o)\times10^{-5}}{35.32Q_g(1.8t+492)}\right]}$$

式中 $[Ca^{2+}]$——水中 Ca^{2+}的浓度，mol/L，$[Ca^{2+}]$＝测量浓度（mg/L）÷40080；

$[HCO_3^-]$——水中 HCO_3^- 的浓度，mol/L，$[HCO_3^-]$＝测量浓度（mg/L）÷61000；

$Y_g^{CO_2}$——在特定压力、温度下气相 CO_2 的体积摩尔百分比，%；

$f_g^{CO_2}$——二氧化碳气体的逸度系数，无量纲；

Q_g——标准状态下日产气量，10^6m^3；

Q_w——日产水量，m^3；

Q_o——日产油量，m^3；

p——总绝对压力，MPa；

t——温度,℃；

I——离子强度，mol/L；

$Y_t^{CO_2}$——地面条件下 CO_2 在油、气、水体系中（主要是气相中）的摩尔分数。

（2）不存在气相。

$$SI = \lg \frac{[Ca^{2+}][HCO_3^-]^2}{C_{aq}^{CO_2}} + 3.63 + 8.68 \times 10^{-3}(1.8t + 32) - 8.55 \times 10^{-6}(1.8t + 32)^2 - 951.2 \times 10^{-5}p - 3.42I^{0.5} + 1.373I \qquad (3-5)$$

$$pH = \lg \frac{[Ca^{2+}][HCO_3^-]}{C_{aq}^{CO_2}} + 6.39 - 1.198 \times 10^{-5} \times (1.8t + 32) - 7.94 \times 10^{-6}(1.8t + 32)^2 - 511.85 \times 10^{-5}p - 1.067I^{0.5} + 0.5I \qquad (3-6)$$

其中

$$C_{aq}^{CO_2} = \frac{7289.3 \times n_t^{CO_2}}{6.29(Q_w + 3.04Q_o)}$$

$$n_t^{CO_2} = Y_t^{CO_2} \times 35.32Q_g$$

式中 $C_{aq}^{CO_2}$——每日在盐水和油中采出的 CO_2 气量，mol/L；

$n_t^{CO_2}$——标准状态下 CO_2 日产量，10^6m^3。

（3）气相存在或不存在，pH 值为测量值。

$$SI = \lg[Ca^{2+}][HCO_3^-] + pH - 2.76 + 9.88 \times 10^{-3}(1.8t + 32) + 0.61 \times 10^{-6}(1.8t + 32)^2 - 439.35 \times 10^{-5}p - 2.348I^{0.5} + 0.77I$$

判断标准：$SI>0$，有结垢趋势；$SI=0$，临界状态；$SI<0$，无结垢趋势。

二、硫酸钙垢预测方法

1. Skillman 热力学溶解度法

硫酸钙结垢一般由不配伍水混合而产生，受水的化学组成、温度、压力等因素影响，结垢过程中可形成多种晶体，因此较难预测。较符合现场实际的预测方法是 Skillman 等提出的热力学溶解度法，其计算公式：

$$S = 1000(\sqrt{X^2 + 4K} - X) \qquad (3-7)$$

式中 S——硫酸钙结垢趋势预测值，mmol/L；

K——修正系数，由水的离子强度和温度的关系曲线中查得；

X——Ca^{2+} 和 SO_4^{2-} 的浓度差，mmol/L。

测出水中 Ca^{2+} 浓度和 SO_4^{2-} 的浓度，然后计算出水中硫酸钙实际含量 C，将 S 值与 C 值大小进行比较。

判别条件：当 $S<C$，有结垢趋势；当 $S=C$，临界状态；当 $S>C$，无结垢趋势。

2. Oddo – Tomson 方法

Oddo 和 Tomson 以实测的热力学参数为依据，推导出计算硫酸钙饱和度指数的经验公式，适用于大多数油气田。在该公式中，不仅考虑了温度、压力和水组成的影响，还考虑了油田水中普遍存在的 Mg^{2+} 对硫酸钙结垢的影响。Mg^{2+} 和 SO_4^{2-} 能形成相当稳定的硫酸镁，会束缚部分 SO_4^{2-}，使之不能与 Ca^{2+}，Ba^{2+} 和 Sr^{2+} 形成硫酸盐结垢。因此，盐水中如含有较高的 Mg^{2+}，会对硫酸盐结垢有较大的影响。

$CaSO_4$ 结垢预测公式：

$$SI_{An} = \lg(C_{Ca^{2+}} \times C_{SO_4^{2-}}) + 2.52 + 5.54 \times 10^{-3}(T - 32) - 2.99 \times 10^{-7}(T - 32)^2 - 2.12 \times 10^{-4}p - 1.09I^{0.5} + 0.5I - 1.83 \times 10^{-3}I^{0.5}(T - 32) \tag{3-8}$$

式中 T——温度,℃；

p——压力，MPa；

I——离子强度。

判断标准：$SI_{An}>0$，有结垢趋势；$SI_{An}=0$，临界状态；$SI_{An}<0$，无结垢趋势。

3. 过饱和度的方法

采用下述修正的方程式来估算地面条件下（25℃）石膏在地层水中的过饱和度。

$$\lg r = -\frac{2.026\sqrt{u}}{1 + 1.1\sqrt{u}} + 0.0362m_{Cl^-} + 0.0455m_{Na^+} + 0.05m_{Mg^{2+}} \tag{3-9}$$

式中 r——硫酸钙的活度系数；

u——溶液的离子强度，mol/L；

m_{Cl^-}，m_{Na^+}，$m_{Mg^{2+}}$——地层水中各种离子的浓度，mol/L。

根据过饱和系数（S），可以对地层水沉积石膏的趋势作出判断。

$$S = C_{CaSO_4}/(C_{CaSO_4})_p \tag{3-10}$$

式中 C_{CaSO_4}——地层水中石膏的实际浓度，等于 Ca^{2+} 的浓度或 SO_4^{2-} 的浓度中较小的一个，毫克当量/L；

$(C_{CaSO_4})_p$——地层水中石膏的平衡浓度，毫克当量/L。

判断标准：当 $S>1$ 时，地层水为石膏过饱和，并有可能析出沉淀物；当 $S<1$ 时，地层水未被石膏饱和，在热力学的范畴内不可能从水体中析出沉淀物。

（1）当溶液中有过剩的 Ca^{2+} 时：

$$(C_{CaSO_4})_p = 121.2/C_{Ca^{2+}} \cdot r^2 \tag{3-11}$$

（2）当溶液中有过剩的 SO_4^{2-} 时：

$$(C_{CaSO_4})_p = \frac{121.2}{C_{SO_4^{2-}} r^2} \tag{3-12}$$

（3）当 Ca^{2+} 和 SO_4^{2-} 平衡时：

$$(C_{CaSO_4})_p = \frac{11.008}{r} \tag{3-13}$$

式中 $C_{Ca^{2+}}$ 和 $C_{SO_4^{2-}}$——在所研究的溶液中，Ca^{2+} 和 SO_4^{2-} 的实际浓度，毫克当量/L。

三、硫酸钡垢预测方法

由于硫酸钡的溶解度极小，可以利用已知的溶度积常数，通过计算饱和度指数，来判断硫酸钡是否可能结垢：

$$SI = \lg \frac{C_{Ba^{2+}} \cdot C_{SO_4^{2-}}}{K_{sp}} \quad (3-14)$$

式中 $C_{Ba^{2+}}$——Ba^{2+}的浓度，mol/L；

$C_{SO_4^{2-}}$——SO_4^{2-}的浓度，mol/L；

K_{sp}——$BaSO_4$ 的溶度积常数。

判别标准：$SI>0$，$BaSO_4$ 过饱和，出现沉淀；$SI=0$，临界状态；$SI<0$，不出现 $BaSO_4$ 沉淀。

四、硫酸锶垢预测方法

硫酸锶结垢预测方法按下式计算：

$$Q = [Sr^{2+}] \cdot [SO_4^{2-}] \quad (3-15)$$

式中 Q——Sr^{2+}和 SO_4^{2-} 浓度的乘积，mol/L；

$[Sr^{2+}]$ ——Sr^{2+}的浓度，mol/L；

$[SO_4^{2-}]$ ——SO_4^{2-} 的浓度，mol/L。

判断方法：$Q/K_{sp}>0$，有结垢趋势；$Q/K_{sp}=0$，临界状态；$Q/K_{sp}<0$，无结垢趋势。

五、混合垢的预测技术

1. Oddo – Tomson 饱和指数法

Oddo – Tomson 饱和指数法考虑了热力学及离子强度的校正因素，还考虑了二氧化碳的逸度及在油水中的分配，使用活度积、溶度积及离子缔合理论建立了硫酸盐和碳酸钙结垢预测模型。该方法可预测不同压力和温度下碳酸钙、硫酸钙、硫酸锶或硫酸钡微溶物的结垢倾向，其预测基本模型如下：

$$IS = \lg\{[Me][An]/Kc(t,p,Si)\} \quad (3-16)$$

或

$$IS = \lg\{[Me][An] + pKc(t,p,Si)\} \quad (3-17)$$

式中：$[Me]$，$[An]$，t，p 和 Si 分别表示阳离子活度、阴离子活度、温度、压力和离子强度。判断是否生成垢的标准为：当 $IS=0$ 时，表示溶液与固体垢相平衡；$IS>0$ 时表示过饱和状态，能形成结垢；$IS<0$ 时表示欠饱和状态，不能形成垢。

大量文献表明，Oddo – Tomson 饱和指数法是预测油气田无机垢的有效方法，俞进桥等根据 Oddo – Tomson 在 SPE 21710 论文中的方程推断出了硫酸钙的具体形态，使得模型的运用更为准确。如果该方法能结合结晶动力学及流体力学因素对结垢的影响，并建立相关的计算模型，其预测无机垢倾向将更准确。

2. 饱和系数法

饱和系数法从热力学平衡原理出发，考虑油田水体系的多元化、离子间存在着不同的离子效应以及温度压力对结垢的影响，提出了针对复杂的油田多元体系的结垢预测技术。油田水体系中存在多个平衡，若某种成垢物质的平衡式为：

$$A^{2+} + B^{2-} \rightleftharpoons AB$$

则成垢物质 *AB* 的饱和系数为：

$$S = \frac{\sqrt{C_{A^{2+}} \cdot C_{B^{2-}}}}{Q_{SP}} \tag{3-18}$$

式中 $C_{A^{2+}}$ 和 $C_{B^{2-}}$——分别表示体系中 A^{2+} 和 B^{2-} 浓度，mol/L；

Q_{SP}——成垢物质 AB 的溶度积；

S——成垢物质 AB 的饱和系数。

判断标准如下：当 $S>1$ 时，体系中有 AB 结垢倾向；当 $S<1$ 时，体系中无 AB 结垢倾向；当 $S=1$ 时，体系处于饱和状态。

六、油田应用实例

应用上述预测方法，针对某油田水质（表 3－11）进行碳酸钙、硫酸钙、硫酸钡、硫酸锶结垢预测。预测结果见图 3－14～图 3－17。

表 3－11 地层水与注入水结垢预测水质 单位：mg/L

水样	$K^+ + Na^+$	Ca^{2+}	Mg^{2+}	Ba^{2+}	Cl^-	HCO_3^-	CO_3^{2-}	SO_4^{2-}	pH 值	总矿	水型
注入水	620	266	421	0	1620	173	6	1240	6.86	4346	$MgCl_2$
地层水	38000	9910	902	1560	79200	128	0	0	5.9	129700	$CaCl_2$

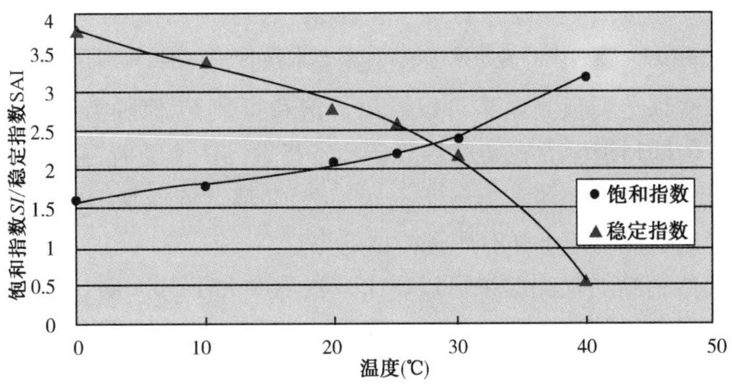

图 3－14 注入水与地层水（3:7）混合水样 $CaCO_3$ 结垢倾向预测曲线

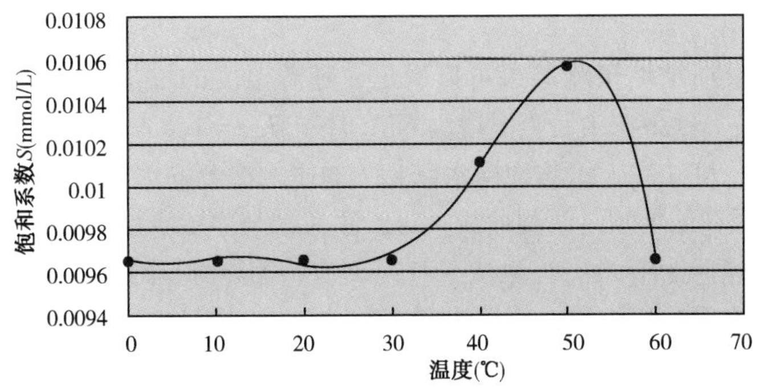

图 3－15 注入水与地层水（3:7）混合水样 $CaSO_4$ 结垢倾向预测曲线

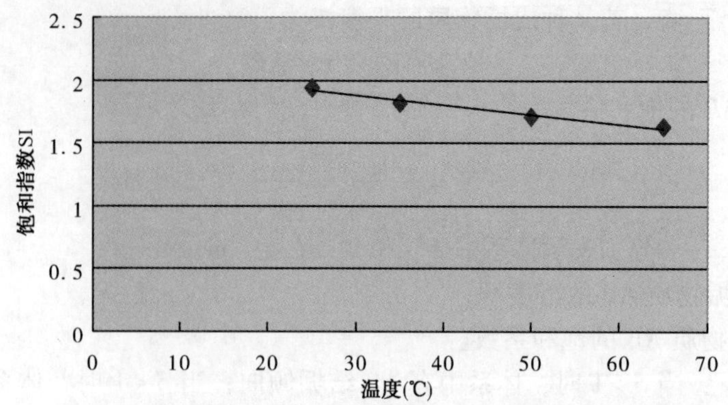

图3-16　注入水与地层水（3∶7）混合水样 $BaSO_4$ 结垢倾向预测曲线

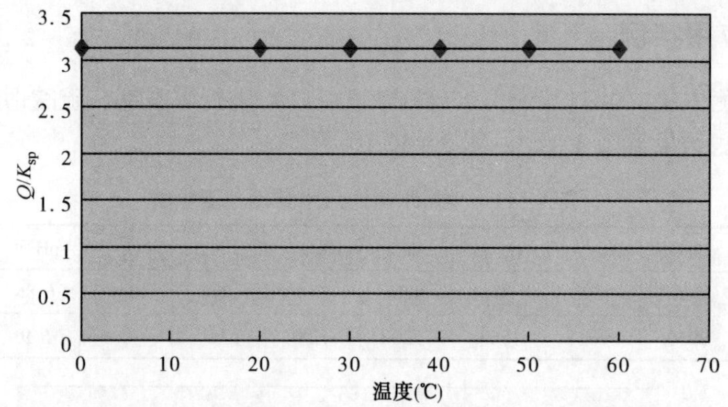

图3-17　注入水与地层水（3∶7）混合水样 $SrSO_4$ 结垢倾向预测曲线

由图3-16碳酸钙结垢预测结果可以看出，饱和指数 SI 值随着温度增大而逐渐增大，$S_{min}=1.6075>0$，依据判别标准有结垢趋势；稳定指数 SAI 值随着温度的增大而逐渐减小，在温度接近30℃时递减速率增大，且 $SAI_{max}=3.78510<5$，依据判别标准可知，对于注入水与地层水以3∶7的比例混合的水样有严重结垢趋势。

由图3-17硫酸钙结垢预测结果可以看出，当温度大于30℃时，式（3-3）中修正系数 K 值急速增加，导致 S 值也急速增加，在温度为50℃左右时达到峰值，随后又随温度升高降低，在温度为60℃时降到 $S=0.00966$mmol/L，根据计算得水样中硫酸钙实际含量为15mmol/L，$S<C$，据行业标准判别标准可知注入水与地层水以3∶7的比例混合的水样有结垢趋势。

由图3-18硫酸钡结垢预测结果可以看出，随着温度的增加，SI 值也逐渐地降低，当温度为25℃时，$SI_{max}=1.94>0$，当温度为65℃时，$SI_{min}=1.63>0$，根据判别标准当 $SI>0$ 时，出现结垢现象，可知注入水与地层水以3∶7的比例混合的水样有结垢的趋势。

图3-19为硫酸锶结垢倾向预测曲线。对于注入水与地层水以3∶7的比例混合的水样 $Q/K_{sp}=3.13>1.0$，根据判断标准，当 $Q/K_{sp}>1.0$ 时有结垢趋势；因此注入水水样有结垢趋势。

从现场水样的水质分析出发，采用饱和指数法、稳定指数法和溶解度法对研究目标水样进行了结垢类型及倾向预测。预测结果表明，研究目标区块注水系统易结碳酸钙垢，且结垢倾向较严重；注入水、地层水水样不易结硫酸钙垢，但注入水与地层水混合水样（3∶7）有硫酸钙结垢趋势；注入水与地层水有硫酸钡、硫酸锶结垢趋势，因此，在实际应用时必须采取适当的措施防止形成碳酸钙垢、硫酸钙垢和硫酸钡垢。

七、结垢预测软件应用

ScaleChem3.0 结垢预测软件是一款预测油田无机结垢趋势的专业软件，可综合预测包括碳酸盐垢（碳酸钙）和硫酸盐垢（硫酸钡、硫酸锶、硫酸钙）在内的油田常见无机结垢。应用该软件对樊学油田和华庆油田的结垢趋势进行了预测，樊学油田注入水王坪×与地层水水质分析结果见表 3－12，预测结果见图 3－18～图 3－23。

表 3－12　注入水与地层水水质分析结果

单位：mg/L

井号	层位	K^+/Na^+	Ca^{2+}	Mg^{2+}	Ba^{2+}/Sr^{2+}	Cl^-	HCO_3^-	SO_4^{2-}	总矿化度	水型
王坪×	洛河	1101	516	266	88	1077	1836	1169	6367	Na_2SO_4
苗××－35	延 10	14391	482	113	126	23573	446	339	39471	$CaCl_2$
苗××－15	长 2	22417	3634	741	645	46770	277	—	74483	$CaCl_2$
阳××－60	长 4＋5	27957	4121	877	3441	60303	285	—	96984	$CaCl_2$
苗××－14	长 6	32982	3834	772	2295	69963	98	—	111573	$CaCl_2$

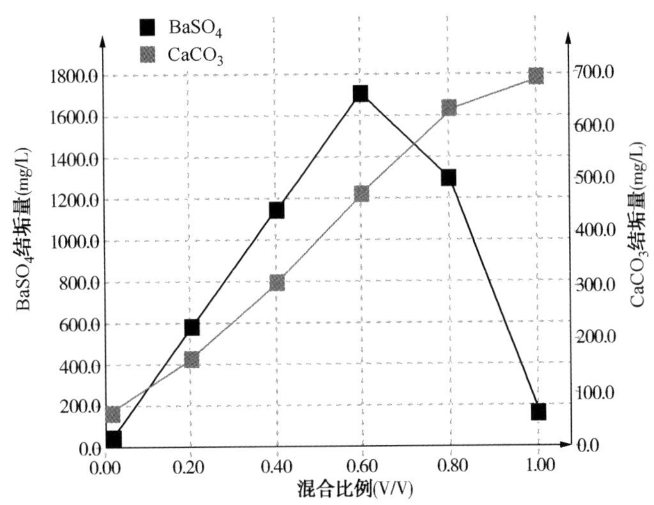

图 3－18　王坪×与阳××－60 结垢趋势预测

从图 3－18、图 3－19 可以看出，当注入水注入长 4＋5、长 6 层时，存在严重的硫酸钡和碳酸钙结垢趋势。硫酸钡最大结垢量达到 1700mg/L 以上，碳酸钙结垢量达到 688mg/L。

从图 3－20、图 3－21 可以看出，延 10 层与长 2 水质不配伍，有结碳酸钙垢的趋势并伴有少量的硫酸钡垢。

从图 3－22、图 3－23 可以看出，长 2 与长 4＋5 和长 6 之间水质基本配伍，有轻微结碳酸钙趋势。

室内进行樊学油田注入水与各层位地层水及层间水在不同比例下常压、地层温度的配伍性实验，结果见表 3－13 和表 3－14。进一步验证结垢预测软件的预测结果与实验结果基本相符。

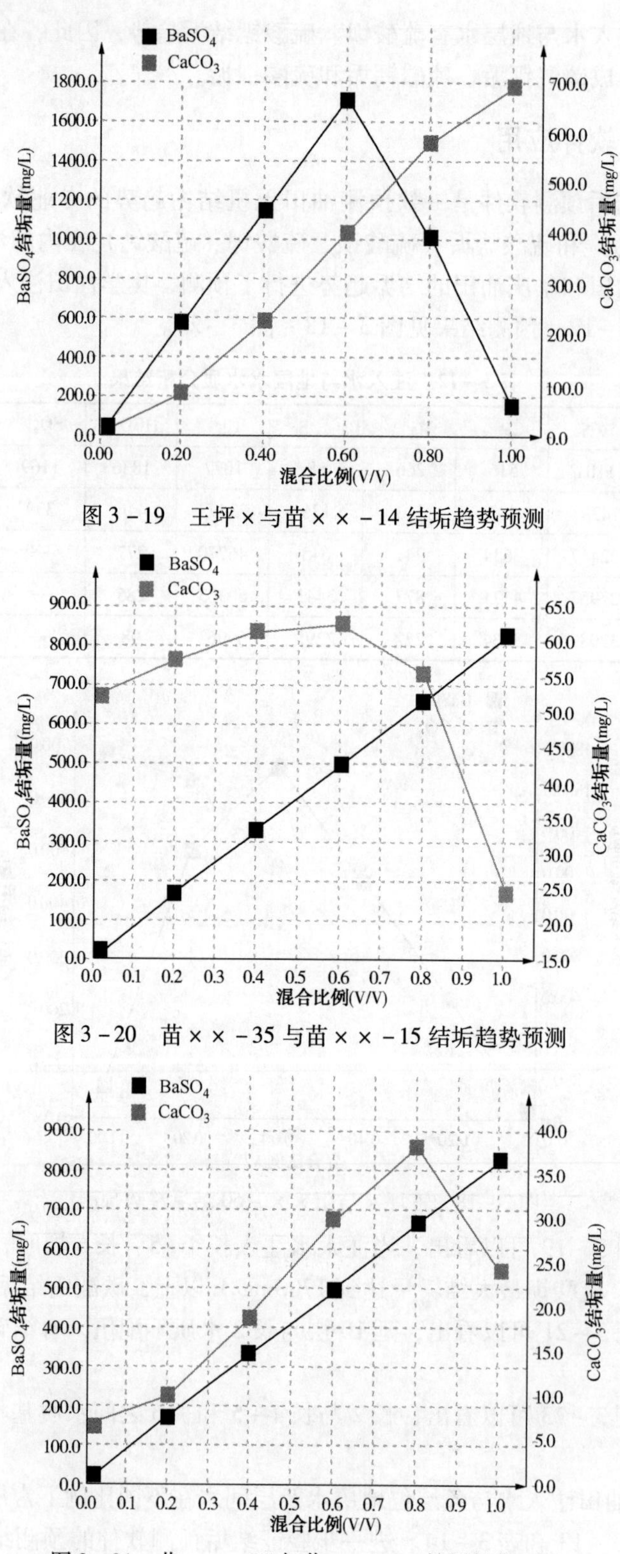

图 3－19　王坪×与苗××－14 结垢趋势预测

图 3－20　苗××－35 与苗××－15 结垢趋势预测

图 3－21　苗××－35 与苗××－14 结垢趋势预测

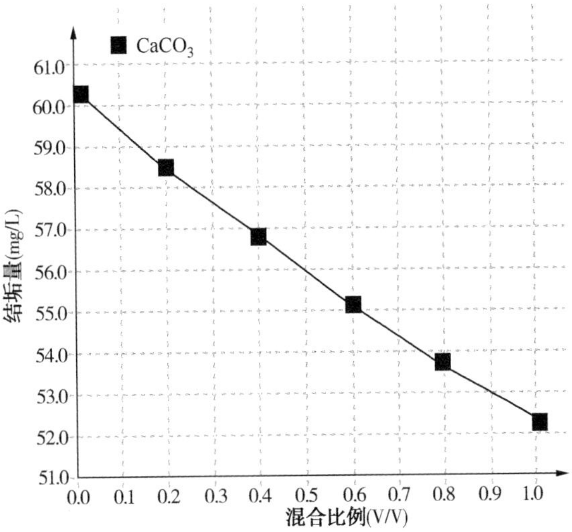

图 3－22 苗××－15 与苗××－14 结垢趋势预测

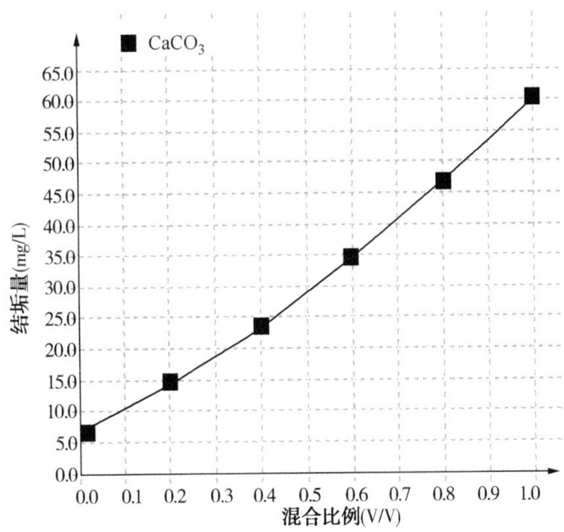

图 3－23 阳××－60 与苗××－14 结垢趋势预测

表 3－13 樊学油田注入水与地层水配伍性实验

注水层位	注入水与地层水的配伍性	
	结垢类型	结垢量（mg/L）
长 4＋5	$BaSO_4$，$CaCO_3$	1606.5，1091.4
长 6	$BaSO_4$，$CaCO_3$	1571.6，912.3

表 3－14 樊学油田不同层位地层水配伍性实验

地层水来源 1	地层水来源 2	结垢类型	结垢量（mg/L）
延 10	长 2	$BaSO_4$，$CaCO_3$	168.7，140.2
	长 4＋5	$BaSO_4$，$CaCO_3$	558.9，140.5
	长 6	$BaSO_4$，$CaCO_3$	503.6，172.1

续表

地层水来源1	地层水来源2	结垢类型	结垢量（mg/L）
长2	长4+5	$CaCO_3$	118.2
	长6	$CaCO_3$	85.1
长4+5	长6	$CaCO_3$	120.6

利用ScalmChem OLI的结垢软件预测樊学油田各个层位地层水的流体配伍性和结垢类型，为下步进行阻垢剂的筛选与评价具有很重要的指导意义。

参考文献

[1] 朱义吾，赵作滋，等．油田开发中的结垢机理及其防治技术［M］．西安：陕西科学技术出版社，1995.

[2] 王立．油田水结垢研究［J］．石油大学学报，1994，1（18）：107－119.

[3] 王世强．油田结垢及防垢动态评价方法的应用研究［J］．中国海上油气（工程），1997，1（9）：39－48.

[4] 黄突．离子色谱仪的原理与应用［J］．华中电力，2004，1（17）：69－70.

[5] 郭鹏，陶建清，潘义，等．油水井井下垢样的快速化学分析与判断［J］．复杂油气藏，2009.1（2）：76－78.

[6] SY/T 0600—2009　油田水结垢趋势预测［S］. 2009.

[7] 黄可可，等．长石溶解过程的热力学计算及其在碎屑岩储层研究中的意义［J］．地质通报．2009，28（4）：474－482.

[8] 高清河，唐琳，陈新萍．油气田结垢预测方法发展现状及趋势［J］．大庆师范学院学报，2011，16（31）：60－63.

第四章　油田常规防垢技术

在油田生产过程中由于开采方式、温度、压力的变化以及水的不配伍性等因素，造成了地层、井筒、地面管网、设备结垢。目前国内外油田结垢的防治方法很多，主要分为工艺法、物理法和化学法。工艺法防垢是改变或控制某些作业工艺条件来防止或减少垢的生成，与油田的开采方式、集输工艺与防垢关系密切，是从根本上解决结垢问题的最有效途径。物理法防垢是通过机械、超声波、磁场等作用，阻止无机盐沉积于系统壁上，主要应用于关键设备、短距离管线。化学法防垢是通过化学药品的螯合、分散、电斥等特性阻止垢的生成，化学防垢机理明确，易操作，能够实现长距离管线或管柱的防垢，正确选用防垢剂及加量，对钙垢和钡、锶垢均有有效的防垢效果，在油田注水系统、井筒、集输站点得到了广泛的应用。因此正确选择与应用防垢技术是十分重要的。

第一节　工艺法防垢

油田结垢与采油工艺、地面集输工艺关系十分密切，且与地质岩矿组成流体性质布井方式紧密相关。当油田开采单一层系或流体配伍的多层系时，结垢问题相对简单；当油田开采二层以上层系且层间流体不配伍时，结垢问题就十分复杂，结垢严重时导致抽汲系统无法工作，甚至地面集输系统无法正常运行。因此全面考虑油田开发方案、采油工艺方案、地面集输方案是工艺防垢的最重要因素。

工艺法防垢的基本原则和措施：

（1）正确选用注水水源，确保注入水与地层水在化学性质上配伍，从根本上避免结垢、伤害储层、降低采收率，保障油田高效开发。当注水水质不配伍且水源无可替代时必须评价其产生的危害程度，同时选择相应水处理工艺改变水质，解决水质配伍问题。

（2）在油井单层开采的情况下，主要是井筒结垢，工艺上通常采用控制生产压差，保持井底压力高于原油饱和压力，生产上通常的做法是采取加深泵挂、尾管等措施。

（3）在油井多层开采的情况下，要充分论证层间流体是否配伍。当层间流体配伍时，可采用分采混出，结垢主要以井筒为主；当层间流体不配伍时，井筒工艺管柱采用分采分出，这种条件下要考虑采用双管柱带来的井筒复杂性，同时要论证其经济性，地面设计必须考虑分层输送、分层脱水、分层回注、混合集输工艺；当某层流体与多数层流体不配伍时，考虑封堵该井的地层产水层，避免一口井引起系统结垢。

（4）清水与采出水原则上不能混注。

（5）所有使用的化学添加剂必须模拟地层条件进行伤害性评价。

本节重点讨论不同开采方式、不同水质条件下防垢及工艺方案的适应性，主要包括一套井网多层系开采以及两套井网多层系开采下的井筒及地面工艺防垢技术。

一、油井单层开采下的工艺防垢

单层开采通常以井筒结垢为主，发生在射孔段、泵及固定阀中，另外需考虑注入水与地层水是否配伍，防止不配伍水因温度、压力变化引起的结垢，无法避免时可采用化学防垢等措施减少结垢。

二、油井多层开采条件下的工艺防垢

多层系开发引起的结垢问题往往比单一层系开发复杂，由于油藏形成的年代不同，多层系开发油田采出水及原油的差异性很大，不同层系的油水混合后输油管线多数会结垢。因此地面工艺（包括站场、管线等）需按层系分开考虑，与传统开发的油田相比其集输工艺流程更为复杂、地面建设的投资也相应增加，这就要求确定开发方式方案前必须要考虑结垢问题能否在工程上解决，分为两种情况：

（1）如果多层开采层间水型配伍性较好，油井生产不易结垢，工艺管柱可采用分采混出（图4－1）或笼统合采工艺（图4－2）。考虑两层之间干扰可采用分采泵分层采油，地面工艺则与常规开采相同。

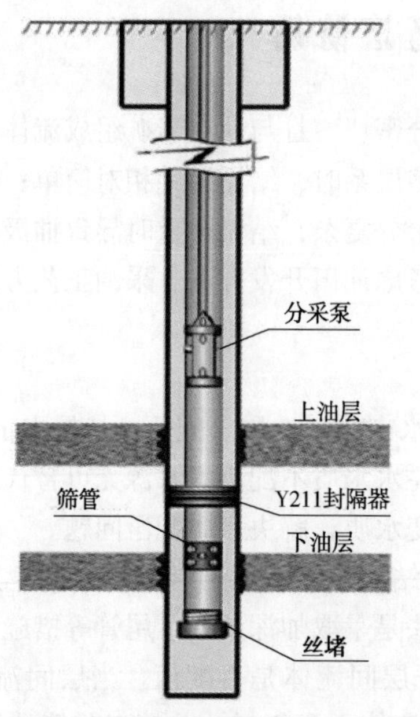

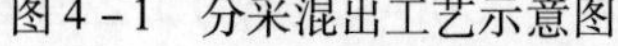

图4－1　分采混出工艺示意图

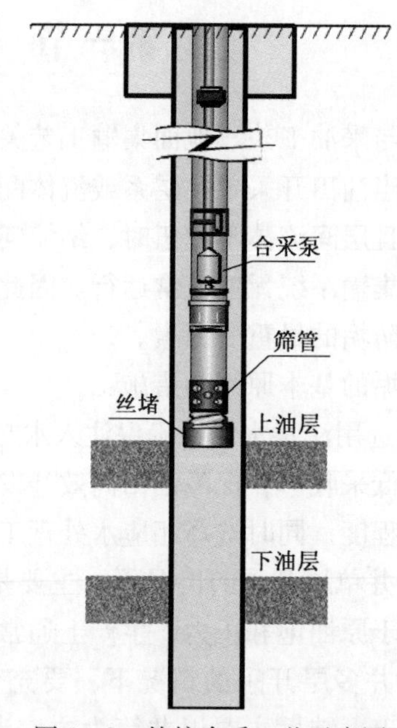

图4－2　笼统合采工艺示意图

分采泵分采工艺（图4－1）利用封隔器分开上下两层，上层流体通过分采泵侧向进液，下层流体从筛管进液，两层流体在分采泵上端混合，有效减缓了层间干扰，发挥了各产层的作用。分采泵根据产量大小可选 ϕ70mm/57mm，ϕ57mm/38mm，ϕ44mm/32mm 和 ϕ38mm/32mm 等泵径组合，适应直井、定向井分层采油，其主要缺点是分采泵结构复杂，容易受到气体影响。

（2）如果多层开采层间水严重不配伍，合采存在严重的结垢问题，这种情况下生产管柱可采用分采分出管柱和双管分采工艺管柱（图4－3），避免井筒严重结垢。同时地面系统采用分层集输处理、分层脱水、分层回注、合层集输的方式。

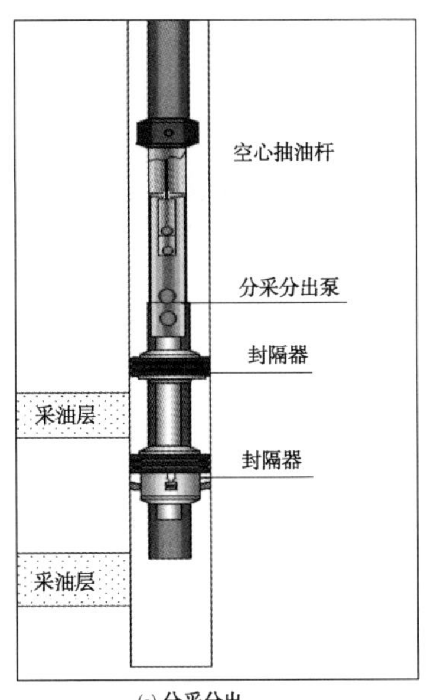

(a) 分采分出

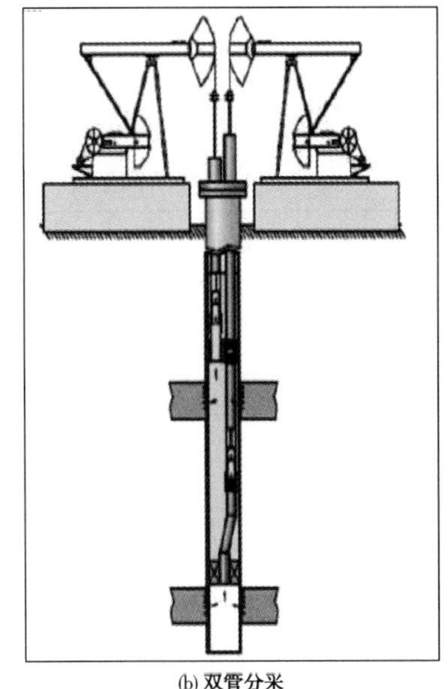

(b) 双管分采

图 4－3　分采分出、双管分采管柱

双管分采工艺采用大直径油层套管，其分采是在套管内下入两套相互平行的油管，利用封隔器将上下油层分开，每套油管单独开采一层，两层产液单独举升，避免了层间干扰与流体的不配伍性。主要优点：可以实现同时单独开采一层，便于对各层进行产量计量，从根本上消除层间干扰矛盾；主要缺点：分采管柱比较复杂，要求井径尺寸大，综合成本高。

三、两层以上开采下的工艺防垢实例

1. 实例 1

姬塬油田开发层位长 2、长 4＋5，由于层间水不配伍，该油田采用了两套井网独立开采工艺，地面系统采用了分层集输处理、分层脱水、分层回注、合层集输的开采方式，解决了流体之间不配伍造成的井筒、地面管线、集输系统结垢和堵塞问题。

（1）层间水配伍性分析。

室内将长 2、长 4＋5 生产水按照不同比例混合，在 60℃条件下静置 24h，通过沉淀法，计算结垢量见图 4－4，结果表明长 2 与长 4＋5 层间水不配伍。

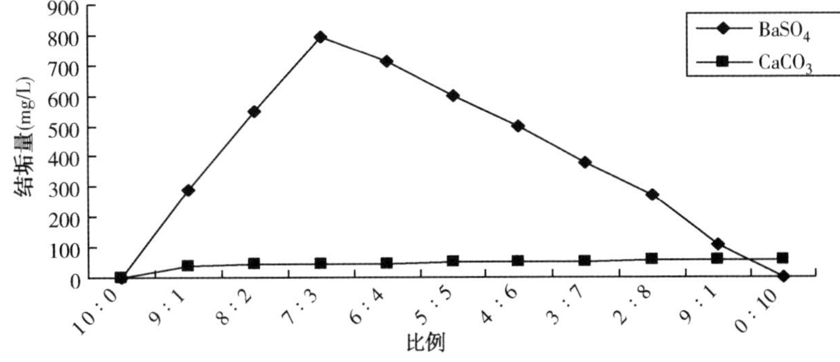

图 4－4　层间水不同混合比结垢量变化曲线

同时，室内模拟井筒工作条件，应用高温高压反应釜，将长2与长4+5地层水按照结垢最大比例混合，在不同温度、不同压力条件下静置24h，通过沉淀法计算结垢量见表4-1。实验结果表明姬塬油田开发层系长2、长4+5地层水不配伍。

表4-1 不同温度、压力下层间水混合结垢实验

区　块	层间水来源1（长6层）	层间水来源2（长4+5层）	取样量（mg/L）	温度（℃）	压力（MPa）	结垢量（mg/L）
姬塬区块	学××9井	学×6井	1000	40	6	766.9
			1000	50	8	790.6
			1000	60	10	873.7
			1000	70	12	710.7

（2）地面防垢工艺。

为解决不同层系水型不配伍、结垢难题，姬塬油田井筒采用两套井网，地面系统采用分层集输处理、分层脱水、分层回注、合层集输的开采方式，见图4-5。

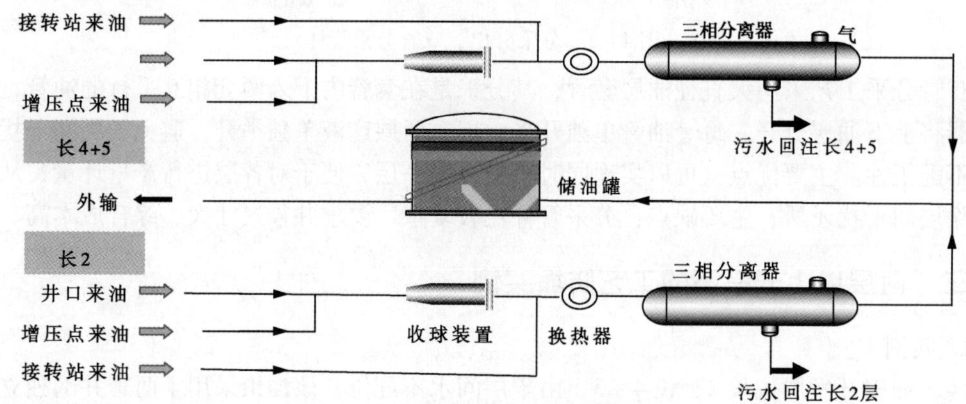

图4-5 姬塬联合站双流程示意图

2. 实例2

樊学油田主要开发层系是三叠系长2、长4+5，侏罗系延9、延10，采用两套井网多层开采，地面集输及原油处理采用多层混合开发模式。由于各层系采出水矿化度高、含成垢离子种类较多，当采用多层混输时，注入水与地层水不配伍，地层水之间也不配伍，导致了地面管线、集输系统结垢严重，后期维护成本增加，严重影响油田正常生产。

（1）层间流体配伍性关系。

室内实验发现樊学油田三叠系层间基本配伍，侏罗系层间基本配伍，而三叠系与侏罗系之间水质严重不配伍（图4-6）。

试验数据表明三叠系、侏罗系两个层系流体不配伍，两者混合后有大量垢生成，其中硫酸钡的最大结垢量为613mg/L，碳酸钙的最大生成量达1168mg/L。

（2）集输系统结垢情况。

2009年底该油田集输站点结垢15座，2011年底结垢站点24座，占总站点的60%，其中结垢造成站内压力上升、阀门失灵，直接影响到原油正常生产，见表4-2。

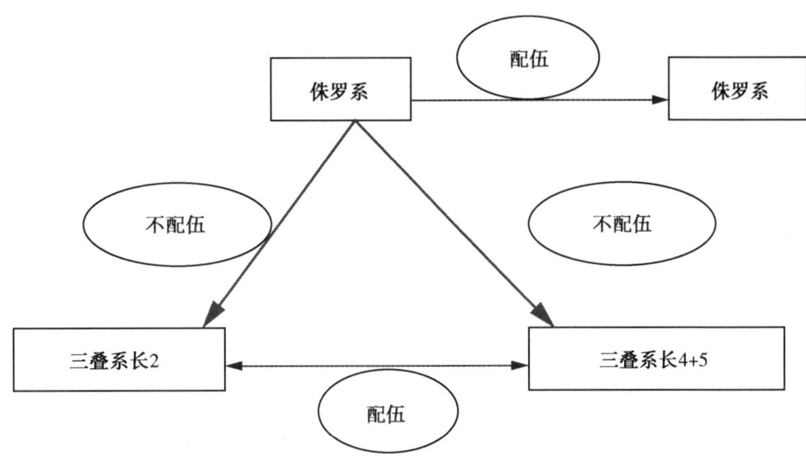

图 4－6　层间水配伍性关系图

表 4－2　樊学油田集输站点结垢情况统计

序号	站点	投运时间	结 垢 情 况
1	学 2 增	2006. 9	加热炉盘管、站内管线结垢严重，投运 1 年多，加热炉大修 4 台次，站内管线更换 1 次
2	学 4 增	2008. 10	加热炉盘管、输油泵叶轮结垢严重，投运 3 个月，加热炉盘管、外输泵进口结垢；站内管线更换 1 次
3	学 5 增	2007. 11	加热炉盘管、输油泵叶轮结垢严重，从 2008 年 10 月以来加热炉盘管及站内外输管线堵塞 1 次；2009 年加热炉盘管更换 4 台次，每 5 个月加热炉盘管更换 1 次
4	学 1 转	2006. 9	加热炉盘管结垢严重，从 2008 年 3 月以来加热炉盘管及出口管线结垢堵塞 2 次；加热炉盘管每年更换 1 次
5	学 6 增	2009. 12	投产 2 个月左右，外输泵叶轮 7 天结垢严重，泵无法使用

该油田各站点结垢部位主要包括总机关、收球筒、加热炉进出口管线、加热炉盘管、管线阀门、弯头和输油泵叶轮及站点的站内流程管线、外输管线，见图 4－7。

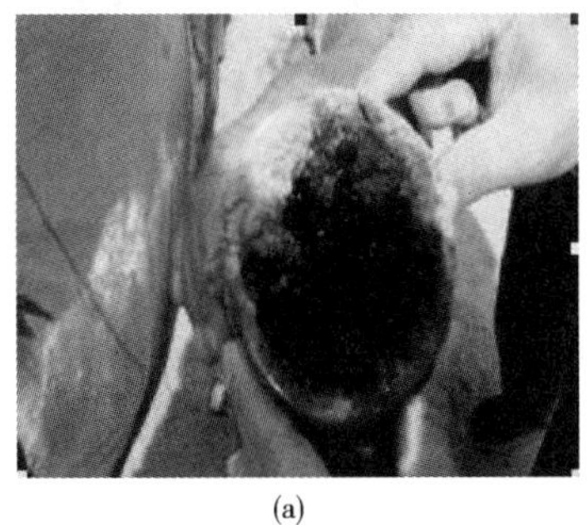
(a)

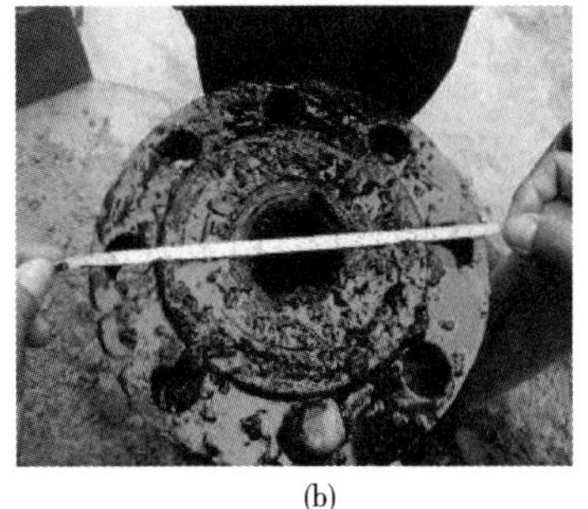
(b)

图 4－7　集输站点结垢照片

（3）地面工艺改造。

后期改造地面流程：单井分层输送→分层脱水→原油混合外输，分层脱水后的采出水分层回注。通过工艺流程的改造，防止地面管网、集输系统结垢，保证了生产正常运行。从投资角度出发，增加了一次性投资费用，但生产长期运行可靠，维护费用大幅降低，综合经济效益远高于改造前。因此在工艺技术角度采取有效措施，是根本解决不配位层系开采的方案。

第二节 物理防垢

一、超声波防垢

超声波技术自第一次世界大战应用于水下探测以来发展迅速，目前已广泛应用于化学、生物学、医学、通信技术、工业水净化、化工厂的冷却器、加热锅炉等技术顶城。20 世纪 60 年代美国、苏联最早开始了超声波在油田管道防垢的研究与应用，近几年我国各大油田也陆续开始了这方面的试验，主要在大庆油田、新疆油田应用较多。

1. 防垢机理

超声波即频率大于 20kHz 的声波，是一种具有很多功能的机械波，其优点在于传播的方向性好，穿透力强。在固体、液体中传播时衰减小，因此广泛用于固体及液体介质中。超声防垢主要是利用强声场、低频超声波处理流体，破坏成垢条件，并且能使流体中成垢物质在超声场的作用下，物理形态和化学性质发生一系列变化，使之分散、粉碎、松散、松脱，而不易附着管壁、器壁形成积垢。

超声波防垢主要通过超声波的空化作用、活化效应、剪切效应、抑制效应来实现。

（1）空化作用：当超声波声场达到一定强度时，液体介质随超声波振动拉伸挤压形成的微细泡爆炸现象加剧，产生高温（上千摄氏度）、高压（几百个大气压）的冲击波能量，将液体介质中的垢微粒粉碎、细化，改变垢微粒形体，使垢微粒团间的亲和力降低，这就是声学中的超声空化效应，是一般声波不具有的。经超声波处理后的垢微粒在成垢条件下，只能析出疏松粉末状的垢物，不再沉积板结。

（2）活化效应：超声波能提高流动液体和成垢物质的活性，增大被水分子包裹的成垢物质微晶核的释放，破坏垢类生成和在管壁沉积的条件，使成垢物质在液体中形成分散沉积体，不在管壁上形成硬垢。

（3）剪切效应：超声波辐射在垢层和管壁上，由于吸收和传播速度不同，产生速度差，形成垢层与管壁界面上的相对剪切力，导致垢层产生疲劳而松脱。

（4）抑制效应：超声波改变了液相的物理化学性质，缩短了成垢物质的成核诱导期，刺激了微小晶核的生成。由于微小晶核的不断增大，减少了黏附于管壁上成垢离子的数量，降低了积垢的速率。

上述几种作用几乎同时发生，只是各自作用功效的大小受外界环境的影响而有所不同。

2. 影响因素

1）超声波参数的影响

超声频率：从超声防垢的机理可以看出超声空化在超声防垢的过程中起着重要的作用。但是并非液体中所有的气泡都能瞬间崩溃产生明显的空化作用，用于超声防垢的超声频率应选用低频，一般在 20 ~ 50kHz。

声强（功率）：一般而言，防垢效果随声强增大而增强，但当声强增加到一定程度时，溶液与声波的振动面之间会产生退耦现象，从而降低能量的利用率，防垢效果反而减弱，目前所研究的声强一般都在 1 ~ 100W/cm^2。

2）流体黏滞系数的影响

流体的黏滞性表现为对声波的吸收，它是声波衰减的一个主要原因。流体的黏滞系数越大，内部的垢类物质凝聚、集结、沉积的能力增强，更易黏附在器壁上，随着黏滞系数的增大，能产生的空化效应减弱，超声防垢效果越差。

3）温度的影响

温度越高流体的黏滞系数和表面张力会减小，使空化阈值下降从而使空化泡的产生变得容易。但另一方面温度升高会使得空化强度下降，为使超声波能量获得尽可能大的效益，应该在较低的温度条件下工作。

4）流体流速的影响

流体流速增大时相当于声强变小，故防垢效率下降，因而要适当地增加超声波功率。频率越高，流速对防垢效果影响越大；在相同流速时，频率较高时的防垢效果越明显。

5）pH 值的影响

由于流体本身的酸碱解离常数不同，使得 pH 值的高低会对流体中垢质的存在形态有相当大的影响，在静态抑垢实验发现溶液的 pH 值在 7 ~8.5 时，超声波防垢效果最佳。

6）管道参数的影响

管道参数对超声防垢效果也有着明显的影响。超声波在设备管道中传播时，不同的材料、壁面的粗糙度、形状和几何尺寸对超声的吸收、反射和散射率不同，从而声场分布和强度不同，防垢效率也不同。试验表明，管道的口径越大，超声防垢的效果越强；在弯头、大小头处超声波的反射、散射增强使得防垢能力减弱。

除上述因素外，介质成分、流体的压力、流体内含气的种类和数量、已生成垢的程度（结垢厚度、垢型等）、超声波发生器与超声波换能器的距离（即传输电缆长度）等因素都会影响超声波的防垢效果。

3. 应用实例

克拉玛依石化公司含硫污水装置净化水换热器运行半个月置换后，由于结垢，导致换后的净化水温度由约 30℃升至 80℃，超高的换后温度，使后路运行的常压罐和缓冲罐憋压、机泵抽空、pH 值在线监测失灵，进而无法判断含硫污水装置脱氮脱氨的运行效果，影响焦化、蒸馏装置的注水。2013 年 4 月底，在 E5409 换热器管束上安装了超声设备，设备运行三个半月后，未见换热后的温度升高。

大庆萨中油田采出液综合含水率在 90% 以上，油田掺水、热洗系统中加热炉及炉后管道结垢严重，垢型以碳酸钙为主，现场在水驱站管线以及加热炉出口安装超声波防垢器，经过现场试验表明，超声波防垢技术仅适用于管线的防垢，在水驱站可以将管线的结垢速度降低至 1mm/a，作用距离大于 700m，但对加热炉防垢没有效果。

长庆姬塬油田、樊学油田集输系统站内管线、加热炉、外输泵等结垢严重，垢型主要是碳酸钙垢、硫酸钡锶垢，现场在加热炉盘管进出口、外输泵进口、缓冲罐进口等处安装超声波防垢设备，见图 4－8。现场试验表明，超声波防垢设备能够缓解加热炉、外输泵结垢速率，安装前加热炉盘管更换周期为 2 ~4 个月，安装防垢设备后盘管更换周期延长到 6 ~8 个月，在重要设备短距离范围，具有减缓结垢厚度的效果。

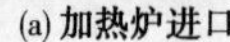

(a) 加热炉进口

(b) 外输泵进口

图 4-8　超声波防垢设备现场安装

二、磁防垢

自 1945 年 T. Vermeriren 发现“磁化水”可以减少锅炉水垢的生成后，水磁处理防垢技术得到了较广泛的研究与发展。在国外，磁处理装置被广泛用于工业与民用给水系统的防垢、除垢、杀菌、防腐等。20 世纪 80 年代末至 90 年代初，磁防垢及除垢技术在我国各大油田、炼油厂和钢铁冶金厂的换热器、工业锅炉系统、循环冷却水系统、空压机冷却水系统中应用。

1. 防垢机理

尽管磁防垢技术的研究已有很大进展，但是其机理尚不明确，通常认为是在油气集输管道易结垢地段安装磁防垢器，当磁防垢器产生磁力线作用于已产生或正在产生的沉淀垢时，将产生一定的电动势，由于无机盐沉淀在水中本来就有一定的电离度，当受磁场作用后，油田水被磁化，磁化水离子不易聚集结合，结垢量下降，或使已结垢物从致密转变为疏松导致脱落，从而被流体携带走。

2. 影响因素

1）磁场强度的影响

磁场强度是磁场的重要参数，对磁处理效果起到了重要作用。随着磁场强度的增大，经过电磁场处理的溶液防垢率呈上升趋势，见图 4-9。

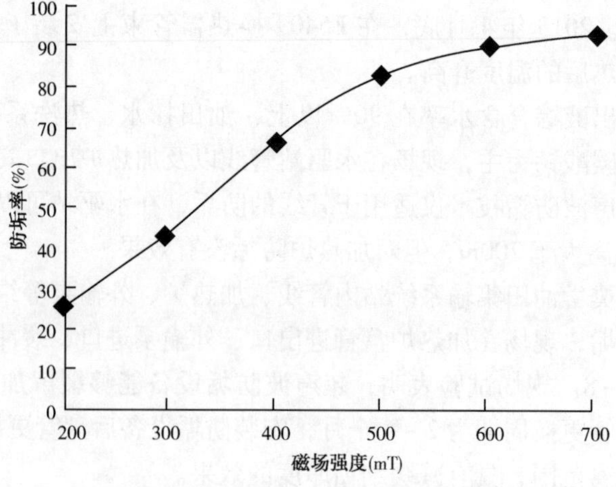

图 4-9　磁场强度对磁防垢效果的影响

2）含盐量的影响

水的含盐量越高，盐类极性越强，其定向速度越大，晶体规则生长，形成致密、不易脱落的晶形沉淀，磁防垢效果越差，例如含盐量720mg/L时，防垢率为56.7%；当含盐量为934mg/L时，防垢率降到37.8%。

3）温度的影响

磁防垢受温度影响较大，在相同流速、磁场强度条件下，常温时具有一定的防垢效果，当温度升高，防垢率降低，见表4-3。

表4-3 温度对磁防垢效果的影响

序号	水质离子含量（mg/L）		磁场强度	流速	温度	防垢率
	Ca^{2+}	SO_4^{2-}	（A/m）	（mL/min）	（℃）	（%）
1	1800	4320	99.22	5	常温	69.97
2			99.22	5	60	9.66

4）管道参数的影响

（1）管径：管径的大小也会直接影响到磁防垢的效果，管径越小，水在磁场的作用下，被诱导极化得充分，水分子磁化后所产生的诱导矩大，磁防垢效果越好。试验表明流体的流速大于1.5m/s，管径小于150mm，磁防垢效果较为理想。

（2）管材：钢为导磁体，这样管内的磁感应强度较低，如果输送流体的管材是不锈钢管，则会大大提高管内的磁感应强度，增加防垢效果。

除上述影响因素外，磁防垢效果还与结构设计（形状、磁场方向）、材料、溶液的浓度、pH值、流速、压力、气体的组分、溶液中的离子类型等因素有关。

3. 应用实例

大庆油田20世纪80年代在集输站点设备和管线开展了磁防垢试验。北Ⅱ东四号集油站投产一年发现管道和阀门因结垢堵塞，其中站内两台外输泵运行2~3个月后，外输泵电动机电流由110~115A上升到130~135A，每隔3个月就要拆泵清垢，站内掺水管线运行19个月后管线内壁结垢厚度已达12mm。

现场对两台外输油泵清垢后，在入口管线上安装永磁防垢器，运行6个月后，两台泵头干净无垢，电机电流一直保持在110~115A。在两台掺水泵的吸入口处（3in管线）安装永磁防垢器，运行8个月后观察测试短节，管壁内只有不到0.5mm厚的垢，且较软。

经过一年多的现场试验证明，采用永磁防垢器进行防垢时，应在材料选择及使用方面要加以考虑：

（1）防垢效果与材料的经济性。从使用角度考虑，剩磁越高，磁化效果越好，防垢效果也越好，所以应尽量选用磁特性较好的永磁防垢器，但高磁特性永磁材料价格较高，因此实际应用中二者兼顾。

（2）电动机产生的外磁场会削弱永磁防垢器的磁场强度，安装时磁处理器距离电动机超过0.9m。

（3）永磁材料的磁防垢设备在高温环境中易退磁，缩短设备有效期。

（4）如果水中含的胶体或悬浮物多，防垢效果会大幅降低。

由于磁防垢的机理问题至今还未能进行较充分的研究，因此磁技术在应用中往往做不到根据具体情况优化磁化参数及使用最佳磁场，推广与应用难度比较大。

三、高频电磁场防垢

高频电磁防垢是在静电防垢和磁化软化水的基础上发展起来的一种新型物理防垢技术，在国外电磁处理技术已广泛用于工业与民用给水系统中防垢、除垢、杀菌、防腐及农业灌溉和医学等领域，我国开始用于锅炉，后逐渐用于中央空调及工业水循环、冷凝、热交换等设备，主要适用于以防止碳酸钙为主的水垢，在油田防垢领域应用的相关报道甚少。

1. 防垢机理

高频电磁防垢是水经过高频电磁场时，水分子作为偶极子被不断反复极化而发生扭曲、变形、分子运动加强，从而使原来水中缔合形成的各种综合链状、团状大分子（H_2O）解离成单个水分子，最后形成比较稳定的双水分子（H_2O）$_2$，增加了水的活性，一方面，显著提高了活性水分子与盐类正负离子相遇、相碰撞的概率，更容易复合成“溶解状态的溶质分子”。另一方面，回水中增加的大量活性水分子硬性成垢盐类析出，结晶与聚合，成垢物质形不成坚硬的针状结晶体，而是形成细小软松的粒状沉淀，以弥散的微晶态悬浮于液体中，易于随回水一起排出管外，从而达到防垢除垢的目的。图4－10是电磁场防垢器工作原理示意图。

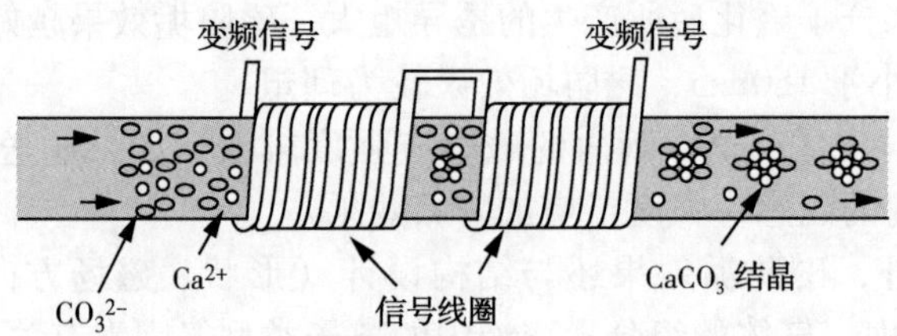

图4－10　电磁场防垢器工作原理示意图

2. 影响因素

高频电磁防垢效果不仅与材料、电磁场频率、感应电磁场强度等结构设计有关，还受电压、流速、pH值、成垢离子浓度、水处理时间、电导率、温度、干扰磁场等多因素影响，例如电压、Ca^{2+}和Mg^{2+}浓度的不同对高频电磁防垢仪防垢效果影响很大，见图4－11，随着电压的增加，防垢率先升高后降低，施加电压在40V时防垢率最大；随着Ca^{2+}和Mg^{2+}总浓度增加，防垢率也是先升高后降低，Ca^{2+}和Mg^{2+}总浓度在220mg/L时，防垢率最大。由于油气场所易燃易爆，从安全角度考虑，不推荐使用高频电磁场类型的防垢器。

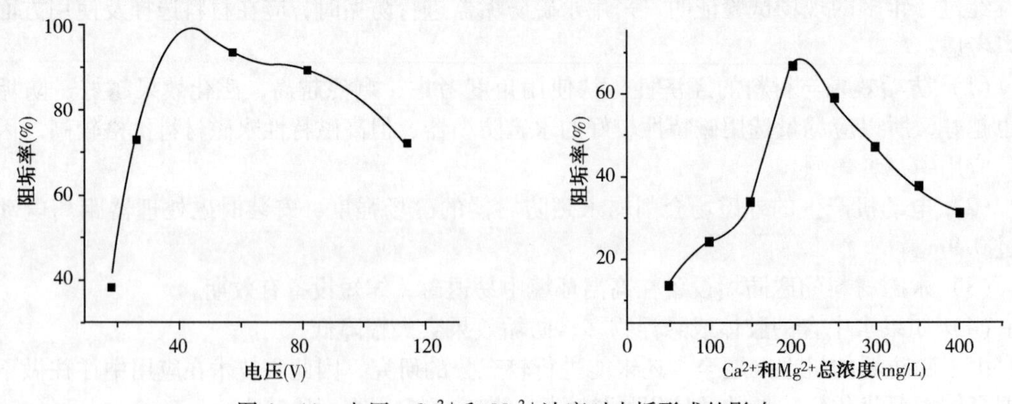

图4－11　电压、Ca^{2+}和Mg^{2+}浓度对水垢形成的影响

四、声波、磁场、电磁场等物理防垢法的优缺点

超声波、磁场、电磁场等物理法防垢现场应用既有成功的案例，也有失败的案例，其主要优点：防垢设备结构简单、安装和使用方便，连续化、自动化水平高，对环境友好、无危害，无需专人操作，在节能和环保方面较化学法有明显的优势。主要缺点：由于物理防垢法有些技术机理尚不明确，防垢效果受材料、设备结构设计以及环境因素（温度、压力、水含盐量、pH 值、成垢离子浓度、水的流动状态、管道形状等）影响很大，使用范围、应用条件都须严格限定，使用前需要经过大量室内、现场复杂因素的综合评价，优化参数。

因此物理法防垢技术在油田可作为辅助性的防垢手段，化学防垢技术仍然是油田防垢的主要手段。

第三节 化学防垢

一、国内外防垢剂发展现状

国外防垢剂研究始于 20 世纪 30 年代（表 4－4）。我国的防垢剂研究始于 20 世纪 70 年代，经过近 40 年的发展，防垢剂从简单的无机化合物到聚磷酸盐类防垢剂发展到今天的有机膦酸盐类、高分子聚合物、天然防垢剂物质，使得防垢剂的防垢性能和环保效果有了长足的进步。

表 4－4 国外防垢剂专利产品

类型	名称	用途			合适处理方法		
		$CaCO_3$	$CaSO_4$	$BaSO_4$	分批注入	挤注	连续注入
有机膦酸盐	visco4 DS－175	√	√			√	√
	Tretolite SP 181	√	√		√	√	√
	Tretolite SP 188	√	√			√	√
	SP191	√	√		√	√	√
	SP203			√		√	√
	SP223	√	√			√	√
	J&L Jetco jetcote92		√	√		√	√
	J&L Jetco jetcote93（油溶型）		√	√		√	√
	ChampionGyptron	√	√	√		√	√
	Calgon S－31/71	√	√	√		√	√
	Bariod Surflo H－35/351/352/353/344	√	√	√	√	√	√
有机膦酸酯	Visco 935 \ 950	√	√	√	√	√	√
	Visco 951 \ 952	√	√	√	√	√	√
	Visco 953 \ 957 \ 959	√	√	√	√	√	
	Visco 960 \ 3749	√	√	√	√		√

续表

类型	名　称	用　途			合适处理方法		
		$CaCO_3$	$CaSO_4$	$BaSO_4$	分批注入	挤注	连续注入
有机膦酸酯	Tretolite SP－148＼175	√	√			√	√
	ChampionGyptron	√	√	√		√	√
	Bariod Surflo H－395	√	√	√			√
混合物	Tretolite SP186（聚合物－膦酸酯）			√		√	
	Tretolite SP205（聚合物－磷盐）	√	√	√		√	√
	Tretolite SP219（聚合物－膦酸酯－酯）	√	√	√		√	√
	ChampionGyptron T－55（膦酸盐－聚合物）	√	√	√		√	√
	Calgon S－91（有机膦酸盐－聚合物）	√	√	√		√	√

对于油田的结垢问题，目前以化学防垢为主，主要是对已有的油田水处理化学剂进行选择评价，或将几种水处理化学剂进行复配，用于油田注采系统，可以实现全系统、长距离、大范围的防垢。下面就油田化学防垢常用几类防垢剂作如下简要评述。

1. 有机膦酸防垢剂

有机膦系列防垢剂是水处理剂中最早应用的试剂之一，它具有极限效应，与其他防垢剂复配使用时，具有协同效应，即复配防垢剂的防垢效果大大高于单一防垢剂的防垢效果。常见有机膦酸防垢剂见表4－5。

表4－5　常见有机膦酸防垢剂

名称及代号	分子结构式
氨基三甲叉膦酸（ATMP）	$HO-\overset{O}{\overset{\Vert}{P}}(OH)-CH_2-N\begin{cases}CH_2-\overset{O}{\overset{\Vert}{P}}(OH)_2\\ CH_2-\underset{O}{\underset{\Vert}{P}}(OH)_2\end{cases}$
羟基乙叉二膦酸（HEDP）	$HO-\overset{OH}{\underset{O}{P}}-\overset{OH}{\underset{CH_3}{C}}-\overset{OH}{\underset{O}{P}}-CH$
二乙基三胺五甲叉膦酸（DTPMPA）	$\begin{matrix}(OH)_2\overset{O}{\overset{\Vert}{P}}-CH_2\\ (OH)_2\underset{O}{\underset{\Vert}{P}}-CH_2\end{matrix}\Big\rangle N-(CH_2)_2-\underset{CH_2\underset{O}{\underset{\Vert}{P}}(OH)_2}{N}-(CH_2)_2-N\Big\langle\begin{matrix}CH_2-\overset{O}{\overset{\Vert}{P}}(OH)_2\\ CH_2-\underset{O}{\underset{\Vert}{P}}(OH)_2\end{matrix}$

续表

名称及代号	分子结构式
乙二胺四甲叉膦酸 （EDTMPA）	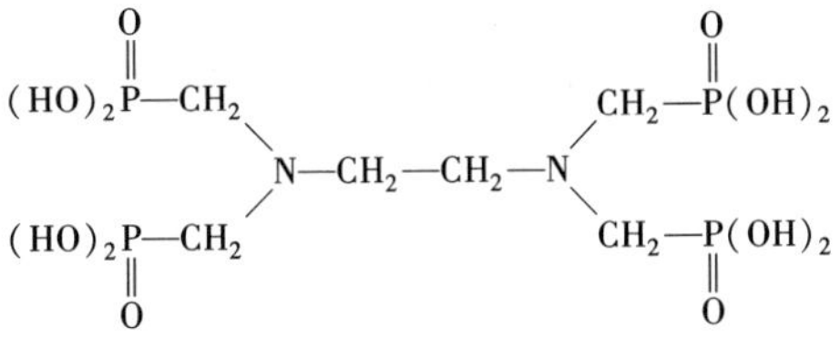 O　　　　　　　　O $(HO)_2P(=O)—CH_2$　　$CH_2—P(=O)(OH)_2$ $N—CH_2—CH_2—N$ $(HO)_2P(=O)—CH_2$　　$CH_2—P(=O)(OH)_2$ O　　　　　　　　O
2 - 膦酸丁烷 - 1，2， 4 - 三羧酸 （PBTCA）	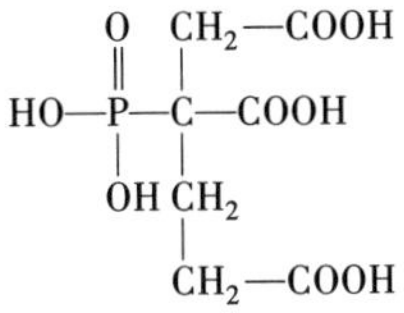 $O\ \ CH_2—COOH$ $HO—P—C—COOH$ $OH\ \ CH_2$ $CH_2—COOH$
2 - 羟基膦酰基乙酸 （HPAA）	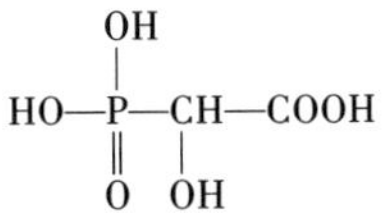 OH $HO—P—CH—COOH$ $O\ \ OH$
己二胺四甲叉膦酸 （HDTMPA）	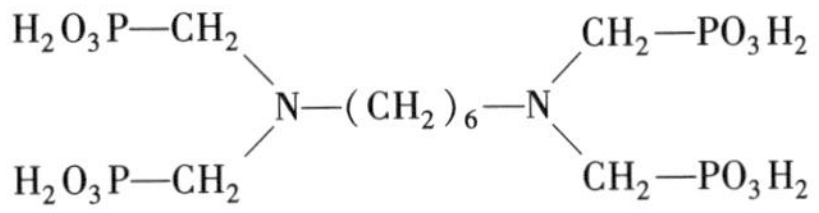 $H_2O_3P—CH_2$　　$CH_2—PO_3H_2$ $N—(CH_2)_6—N$ $H_2O_3P—CH_2$　　$CH_2—PO_3H_2$
多氨基多醚基甲叉膦酸 （PAPEMP）	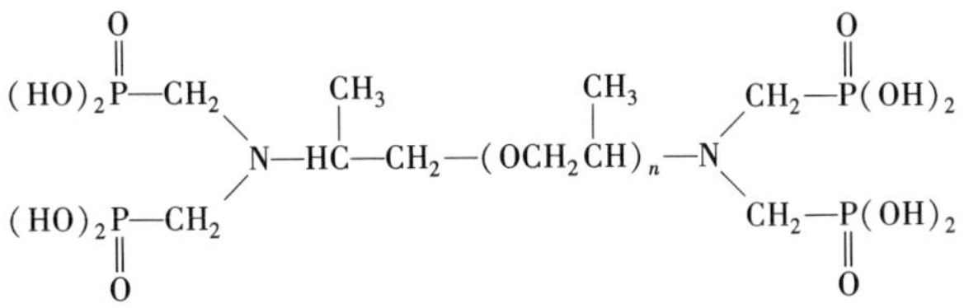 O　　　　　　　　　　O $(HO)_2P—CH_2$　CH_3　　CH_3　$CH_2—P(OH)_2$ $N—HC—CH_2—(OCH_2CH)_n—N$ $(HO)_2P—CH_2$　　　　$CH_2—P(OH)_2$ O　　　　　　　　　　O
双 1，6 亚己基三胺五甲叉膦酸 （BHMTPMPA）	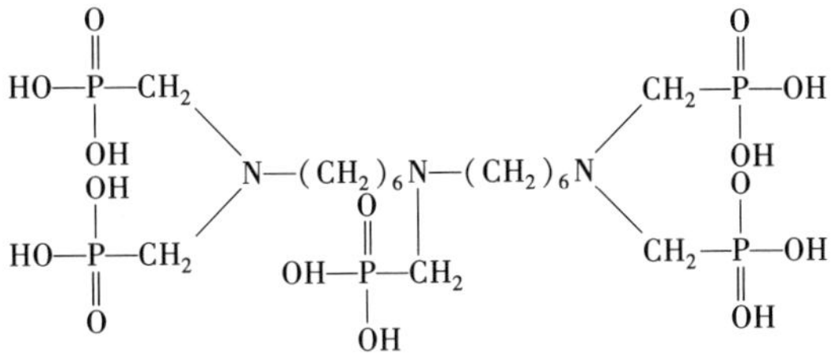 O　　　　　　　　　　O $HO—P—CH_2$　　　　$CH_2—P—OH$ OH　　　　　　　　　OH OH　$N—(CH_2)_6N—(CH_2)_6N$　O $HO—P—CH_2$　O　　$CH_2—P—OH$ $OH—P—CH_2$ O　　OH　　　　OH

1）氨基三甲叉膦酸（ATMP）

别名：氨基三亚甲基膦酸、次氮基三亚甲基三膦酸、次氮基三亚甲基磷酸；分子式：$N(CH_2PO_3H_2)_3C$；相对分子质量：299.05。结构式见表 4 - 5。

（1）性能与用途：ATMP 具有良好的螯合、低限抑制及晶格畸变作用，可阻止水中成垢盐类形成水垢，特别是碳酸钙垢的形成。ATMP 在水中化学性质稳定，不易水解，在水中浓度较高时，有良好的缓蚀效果。

ATMP 用于油田回注水系统，可以起到减少金属设备或管路腐蚀和结垢的作用，同时也用于火力发电厂、炼油厂的循环冷却水。

（2）使用方法：ATMP常与其他有机膦酸、聚羧酸或盐等复配成有机水处理剂，用于各种不同水质条件下的循环冷却水系统，用量以1～20mg/L为佳；作缓蚀剂使用时，用量为20～60mg/L。

2）羟基乙叉二膦酸（HEDP）

别名：羟基亚乙基二膦酸、（1－羟基亚乙基）二膦酸、1－羟基亚乙基－1，1－二膦酸；分子式：$C_2H_8O_7P_2$；相对分子质量：206.02。结构式见表4－5。

（1）性能与用途：羟基乙叉二膦酸（HEDP）是开发较早的同碳二膦酸型，可与水中金属离子，尤其是钙离子形成六圆环螯合物，因而具有较好的防垢效果并具有明显的溶限效应，当和其他水处理剂复合使用时，表现出理想的协同效应。能与铁、铜、锌等多种金属离子形成稳定的络合物，能溶解金属表面的氧化物，在250℃下仍能起到良好的缓蚀防垢作用，在高pH值下很稳定，不易水解，一般光热条件下不易分解，耐酸碱性、耐氯氧化性能较其他有机膦酸（盐）好。

HEDP广泛应用于油田注水及输油管线的防垢和缓蚀以及电力、化工、冶金、化肥等工业循环冷却水系统。

（2）使用方法：HEDP作防垢剂使用浓度一般为1～10mg/L，作缓蚀剂使用浓度一般为10～50mg/L；作清洗剂使用浓度一般为1000～2000mg/L；通常与聚羧酸型防垢分散剂配合使用。

3）乙二胺四甲叉膦酸（EDTMPA）

别名：乙二胺四亚甲基膦酸、亚乙基二胺四亚甲基膦酸；分子式：$C_6H_{20}O_{12}N_2P_4$；相对分子质量：436。结构式见表4－5。

性能与用途：常温下EDTMPA为白色结晶性粉末，熔点为215～217℃，微溶于水，在室温下溶解度小于5%，易溶于氨水。

EDTMPA具有很强的螯合金属离子的能力，与铜离子的络合常数是所有螯合剂中最大的（包括EDTA在内）。EDTMPA为高纯试剂、酸性且无毒，EDTMPA的螯合能力远超过EDTA和DTPA，几乎在所有使用EDTA作螯合剂的地方都可用EDTMPA替代。

2. 有机膦酸盐防垢剂

1）乙二胺四甲叉膦酸五钠（EDTMP·Na_5）

别名：乙二胺四亚甲基膦酸钠、亚乙基二胺四甲叉膦酸钠；分子式：$C_6H_{15}O_{12}N_2P_4Na_5$；相对分子质量：546.13；结构式：

```
        O                                       O
        ‖                                       ‖
  HO—P—CH2                           CH2—P—ONa
        |        \                   /           |
       ONa        N—CH2—CH2—N               ONa
       ONa       /                   \          ONa
        |       /                     \          |
  HO—P—CH2                           CH2—P—OH
        ‖                                       ‖
        O                                       O
```

性能与用途：EDTMP·Na_5是含氮有机多元膦酸盐，中性。能与水混溶，无毒、无污染，化学稳定性及耐温性好，在200℃下仍有良好的防垢效果。在水溶液中能离解成8个正负离子，因而可以与多个金属离子螯合，形成多个单体结构大分子网状络合物，松散地分散于水中，使钙垢正常结晶破坏。EDTMP 钠盐对硫酸钙、硫酸钡垢的防垢效果好。

EDTMP · Na_5 用于油田循环水的缓蚀防垢剂、也用于无氰电镀的络合剂、印染工业软水剂、电厂冷却水处理等。

2）二乙烯三胺五甲叉膦酸七钠（DTPMP · Na_7）

分子式：$C_9H_{21}O_{15}N_3P_5Na_7$；相对分子质量：727；结构式：

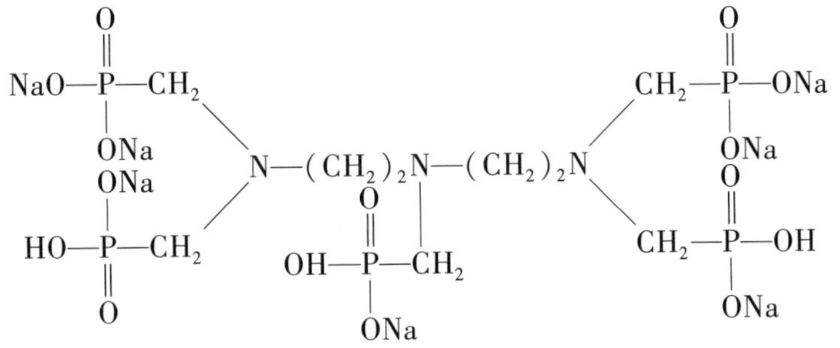

```
         O                                                        O
         ‖                                                        ‖
  NaO—P—CH2                                               CH2—P—ONa
         |      \                                       /          |
        ONa      N—(CH2)2N—(CH2)2N                   ONa
        ONa      /          |          \                 O
         |      /     O     |           \                ‖
   HO—P—CH2           ‖     |            CH2—P—OH
         ‖        OH—P—CH2                               |
         O            |                                  ONa
                     ONa
```

性能与用途：DTPMP · Na_7 可用作油田防垢剂、优良的硫酸钡防垢剂、高效螯合剂，同时也广泛用于冷却水处理、过氧化物漂白的稳定剂、洗涤助剂、市政工业清洁用水、地热水处理。

3. 羧酸类共聚物

早期使用的羧酸类聚合物是丙烯酸、马来酸或马来酸酚通过均聚或者其他单体共聚形成的一类水溶性高分子。其中丙烯酸类共聚物分子结构中含有多种特性基团，能抑制多种垢物的沉积，在国内水处理剂中占有重要地位。例如，日本栗田公司的 T-225 是丙烯酸与丙烯酸甲酯共聚的，美国 Naclo 公司的 N-7319 是由丙烯酸与丙烯酸酯共聚而成，Chemed 公司的丙烯酸/苯乙烯磺酸共聚物；Belz 公司的丙烯酸/丙烯酸-2-羟基丙酯（HPA）共聚物，以及 BFGoodrich 公司的丙烯酸/取代的丙烯酰胺共聚物防垢剂等。我国自 20 世纪 80 年代成功开发丙烯酸/丙烯酸甲酯共聚物，奠定了水溶性聚合物水处理剂的基础，随后开发了一系列二元、三元、四元共聚物。

1）丙烯酸-2-丙烯酰胺-2-甲基丙磺酸共聚物（AA/AMPS）

结构式：

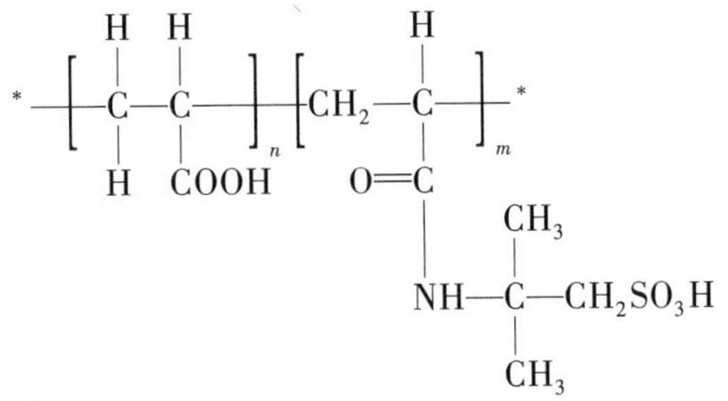

```
        H   H                 H
        |   |                 |
 * —[—C—C—]n—[CH2—C—]m— *
        |   |                 |
        H  COOH            O=C
                              |      CH3
                              |      |
                             NH—C—CH2SO3H
                                     |
                                     CH3
```

性能与用途：AA/AMPS 为丙烯酸与 2-丙烯酰胺-2-甲基丙磺酸（AMPS）共聚而成。由于分子结构中含有防垢分散性能好的羧酸基和强极性的磺酸基，能提高钙溶解度，对水中的磷酸钙、碳酸钙、锌垢等有显著的防垢作用，防止氧化铁的沉积，尤其对磷酸钙防垢率高。并且分散性能优良。与有机膦复配，增效作用明显。特别适合高 pH 值、高碱度、高硬度的水质，是实现高浓缩倍数运行的最理想的防垢分散剂之一。

与其他有机膦酸盐复配使用，用量一般在2～10mg/L，适于pH值为7.0～9.5条件。

2）丙烯酸－丙烯酸酯－磺酸盐三元共聚物

丙烯酸－丙烯酸酯－磺酸盐三元共聚物是一种新型的含有磺酸盐的多元聚电解质防垢分散剂。由于在共聚物的分子链上同时含有强酸、弱酸与非离子基团，它适用于高温、高pH值、高硬与高碱条件下使用，对水中的氧化铁、磷酸钙、磷酸锌以及碳酸钙的沉积，具有优良的抑制作用。共聚物具有较高的钙容忍度，与聚磷酸盐、锌盐、有机膦酸盐等常用水处理剂配伍性能良好。

适用于油田注水处理、石化、化工、冶金、电力等行业的工业循环冷却水处理、锅炉水处理的防垢分散剂。用量因水质与工艺条件不同而异，一般为2～40mg/L。

3）丙烯酸－丙烯酸酯－膦酸－磺酸盐四元共聚物

丙烯酸－丙烯酸酯－膦酸－磺酸盐四元共聚物是含羧基、羟基、膦酸基、磺酸基等基团的共聚物，性能优异，阻碳酸钙、磷酸钙垢效果优良，与常用的水处理剂的配伍性好，增效作用明显，适用范围广。

四元共聚物可作循环冷却水系统的防垢分散剂，通常与有机膦酸盐复合使用。正常用量为5～25mg/L，与有机膦酸盐配合使用时用量为1～10mg/L，适用pH值为7.0～9.5条件。

4）国外共聚物防垢剂

目前国外油田化学防垢剂的研究主要是共聚物防垢剂，表4－6介绍几种目前广泛应用并且效果较好的几种化学防垢剂。

表4－6　国外共聚物化学防垢剂应用效果

产品名称	$CaCO_3$	$CaSO_4$	$BaSO_4$	备注
PA 20 XPN	好	很好	—	—
CP10 S	很好	—	—	—
PA 25 CL PN	好	—	—	碳酸钙具有分散作用
BA 40	好	—	好	非常适用于挤注工艺
BA 100/150	好	—	好	更适用于高温环境中对碳酸钙防垢
Antiprex A	好	—	—	—
Antiprex 62L	好	—	—	适用于高含盐环境中
Antiprex 461	好	—	—	—

PA 20 XPN与HEDP，ATMP，PBTCA和DTPMP有机膦防垢剂对各种垢物防垢效果对比情况见图4－12。PA 20 XPN这种产品碳酸钙、硫酸钙等垢物防垢效果优于常见的防垢剂。

4. 复合防垢剂

在防垢剂的应用中，人们发现在药剂总量不变的情况下，将两种或两种以上防垢剂按照一定的比例复配使用时，利用防垢剂之间的协同效应，其效果比单独使用任何一种药剂时高得多，它成为与开发新型防垢剂同样重要的研究课题之一。目前对协同效应机理的认识尚不

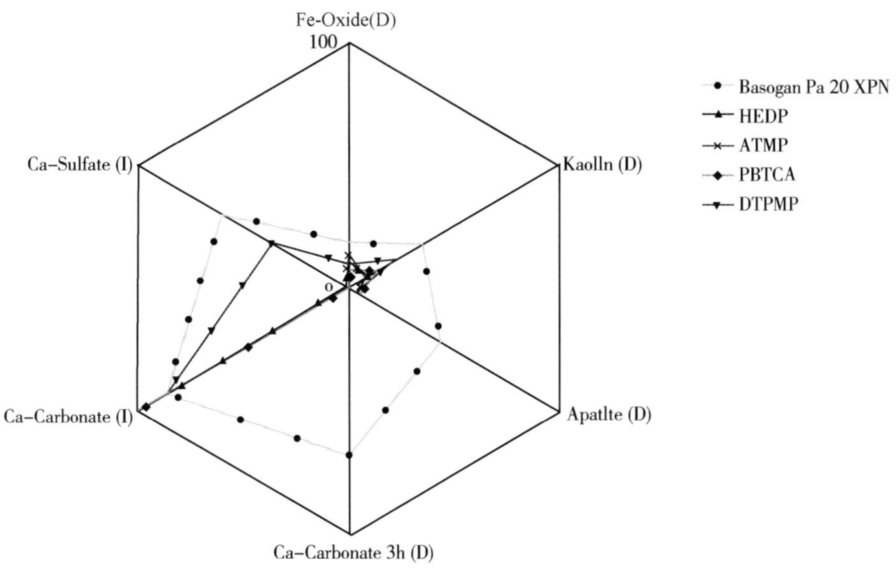

图 4－12 几种防垢剂防垢效果图

明确，协同效应的有无及适宜配比的确定尚难预测，但从防垢剂之间协同效应的研究报告来看，目前绝大多数学者均肯定了配伍合适的防垢剂之间存在协同效应。

在阻碳酸钙垢方面，PAMPS 与 HEDP 以 2∶3 和 1∶4 复配，PAMPS 与 PAA 以 3∶2，2∶3 和 1∶4 复配均存在协同效应，PAMPS 与 PCA 复配不存在协同效应。在阻硫酸钙垢方面，PAMPS 与 HEDP，PAMPS 与 PCA 均以 4∶1 和 3∶2 复配都存在协同效应；PAMPS 与 PAA 复配不存在协同效应。吴俊等研究出 HPMA 与 HEDP，AMPS 与 PBTCA，HPMA 与 PBTCA 两两之间存在明显的协同效应；PBTCA 与 HEDP 之间存在一定的协同效应；AMPS 与 HEDP，AMPS 与 HPMA 两两之间不存在协同效应；HEDP，HPMA 和 PBTCA 组成的三元体系具有优良的防垢协同效应，三者按 1∶1∶1 复配，防垢率高达 98.4%。苑权等将 MAP（烯丙基磺酸钠、马来酸酐、不饱和酯）和 PEPA－1（氯乙酸和多乙烯多胺）进行了复配，V（MAP）∶V（PEPA－1）为 2∶2～3∶1 时，防垢效果较好，防垢率在 98% 以上；V（MAP）∶V（PEPA－1）为 2∶2 时，复配防垢剂对 CaSO4 垢的溶垢率达 79.92%，二者具有一定的协同效应。

5. 绿色化学防垢剂及合成方法

性能优越、无磷、无氮且易生物降解的防垢剂，已成为防垢剂产品的发展方向。目前国内外新型绿色聚合物防垢剂主要有聚环氧琥珀酸和聚天冬氨酸。

1）聚环氧琥珀酸（PESA）

聚环氧琥珀酸是 20 世纪 90 年代初由美国 Betz 实验室首先开发出来的一种无磷无氮的“绿色”水处理剂，具有良好的防垢性能，对 Ca^{2+}，Mg^{2+} 和 Fe^{2+} 等螯合能力强，且易生物降解，适用于高碱高硬度水系。

合成方法：以马来酸酐为原料，加入 NaOH 使之水解，在 Na_2WO_4 催化剂条件下，用 30% H_2O_2 将之氧化成环氧琥珀酸钠，再以 Ca（OH）$_2$ 作为引发剂在一定温度下聚合一定时间，产品为淡黄色黏稠状液体。反应式如下：

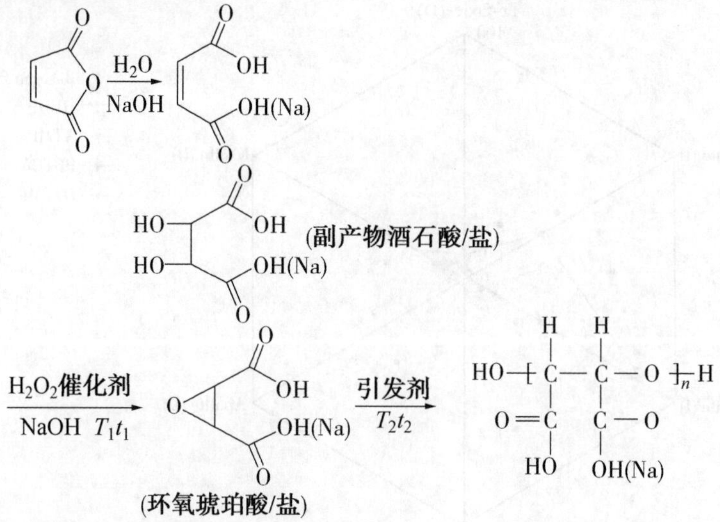

(副产物酒石酸/盐)

(环氧琥珀酸/盐)

PESA 防垢性能：PESA 主要适用于高碱度、高硬度、高温条件下，它与氯的相容性好，具有较好的防碳酸钙垢、硫酸钙垢、硫酸锶垢、硫酸钡垢的性能。

相关研究报道，PESA 对硫酸钡垢的防垢率随着 PESA 浓度、pH 值的增大而增大，随着水样中 Ba^{2+} 和 SO_4^{2-} 浓度、温度以及无机盐含量的增大而减小，当 PESA 用量为 20mg/L 时，对碳酸钙和硫酸钙垢防垢率分别达到 88.3% 和 89.58%。

PESA 与其他防垢剂复配具有协同效应，如 PESA 与 HEDP 复配以及 PESA 与 PCA 复配后在防硫酸锶垢方面具有很好的协同效应。

2）聚天冬氨酸（PASP）

国内研究最多的环保型聚合物防垢剂是聚天冬氨酸。该类防垢剂主要包括聚天冬氨酸及其钠盐或酯。它的合成方法主要有固相热聚合和催化聚合两种途径，因固相热聚合方法符合绿色要求，一般推荐采用该方法。固相热聚合又有两种方法，一种是以 L－天冬氨酸为原料，一种是以马来酸酐为原料。

（1）合成方法。

①方法一：以 L－天冬氨酸为原料，通过热缩聚反应得到聚琥珀酰亚胺，再在碱性条件下水解制备 PASP。化学反应方程式如下：

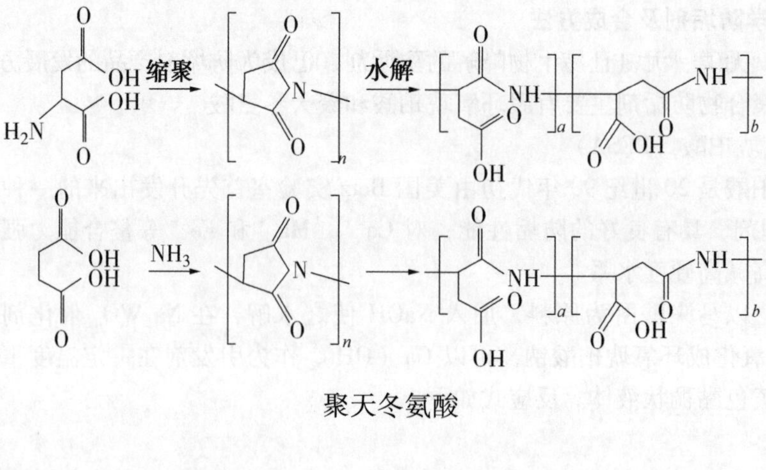

聚天冬氨酸

②方法二：以马来酸酐为原料，溶于水得到马来酸，马来酸同氨反应得到马来酸铵盐，马来酸铵盐热缩聚制备聚琥珀酰亚胺（PSI），然后用 NaOH 水解生成聚天冬氨酸，化学反应方程式如下：

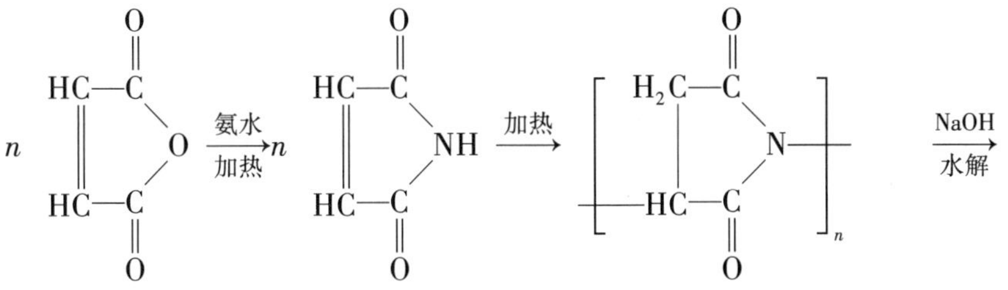

n 马来酸酐 $\xrightarrow[\text{加热}]{\text{氨水}}$ n 马来酰亚胺 $\xrightarrow{\text{加热}}$ 聚琥珀酰亚胺 $\xrightarrow[\text{水解}]{\text{NaOH}}$

马来酸酐　　马来酰亚胺　　聚琥珀酰亚胺

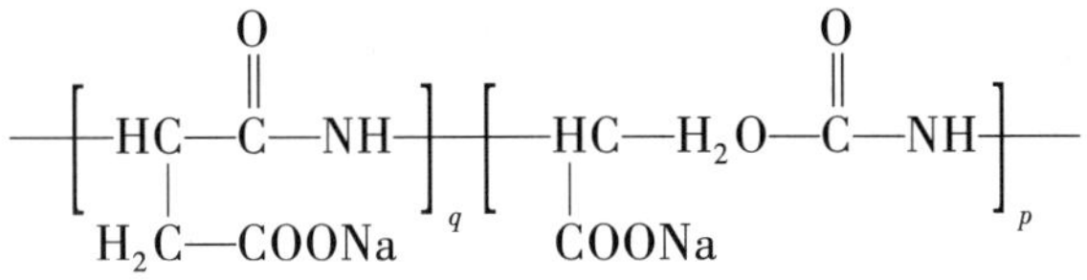

$$-[-HC(CH_2COONa)-C(=O)-NH-]_q-[-HC(COONa)-H_2O-C(=O)-NH-]_p-$$

α 单元　　β 单元

聚天冬氨酸钠盐

（2）PASP 防垢性能。

聚天冬氨酸是用于中性偏碱性的水质条件下的防垢剂，具有很好的抗盐性，对磷酸钙垢、碳酸钙垢、硫酸钙垢、硫酸钡垢、硫酸锶垢具有优异的防垢性能，相关研究报道，PASP 用量为 0.2mg/L 时，对碳酸钙垢防垢率可以达到 88%；也可作为缓蚀剂用于解决油田中的二氧化碳腐蚀问题；该类防垢剂具有优良的生物降解性能，且在高 Ca^{2+} 浓度时仍具有较好的防垢效果。

PASP 与其他防垢剂复配具有协同效应。试验研究表明，防 $CaCO_3$ 垢时，PASP 与 PMA，PAA 和 HEDP 有协同效应，与 PESA，DTPMP 和 PBTCA 没有协同效应；防 $CaSO_4$ 垢时，PASP 与 PESA，PAA 和 PBTCA 有协同作用，与 PMA，DTPMP 和 HEDP 没有协同效应；防 $BaSO_4$ 时，PASP 与 PESA 和 HEDP 复配具有一定的协同效应，PASA 与 PCA 没有协同效应。

6. 化学防垢剂有待解决的问题

早期油田在井筒、地面结垢主要以碳酸钙、硫酸钙垢为主，20 世纪七八十年代在马岭、安塞等油田发现地层水中 Ba^{2+} 和 Sr^{2+} 含量平均为 400～500mg/L，注入水 SO_4^{2-} 含量不大于 1050mg/L，硫酸钡锶结主要在地面集输站管线、外输泵、加热炉等多处结垢，目前国内外已开发的各类防垢剂基本能有效地解决这类结垢问题。

但是近年来随着油田开发，地层水、注入水水质中成垢离子含量不断增加，如姬塬油田部分区块地层水 Ba^{2+} 和 Sr^{2+} 含量在 1000～4000mg/L，注入水 SO_4^{2-} 含量不大于 2500mg/L，姬塬、环江等油田部分区块地层水高钙、高钡锶离子共存，Ca^{2+} 含量为 4000～6000mg/L，Ba^{2+} 和 Sr^{2+} 含量为 700～1600mg/L，注入水 SO_4^{2-} 含量不大于 2000mg/L。针对这类情况，对国内外现有的防垢剂进行了评价，发现如下问题：

（1）现有钡锶化学防垢剂只能适用于钡离子、锶离子含量小于 2000mg/L 的防垢。

（2）在高钙、高钡锶共存环境中，如果加入钡锶防垢剂，当使用浓度超过80mg/L时，防垢剂不但没有防垢效果，而且发生絮凝现象，加速沉淀。

（3）用于高钙环境的羧酸类防垢剂在高钙、高钡锶共存的环境中，即使提高加药浓度防垢率仍然很低。

（4）PASP对于在高钙、高钡锶共存的环境中具有一定的防垢效果，但是重复性差。

这就迫切要求国内外研究开发适用于油田高钡锶离子以及高钙、高钡锶共存条件下的化学防垢剂。

二、化学防垢剂的防垢机理

化学防垢法主要指在水中加入防垢剂，通过防垢剂与成垢离子（一般指成垢阳离子）的结合，来阻止垢生成的方法。普遍认为防垢剂的防垢机理主要是螯合机理、晶格畸变机理、分散机理。

1. 螯合机理

螯合观点认为，防垢剂能与水中可以形成无机垢的阳离子（Ca^{2+}，Mg^{2+}，Ba^{2+}，Sr^{2+}等）形成稳定的可溶性螯合物，从而提高了水中该部分离子的允许浓度，相对来说就增大了它们的溶解度。如：聚膦酸盐水溶液中产生（—P—O—P—O—P—）键，它能与Ca^{2+}形成螯合物（表4-7）。

表4-7 防垢剂与Ca^{2+}形成环状螯合物

防 垢 剂	与Ca^{2+}螯合的结构式
HEDP	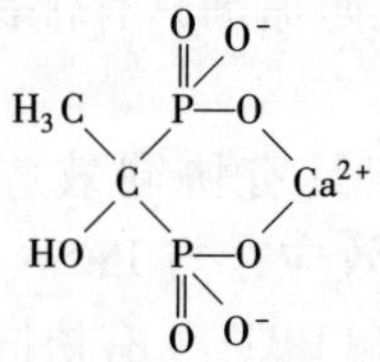 O O⁻ H_3C P—O C Ca^{2+} HO P—O O O⁻
EDTMP	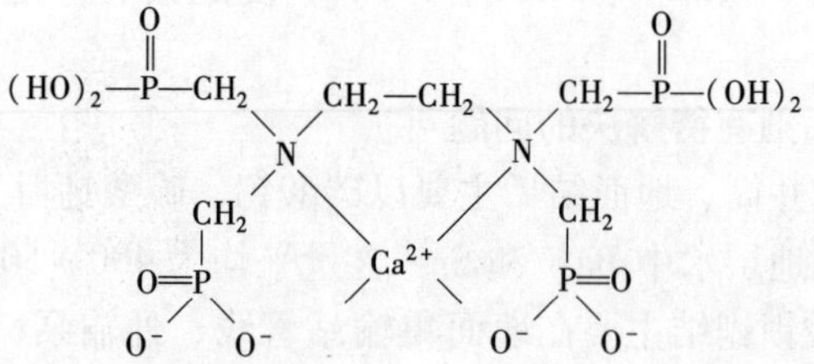 O O $(HO)_2$—P—CH_2 CH_2—CH_2 CH_2—P—$(OH)_2$ N N CH_2 CH_2 Ca^{2+} O=P P=O O⁻ O⁻ O⁻ O⁻
HPMA	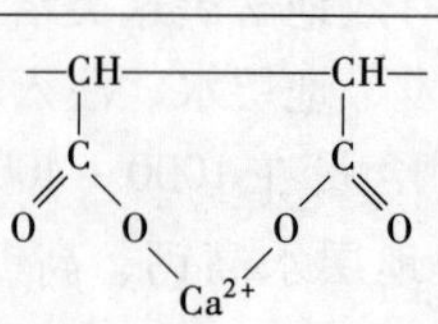 —CH— —CH— C C O O O O Ca^{2+}

香港理工大学纺织与成衣研发中心研究了多种防垢剂在40℃、不同pH值条件下对Ca^{2+}的螯合值，见表4-8，Ca^{2+}螯合值采用铬黑T指示剂，用EDTA滴定络合的方法测定。

表 4-8 防垢剂在 40℃、不同 pH 条件下 Ca^{2+} 螯合值

序号	防垢剂名称	Ca^{2+} 螯合值（mg/g）		
		pH 值为 7	pH 值为 11	pH 值为 13
1	氨基三甲叉膦酸	910	670	320
2	乙二胺四甲叉膦酸	638	550	280
3	羟基乙叉二膦酸	833	610	197
4	二乙烯三胺五甲叉膦酸钠	850	660	155
5	聚丙烯酸钠	350	370	370
6	乙二胺二磷羟苯基乙酸钠	845	700	318
7	三聚磷酸钠	275	275	288
8	焦磷酸钠	188	190	192
9	磷酸三钠	160	155	147
10	柠檬酸钠	330	280	190
11	葡萄糖酸钠	280	290	285
12	酒石酸钾钠	420	330	280
13	2-膦酸丁烷-1，2，4-三羧酸	680	320	180
14	2-羟基膦酸基乙酸	600	120	90
15	已二胺四甲叉膦酸	790	90	33
16	双 1，6-亚乙基三胺五甲叉膦酸	630	470	325
17	二乙胺四乙酸钠	1150	840	305
18	聚天冬氨酸钠盐	455	280	106
19	聚环氧琥珀酸钠	390	330	285
20	马来酸-丙烯酸共聚物	620	410	288
21	二乙烯三胺五乙酸五钠	420	180	85

2. 晶格畸变机理

晶格畸变是防垢的主要部分，结晶动力学观点认为，无机盐（$CaCO_3$ 或 $CaSO_4$）从水中析出形成垢的过程首先是产生晶核，形成少量的微晶粒，然后微晶粒在溶液中碰撞，按一种特有的次序集合或排列，由微晶粒生长成大晶体而沉积。

晶格畸变机理是微晶生长过程中，在晶体晶格的点阵中吸附防垢剂，晶体就会发生畸变，使晶格能降低，晶体的稳定性就下降，大晶体内部的应力增大，从而使晶体易于破裂，阻碍晶体的进一步生长来阻止生成大的晶体。当 EDTA 防垢剂加入水溶液中，由于它们对 Ca^{2+} 具有螯合作用，在晶格中占有一定位置，从而阻碍或干扰了无机盐微晶正常生长，导致晶体不能按特有次序排列生长，形成形状不规则的晶体，使晶体变形发生畸变。图 4-13 为 EDTMP 使 $CaCO_3$ 晶体发生畸变的示意。

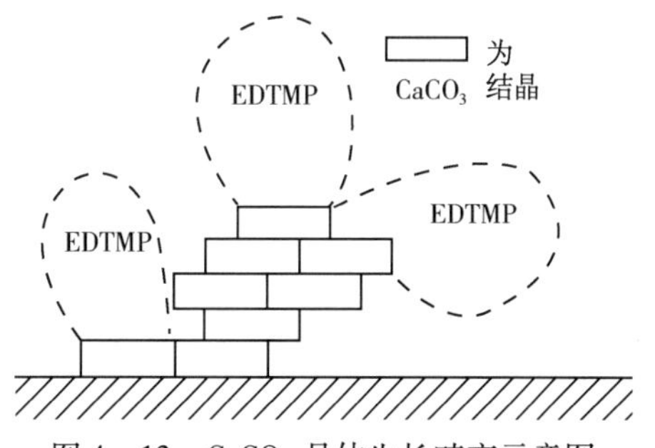

图 4-13 $CaCO_3$ 晶体生长畸变示意图

王宪革等对聚环氧琥珀酸（PESA）、聚天冬

氨酸（PASP）和丙烯酸－2－丙烯酰胺－2－甲基丙磺酸共聚物（AA/AMPS）组成的复配防垢剂的防垢性能进行研究，初步探讨了复配防垢剂对硫酸钙垢晶体畸变防垢机理的影响，见图4－14。

(a)

(b)

图4－14　SEM 分析复配防垢剂对硫酸钙垢晶体畸变的影响

图4－14（a）是未加防垢剂的硫酸钙晶体的 SEM 照片，晶体形状主要为规则的细长针状或棒状，晶体表面光滑，有断裂，结合紧密，结晶度高，棱角边界清晰，晶形规整，晶体体积较大；图4－14（b）是加入防垢剂后的硫酸钙晶体的形状变为圆球状，颗粒细小，晶体短，表面粗糙，结构疏松，正常条件下，说明加入防垢剂后垢样发生破碎，晶型比较紊乱，防垢剂对硫酸钙起到了晶格畸变作用。

3. 分散机理

分散作用的结果是阻止成垢粒子间的相匀接触和凝聚，从而阻止垢的生长。成垢粒子可以是 Ca^{2+} 和 Mg^{2+}，也可以是由千百个碳酸钙和碳酸镁分子组成的成垢颗粒，还可以是尘埃、泥沙或其他水不溶物。

李晓梅等通过红外光谱分析法，研究了聚环氧琥珀酸盐对碳酸钙的分散作用，结果表明—COOH 与碳酸钙晶体颗粒表面产生化学吸附，使碳酸钙晶体颗粒表面带电荷，在静电作用下，颗粒之间相互排斥，抑制其生长成大晶体，达到分散作用（图4－15、图4－16）。

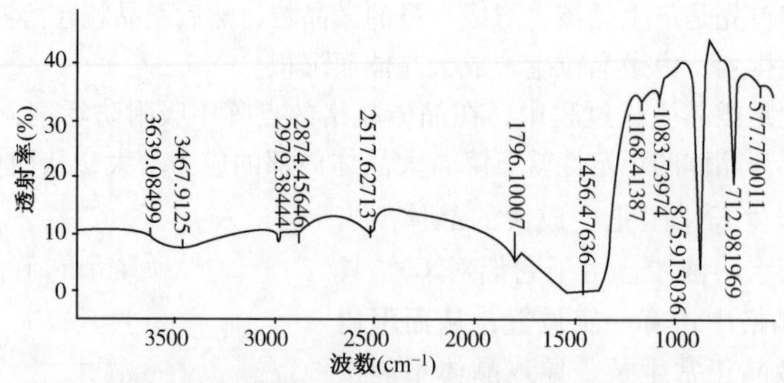

图4－15　未加防垢剂的碳酸钙垢的红外光谱法

当前对防垢机理的认识不是十分明确，除上述机理以外还有静电斥力作用、电层作用机理、阈值效应、再生—自解脱膜假说、去活化作用、强极性基团的作用、面吸附作用等，对具体防垢剂而言，往往是几种机理的复合作用。

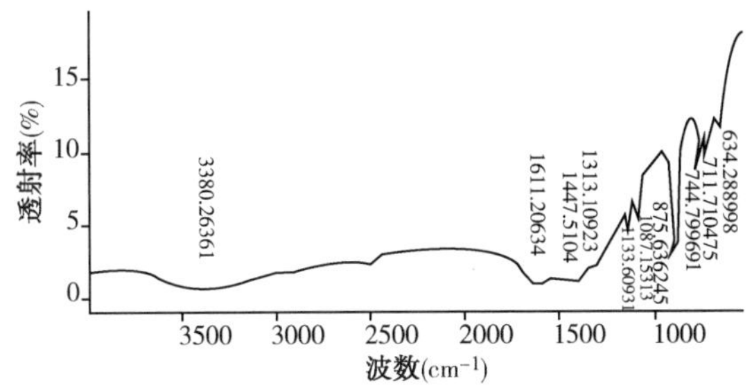

图4－16 加入PESA后碳酸钙垢的红外光谱法

三、化学防垢剂评价方法及应用实例

1. 静态防垢法

筛选防垢剂最常用的是静态防垢法，静态防垢法依据SY/T 5673—1993《油田用防垢剂性能评定方法》，该方法设备简单、试验周期短，可同时进行大批量筛选，适用于防垢剂的初步筛选。

配置一定体积浓度的含Ca^{2+}，Mg^{2+}，Ba^{2+}和Sr^{2+}等离子的硬水，加入等当量的CO_3^{2-}和SO_4^{2-}溶液。在一定温度和pH值条件下，静置一段时间，使CO_3^{2-}和SO_4^{2-}沉淀完全。然后，用已知浓度的EDTA溶液（仪器法）测定水中的剩余离子含量，得到空白实验值。在同样组成的溶液中加入一定量的防垢剂，测定其剩余浓度硬度值。所得数值和空白数值相比即为防垢率，水中剩余硬度越大则防垢效果越好。这种方法其实是将达到平衡后的试样，用EDTA滴定上层清液或滤液中的稳定Ca^{2+}浓度，以上层清液或滤液中的稳定Ca^{2+}浓度的多少来表征防垢性能的优劣。

（1）抑制碳酸钙垢的性能测试。

①溶液配制。

a. 溶液D：$C_{NaCl}=33.00g/L$，$C_{CaCl\cdot 2H_2O}=12.15g/L$，$C_{MgCl\cdot 6H_2O}=3.68g/L$。

b. 溶液E：$C_{NaCl}=33.00g/L$，$C_{NaHCO_3}=7.36g/L$，$C_{Na_2SO_4}=0.03g/L$。

c. 溶液C：$C_{防垢剂}=0.50\%$（质量分数）。

②实验方法。

溶液D和溶液E分别用二氧化碳气体饱和：把一端呈多孔球状的玻璃导气管浸没到装有待饱和的溶液的瓶底，保证有二氧化碳气泡连续不断上升并冒出液面，不断改变导气管在瓶底位置，在恒温水浴中70℃±2℃预热0.5h，通气结束，塞紧瓶塞。

将相同体积的溶液C分别加入到体积均为50mL的A和B两种溶液中，用恒温水浴70℃±2℃预热0.5h，将两溶液混合，在70℃±2℃恒温25h。取出冷却，按GB/T 7476—87《水质 钙的测定 EDTA滴定法》测定Ca^{2+}的方法测定溶液中Ca^{2+}的质量分数。

根据以下公式计算防垢率：

$$E=\frac{(M_2-M_1)}{(M_0-M_1)}\times 100\% \qquad (4-1)$$

式中 E——防垢剂的防垢率；

M_2——加防垢剂后混合溶液中 Ca^{2+} 浓度；

M_1——未加防垢剂混合溶液中 Ca^{2+} 浓度；

M_0——溶液 A 中测得的 Ca^{2+} 浓度之半。

（2）抑制硫酸钙垢的性能测试方法。

①溶液配制。

a. 溶液 A：$C_{NaCl}=7.50g/L$，$C_{CaCl\cdot 2H_2O}=11.10g/L$。

b. 溶液 B：$C_{NaCl}=7.50g/L$，$C_{Na_2SO_4}=10.66g/L$。

c. 溶液 C：$C_{防垢剂}=0.50\%$（质量分数）。

②实验方法

将相同体积的 C 溶液分别加入到体积均为 50mL 的 A 和 B 两种溶液中，用恒温水浴 70℃ ±2℃ 预热 0.5h，将两溶液混合，在 70℃ ±2℃ 恒温 25h。取出冷却，按 GB/T 7476—87《水质 钙的测定 EDTA 滴定法》测定 Ca^{2+} 的方法测定溶液中钙离子的质量分数。

计算方法同式（4-1）。

（3）抑制硫酸钡锶垢的性能测试。

①硫酸钡溶液配制。

a. 溶液 F：$C_{NaCl}=7.50g/L$，$C_{BaCl_2}=0.66g/L$。

b. 溶液 G：$C_{NaCl}=7.50g/L$，$C_{Na_2SO_4}=0.80g/L$。

c. 溶液 C：$C_{防垢剂}=0.50\%$（质量分数）。

②硫酸锶溶液配制。

a. 溶液 H：$C_{NaCl}=7.50g/L$，$C_{SrCl_2}=11.10g/L$；

b. 溶液 I：$C_{NaCl}=7.50g/L$，$C_{Na_2SO_4}=10.66g/L$；

c. 溶液 C：$C_{防垢剂}=0.50\%$（质量分数）。

③试验方法

同硫酸钙的测试方法相同，须将溶液更改为所需配制的溶液，恒温时间由 25h 改为 16h，钡锶离子浓度测定用原子吸收分光光度计，钡锶离子都是较难激发的，如用原子吸收分光光度计出现困难，可改用电感耦合等离子体发射光谱法测试，其工作参数，波长为 455.4nm。

2. 油田防垢剂评价方法

在大量室内研究与现场试验过程中，发现如果仅仅依据上述的标准方法评价一种防垢剂防垢效果是不科学的。随着近几年油田快速的开发，华庆油田、樊学油田、姬塬油田、环江油田以及大庆油田等注入水、地层水中的成垢离子含量已经远远超过标准中规定的离子含量，所以评价油田用防垢剂应结合油田的特点，做到室内分析试验尽可能地真实反应现场生产情况。

油田化学防垢剂防垢效果评价基本实验步骤：

（1）油田结垢的垢型分析。

（2）注入水、地层水水质离子含量分析。

（3）注入水、地层水以及层间水流体配伍性分析。

（4）按标准筛选防垢剂。

（5）根据实际生产水以及工作温度进一步评价防垢剂的防垢效果。

（6）原油吸附性评价。

（7）油田其他添加剂与防垢剂配伍性研究。

（8）用于注水站的防垢剂还需要开展岩心伤害评价。

（9）防垢剂在砂岩中的吸附试验。

下面以华庆油田某一区块防垢剂筛选及评价为例，阐述化学防垢剂筛选、评价方法。

1）垢样分析

选用哪种类型的化学防垢剂，首先要明确垢样的组分是单一垢样还是混合垢样。目前结垢产物常用的方法有化学分析法和仪器分析法。由于油田垢样多为含有腐蚀、油泥、碳酸盐、硫酸盐等混合垢样，化学法分析操作程序复杂，时间长。多年来实践发现X－衍射仪器分析法作为一种基础的测试手段，对以结晶为主体组成的样品可以快速、准确、可靠地实现物相的鉴定，在油田地质、油田开发等多个领域得到广泛应用。

华庆油田开采层系为三叠系延长组长3、长4＋5、长6、长8，及侏罗系延安组延8、延9、延10，属典型的多油层复合型开发区块。在开发过程中油井、地面管网、集输站点都出现结垢现象，油井多发生在油管内壁、油杆外壁、抽油泵内等部位（表4－9），垢型以碳酸盐为主（表4－10）。

表4－9 华庆油田井筒结垢情况

垢样来源	层 位	结垢情况
关×－52井油管	延10	泵上300m油管垢厚1～2mm
白×－31井油管	长6	泵上400m段和尾管部位，结垢厚度1～2mm
白×－53井油管	长4＋5	泵上500m结垢严重，结垢厚2mm
郭×－32井油管	延10	眼管及泵上20根油管结垢严重，泵筒结垢1～5mm

表4－10 华庆油田井筒垢样X－衍射分析结果

垢样来源	层 位	X－衍射物相分析	含量（%）
关×－52井油管	延10	（Ca，Mg）CO_3	27.82
白×－31井油管	长6	$BaSO_4$	87.00
白×－53井油管	长4＋5	$BaSO_4$	98.13
郭×－32井油管	延10	FeS、$CaCO_3$	49.93

集输系统结垢多发生在站内、站外输油管道、总机关、加热炉盘管、输油泵等处，垢型以硫酸钡锶为主见表4－11。

表4－11 华庆油田集输系统垢样X－衍射分析结果

垢样来源	结垢部位	层 位	X－衍射物相分析	酸不溶物含量（%）
关×－53井组	井口汇管	长4＋5	$BaSO_4$	98.13
白×－52井组	井口汇管	长4＋5	（Ca，Mg）CO_3	3.56
×－1转	加热炉	长3、长4＋5	$Ba_{0.75}Sr_{0.25}SO_4$	98.61
×－2增	加热炉	长3、长6	$Ba_{0.75}Sr_{0.25}SO_4$	99.62
×－11增	加热炉	长6	$Ba_{0.75}Sr_{0.25}SO_4$	98.77

2）水质分析

油田地层、井筒、地面管线结垢的因素很多，其中水质之间的不配伍性在结垢因素中占主导，所以必须掌握油田注入水、地层水中的各种离子含量的情况，为防垢剂评价提供基础数据。

目前水质分析采用的手段有化学滴定法、仪器法（离子色谱、原子吸收、ICP 等），化学滴定法具体参考油田水分析方法 SY/T 5523—2006 和 SY/T 5523—2000 标准，测出水中各种离子的含量，计算其矿化度，主要分析的离子有 Ca^{2+}，Mg^{2+}，CO_3^{2-}，HCO_3^-，SO_4^{2-}，Cl^-，Na^+和 K^+，根据水质分析的结果对水样的水型作出正确的判断。

依据水质分析标准，对华庆油田注入水、地层水进行离子含量分析，华庆油田的注入水以硫酸钠水型为主，SO_4^{2-} 含量 592 ~ 2696mg/L，见表 4 – 12，地层水以氯化钙水型为主，含有 Ca^{2+}，Ba^{2+}和 Mg^{2+}，其中 Ba^{2+}含量 696.6 ~ 2064mg/L，见表 4 – 13。

表 4 – 12　华庆油田注入水离子含量分析

水样来源	离子含量（mg/L）							总矿化度 g/L	水型
	Cl^-	HCO_3^-	SO_4^{2-}	Ca^{2+}	Mg^{2+}	Ba^{2+}	Na^+/K^+		
白 X 水源井	430	127	592	75.12	21.44	—	483.46	1.73	Na_2SO_4
白 Y 水源井	539	110	2696	265.14	182.71	—	1486.26	6.00	Na_2SO_4

表 4 – 13　华庆油田地层水离子含量分析

水样来源	离子含量（mg/L）							总矿化度 g/L	水型
	Cl^-	HCO_3^-	SO_4^{2-}	Ca^{2+}	Mg^{2+}	Ba^{2+}	Na^+/K^+		
关 × – 145	26527	149	17	147.30	26.80	696.6	16822.2	4.43	$CaCl_2$
宗 × – 147	45129	332	50	441.91	—	1829.73	28309.32	7.61	$CaCl_2$
白 × – 8	56897	230	—	489.94	28.76	1984.81	—	—	$CaCl_2$

3）注入水与地层水以及层间水配伍性研究

油田在开发中如果开发方式是一套井网单层开采，注入水与地层水不配伍，见水井就会面临井筒结垢的问题，如果开发方式是一套井网多层开采，不仅需要明确注入水与地层水的配伍性关系，还要明确层间水的配伍性关系。如长庆油田某油田在开发中长 4 + 5 与长 6 叠合以及长 6 与长 8 叠合，由于开采层位的不配伍性，开发模式采用两套井网多层开采，地面采用分层集输、分层脱水、分层回注的工艺，如果忽视了这一问题，地面采用传统的混合集输的开发模式，将导致地面管网、集输站点结垢，影响油田正常生产。所以明确注入水与地层水以及层间水之间的配伍性关系，对于防治地层堵塞、采油井结垢以及集输系统结垢具有重要的指导意义。

（1）注入水与地层水配伍性分析。

采用实际注入水以及不同层位的地层水，模拟油井不同见水时期，研究注入水、地层水的配伍性关系。图 4 – 17 ~ 图 4 – 20 分别列出了注入水与长 3、长 4 + 5、长 6、长 8 地层水按照不同比例混合，常温条件下结垢量的变化趋势。

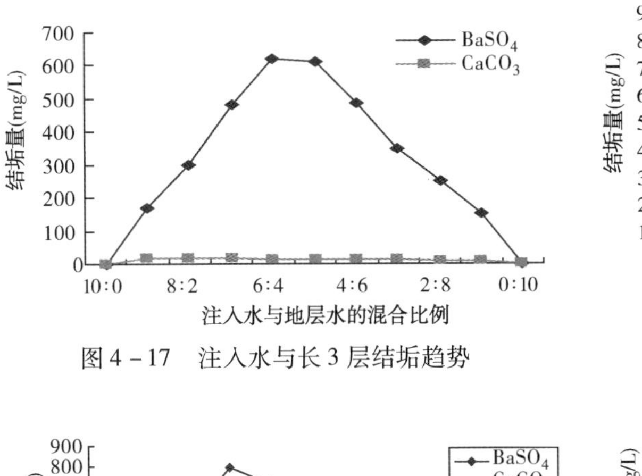

图 4－17 注入水与长 3 层结垢趋势

图 4－18 注入水与长 4＋5 层结垢趋势

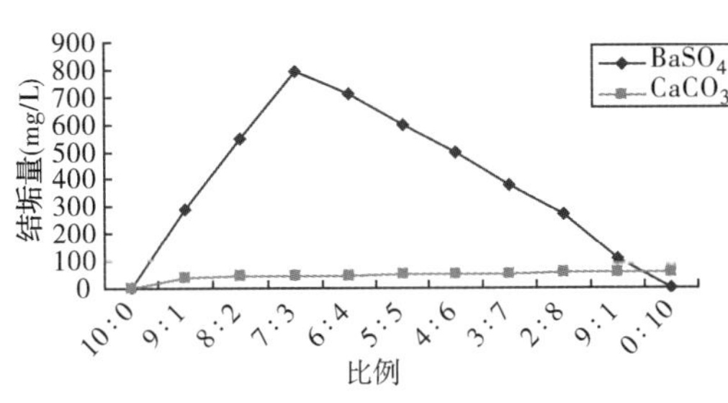
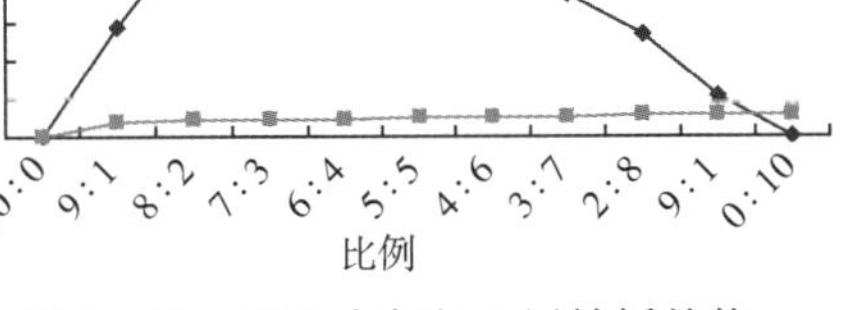

图 4－19 注入水与长 6 层结垢趋势

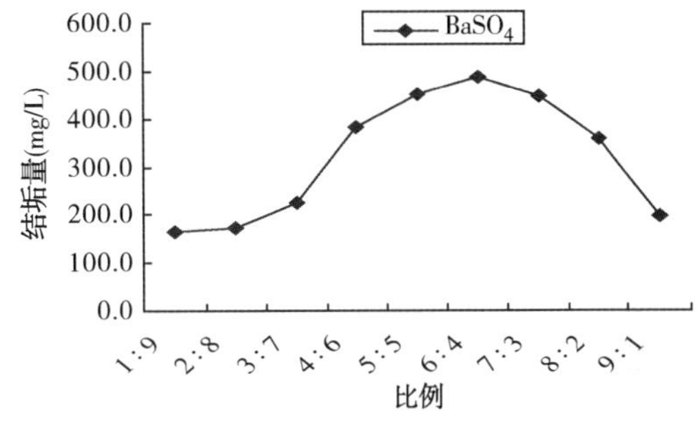

图 4－20 注入水与长 8 层结垢趋势

从上面四组图可以看出，在常温常压下井筒在不同见水期时结垢类型以及结垢量都在变化，对于华庆油田来说，注入水与地层水达到一定比例混合时，结垢量达到最大。

（2）层间水配伍性分析。

多层开采的开发方式，为了防止结垢现象的发生，分析层间水之间的配伍性关系是必要的。层间水配伍性关系分析的方法也有很多，上述配伍性分析采用的就是常温、常压、不同混合比例重量法，还有常见的结垢软件分析以及动态岩心流动等方法。

4）防垢剂筛选及评价

（1）依据标准评价。

室内对国内主要的 10 种有机膦盐类防垢剂按照 SY/T 5673—1993《油田用防垢剂性能评定方法》标准进行硫酸钡锶防垢剂的筛选，其中 SO_4^{2-} 含量为 540.8mg/L，Ba^{2+}（Sr^{2+}）含量为 364.5mg/L，防垢剂使用浓度 50mg/L，防垢效果见表 4－14。结果表明，T－1 和 H－1防垢剂对硫酸钡锶垢有较高的防垢率。

表 4－14 不同防垢剂的防垢率

防垢剂名称	防垢率（%）	防垢剂名称	防垢率（%）
T－1	88.95	A－4	31.50
H－1	87.00	A－5	50.90
A－1	0.72	A－6	46.90
A－2	0.35	A－7	6.10
A－3	3.68	A－8	36.70

按SY/T 5673—93《油田用防垢剂性能评定方法》标准规定的方法，对H－1和T－1以及油田常用的P－1三种防垢剂在加注10mg/L，30mg/L，50mg/L，70mg/L，100mg/L和120mg/L不同浓度下，评价其对硫酸钡锶的防垢性能，如图4－21所示。

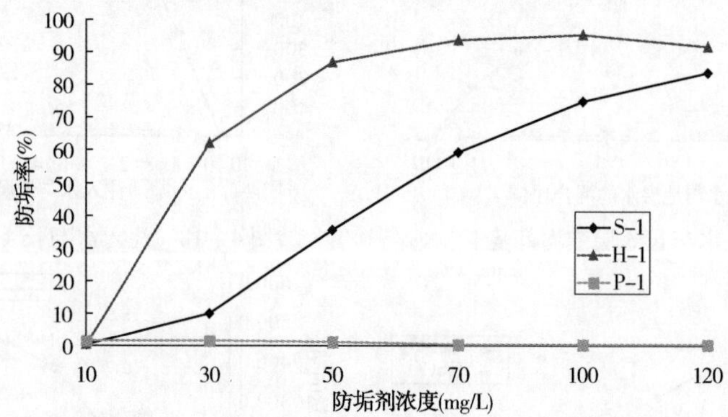

图4－21　标准方法评价3种防垢剂对硫酸钡锶垢防垢率随防垢剂浓度的变化

按SY/T 5673—1993《油田用防垢剂性能评定方法》标准规定的方法，选H－1，T－1，P－1和Z－1等防垢剂对其在10mg/L，30mg/L，50mg/L，70mg/L，100mg/L和120mg/L不同浓度下对硫酸钙垢、碳酸钙垢防垢性能的评价（图4－22、图4－23）。

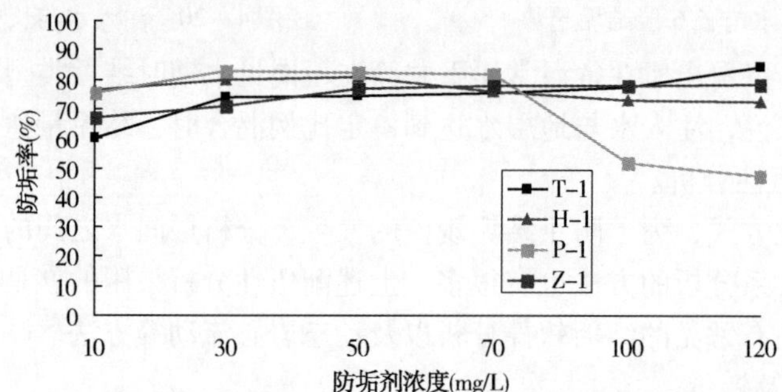

图4－22　4种防垢剂对硫酸钙垢防垢率随防垢剂浓度的变化

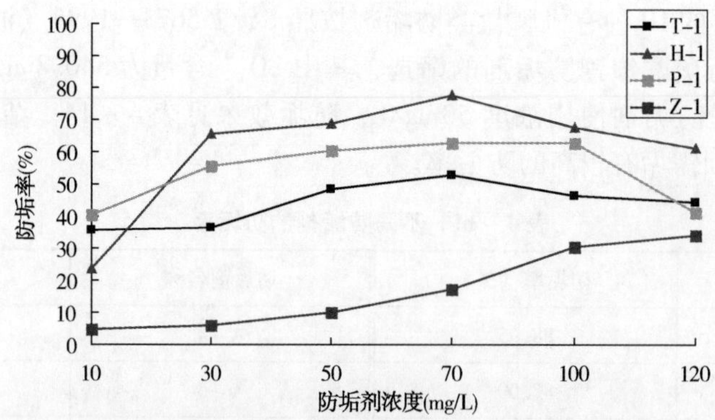

图4－23　4种防垢剂对碳酸钙垢防垢率随防垢剂浓度的变化

图4－22、图4－23表明，4种防垢剂对硫酸钙垢、碳酸钙垢的防垢率均随防垢剂浓度增大而提高，且在30～100mg/L范围内防垢率较高。

（2）应用实际生产水评价。

根据标准可以看出 T－1 和 H－1 防垢剂对硫酸钡垢都具有较高的防垢率，下面用油田实际生产水进一步评价防垢剂对钡锶垢的防垢率，防垢剂在使用浓度 30mg/L，50mg/L，70mg/L，100mg/L 和 120mg/L，温度 60℃，恒温 24h 下对硫酸钡锶垢的防垢效果见图 4－24。

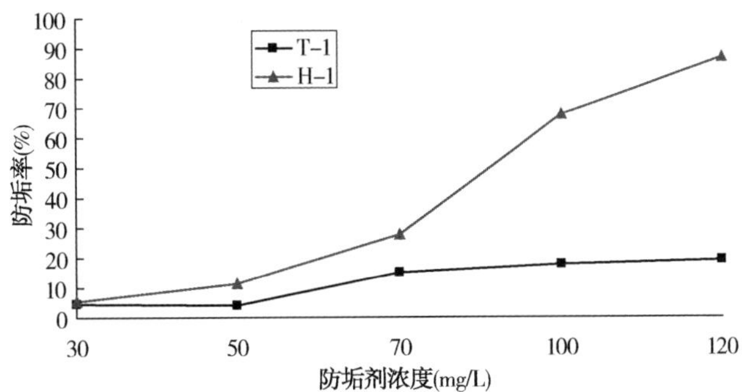

图 4－24　防垢剂对注入水与地层水（C6）混合水中硫酸钡垢防垢率的曲线

从图 4－24 中可以明显看出，两种防垢剂按照标准评价时，均有很好的防垢效果，当用于华庆油田高硫酸根离子、高钡锶离子时，二者对硫酸钡垢的防垢效果出现了明显的差异性。

5）原油吸附性评价

标准 SY/T 5673—1993 中对防垢剂防垢性能的评价介质是水，但是实际生产中从地层、井筒、集输系统等结垢的部分，都是油、水两种介质，所以单一地考虑防垢剂在水中的防垢率也不能正确地指导防垢剂实际应用。因此根据防垢剂加注的位置模拟实际生产情况，进一步评价防垢剂的防垢率，具有现实指导意义。

室内模拟实际生产低、中、高含水期，评价原油对 H－1 防垢剂吸附效果。试验选择 H－1 防垢剂浓度在 100mg/L 和 120mg/L，对原油含量体积比为 10%，30% 和 70% 的油水混合液进行硫酸钡垢防垢率的评价见表 4－15。

表 4－15　原油含量对不同浓度 H－1 防垢剂的防垢率影响实验

原油含量（%）	防垢率（%）	
	100mg/L H－1 防垢剂	120mg/L H－1 防垢剂
0	91.72	86.62
10	89.95	71.19
30	79.21	69.11
70	69.05	58.10

试验结果表明，油水混合液中，防垢剂的防垢效果受到原油吸附性的影响，防垢率会有不同程度的降低，在实际确定加注浓度时，要把这块的损耗计算在内。

6）添加剂配伍性评价

水处理剂是油田注入水及集输系统中不可缺少的，从地层到井筒以及原油输送过程都会用到添加剂，如黏土稳定剂、缓蚀剂、杀菌剂等，它们都决定着循环系统的使用周期及水质的稳定性，所以在评价防垢剂时了解到在加注防垢剂的过程中会遇到哪些添加剂，进一步评价防垢剂与添加剂之间的配伍性。

下面以杀菌剂为例，将H－1型防垢剂与油田常用的SJ－99杀菌剂进行混合，评价加入杀菌剂是否会影响防垢剂的防垢效果（表4－16），H－1型防垢剂与SJ－99杀菌剂具有很好的配伍性，而且，由于该类杀菌剂的加入，提高了H－1型防垢剂对硫酸钡垢的防垢效果。

表4－16　杀菌剂与防垢剂对硫酸钡垢防垢率实验

H－1防垢剂浓度（mg/L）	杀菌剂浓度（mg/L）	防垢率（%）	配伍现象	配伍性
100	0	34.75	无分层，混合均匀	配伍
	100	44.10		
120	0	77.14	无分层，混合均匀	配伍

7）防垢剂对岩心伤害试验

防垢剂对地层的伤害主要用于油井近井地层结垢或者注入水中投加防垢剂时的防垢剂评价。防垢挤注入地层后，可能在地层条件下出现不稳定现象而伤害地层。测定伤害程度的最简单方法是测定加入防垢剂前后油层岩心渗透率的变化。在防垢剂的研制过程中，可采用模拟试验，在防垢剂的实际使用过程中，则需取样分析测定。

引用长庆油田朱义吾等人开展的防垢剂岩心损害试验的两种方法。

室内试验采用了两种不同的测试方法，防垢剂对几块岩样的伤害评价见表4－17。

水驱流程1：用地层水饱和岩心→注地层水测 K_0→注加有防垢剂的混合水测 K_1→注未加防垢剂的混合水测 K_2。

水驱流程2a：用地层水饱和岩心→注入地层水测 K_0→注加有防垢剂的混合水测 K_1。

水驱流程2b：用地层水饱和岩心→注入地层水测 K_0→注未加防垢剂的混合水测 K_2。

表4－17　防垢剂对岩心伤害的实验结果

水驱流程	岩心号①	加药浓度（mg/L）	$K_0$②（mD）	$K_1$③（mD）	$K_2$④（mD）	K_1/K_0	K_2/K_0
1	$2\frac{14}{116}2$	10	0.79	1.09	0.60	1.38	0.76
	$2\frac{96}{116}2$	10	0.19	0.19	0.15	1.00	0.79
2a	$2\frac{48}{116}3$	10	0.26	0.26		1.00	
2b	$2\frac{71}{116}2$	0	0.32		0.29		0.91

①岩心号分解解释：如“$2\frac{14}{116}2$”表示第2个层位，共取心116块，该块岩心是第14块，将第14块岩心纵向分为4块取第2块。

②K_0为通过地层水测得的渗透率。

③K_1为通过加药剂的混合水测得的渗透率。

④K_2为通过未加药剂的混合水测得的渗透率。

结果表明未加防垢剂的混合水渗透率有不同程度的下降，而加入防垢剂的混合水，比渗透率不变或略有上升，说明随着注入水进入地层的防垢剂对地层没有伤害，且可以起到抑制作用，从图4－25渗透率变化曲线也反映了这一结果。

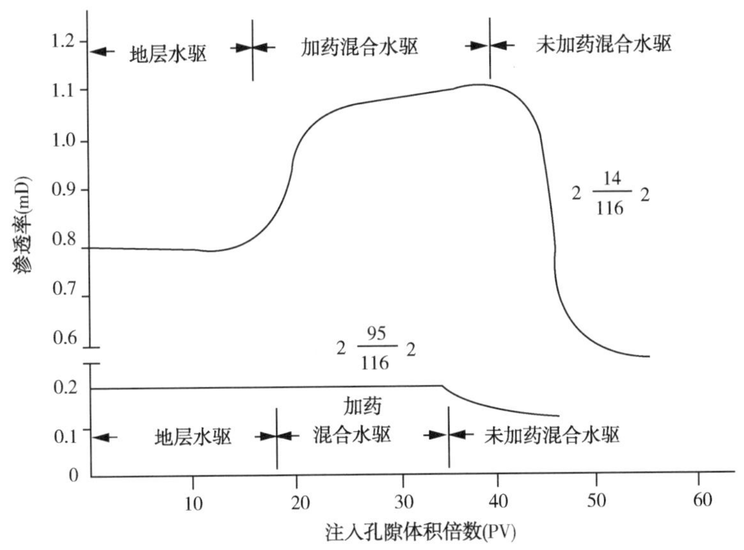

图 4－25 岩心流动实验中渗透率变化曲线

8）防垢剂的岩心吸附试验

防垢剂的岩心吸附试验对于注入水投加防垢剂来讲，目的是确定其注入方式，亦对油井挤注防垢处理极为重要。如果地层对防垢剂吸附量较大而脱附量较小，则应考虑在注水前需注入含较高浓度防垢剂的水段塞或含“物理剂”的水段塞，然后再注入正常的含防垢剂的水。关于高浓度防垢剂水的注入量和注入浓度，可由吸附试验确定，吸附量的测定方法有动态和静态吸附试验。

静态吸附试验：本方法采用恒温水浴振荡法。试验时称取一定量地层砂样置于干净的锥形瓶中，再加入一定浓度和体积的防垢剂溶液，置锥形瓶于井底温度的恒温振荡水浴中以一定速度振荡。振荡至设定时间 t 后，取锥形瓶上部清液检测防垢剂的浓度，计算 t 时刻的吸附量，有：

$$\Gamma_t = \frac{(C_0 - C)V}{m} \tag{4-2}$$

式中 Γ_t——防垢剂 t 时刻的表观吸附量，μmol/g；

C_0、C——砂样吸附前后液相中防垢剂的浓度，mmol/L；

V——体系中液相的体积，mL；

m——砂样的质量，g。

图 4－26 为防垢剂 ZG－1，ZG－2 和 SA－1 在牛 25－C 砂体地层砂样上的吸附量与时间的关系曲线。从图 4－26 中可以看出，在相同的吸附时间内，SA－1 的吸附量最高，达到饱和吸附量时所需要的时间较少。

动态吸附试验：在一定温度下，通过岩心驱替试验，将一定浓度的防垢挤注入试验岩心中，保温一定时间后，用一定浓度的氯化钠和氯化钾混合溶液驱替试验岩心中的防垢剂并取样，检测样品中的防垢剂浓度，确定防垢剂在地层中的有效滞留时间，并通过试验结果设计井下挤注方案，提高防垢剂的吸附性和挤注寿命，试验装置如图 4－27 所示。

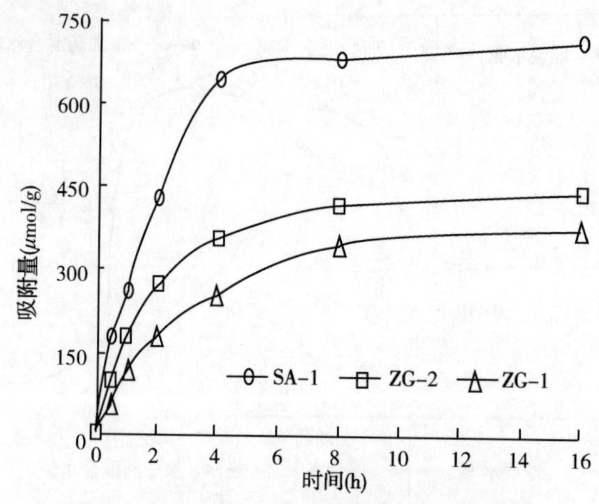

图 4－26　防垢剂吸附量与时间关系曲线

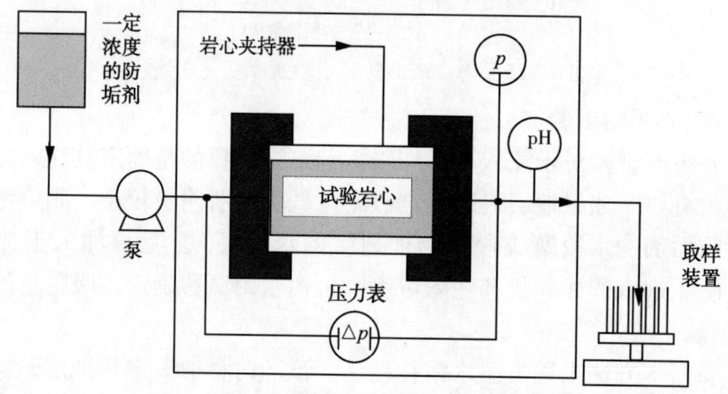

图 4－27　防垢剂岩心吸附试验装置示意图

若希望防垢剂在地层中有效期较长，就必须满足岩石表面吸附量较大，防垢剂释放缓慢的要求。通过岩心驱替试验，首先用 NaCl 和 KCl 混合溶液冲洗试验岩心，然后将浓度为 10% 的防垢剂充分注入试验岩心，在恒温环境下保温 24h，再用氯化钠和氯化钾混合溶液驱替试验岩心中的防垢剂，每隔 50 个或 100 个孔隙体积（PV）倍数取样一次，一般取 4～5 个样品即可。检测样品中的防垢剂浓度，评价防垢剂的吸附性能。

四、油田化学防垢剂投加方法及应用实例

根据结垢类型和结垢的主要部位，选用不同的防垢剂投加方法：

（1）地面注水、集输系统结垢：在计量（转油）站、各井末站管汇处投加防垢剂；在注水站采用加药泵连续投加化学防垢剂。

（2）井下泵和油管结垢：在环空加药，井口泵入或下固体防垢块，以防治井筒与油管设备结垢（对近井地层结垢无效），且防垢剂泵入时需使用定量加药泵和管线，工艺比较复杂。

（3）井下及近井地层结垢：采用井下防垢剂挤注方法，将防垢剂挤注到地层内一定深度，防垢剂将吸附在岩石表面或滞留于近井地层内，当地层流体经过时，防垢剂将缓慢释放并溶于其中，可在较长时间内预防近井地带、井筒内和管线设备结垢，且能一次挤注，长期有效。

1. 地面注水、集输系统加注防垢剂

采出水由于各井水的混合引起水质易发生结垢，注水系统通常在采出水回注系统加注防垢剂，加入少量防垢剂后可减少全系统设备结垢。个别井注入水与地层水不配伍引起的注水压力升高，地层的堵塞，可在单井选择高压加药系统，自动衡量注入。注水系统防垢最重要的是经济性，由于注水量大，全系统防垢必然引起操作成本的大幅上升，即使在低加量下，长期加注用户也是难以承受，这就要求必须在加注站选择高效低加量（几到几十毫克每升）级别防垢剂，同时要充分评价加入防垢剂与其他添加剂的相互作用。

高含水原油集输系统结垢导致集输管路、设备堵塞，是生产中常见的问题，通过加注防垢剂即可减缓结垢，保障生产。集输系统最易结垢的部位是加热炉盘管，橇装式增压设备、管路中弯头变化、计量站总机关等。

加药位置的重点选择：

（1）要考虑从结垢源头力求全系统解决。

（2）要选择重点设备。

（3）集输系统防垢剂要充分考虑加入量与原油关系，一是原油对防垢剂的吸附，二是防垢剂本身是否会对原油及下游加工有影响。

华庆油田开采层系为三叠系延长组及侏罗系，属典型的多油层复合型开发区块。随着近几年的快速发展，华庆油田集输站点结垢严重，垢型以硫酸钡锶垢为主。长庆油田室内通过水质分析，结果表明注入水 SO_4^{2-} 含量为 592 ~2696mg/L，Ba^{2+} 含量为 696.6 ~2064mg/L，同时研究了层间流体配伍性关系、模拟井筒高温高压结垢试验以及开展了 11 种防垢剂优选，进行了原油吸附性、添加剂配伍性等评价试验，研究了 TH－60 高效钡锶防垢剂，2009 年在 36 个集输增压点开展了防垢剂现场加注试验，现场应用结果表明，TH－60 高效钡锶防垢剂防垢效果显著，加药浓度为 50 ~70mg/L，结垢速率平均降低 10 倍，最高达到 50 倍，现场加药装置见图 4－28。

图 4－28　油田集输站点加药装置

华庆油田的集输站点防垢剂现场加注及效果见表 4－18。

表 4－18　华庆油田钡锶防垢剂现场加注效果统计

序　号	试验站	实验开始时间	结垢速率（mm/a）		结垢速率降低倍数
			加药前	加药后	
1	白××增	2009.06	20.0	0.4	50
2	白×增	2009.10	1.0	0.2	5
3	白 Y 增	2009.10	2.5	0.3	8
4	白 Z 增	2009.10	2.0	0.2	10
5	白 A 增	2010.01	15.0	0.4	38
6	白 B 增	2010.08	4.0	0.1	40

(1) 白××增应用效果。

白××增投运不足1年，加热炉盘管堵塞，收球筒8天结垢厚度约8~10mm，防垢器5个月结垢厚度约3~5mm，来液一次加热出口管线5个月结垢约8~10mm，外输加热未发现结垢。2009年7月安装加药装置，开始投加防垢剂70mg/L，加药后结垢速率由20mm/a降至0.4mm/a，结垢速率降低50倍，见图4-29。

(a) 加药前

(b) 加药后

图4-29 白××增钡锶防垢剂现场加注效果对比

(2) 白A增应用效果。

白A增压点发现白3增加热炉一次加热出口3个月结垢厚度为1mm，见图4-30。2010年1月开始加注钡锶防垢剂，加药浓度50mg/L，加药后结垢速率由4.0mm/a降至0.1mm/a，结垢速率降低38倍，防垢效果显著。

(a) 加药前(结垢厚度1mm)

(b) 加药后

图4-30 白A增钡锶防垢剂现场加注效果对比

(3) 白B增应用效果。

白B增2010年7月发现加热炉一次加热出口立管结垢厚度为5mm，2010年8月开始加注钡锶防垢剂，加药浓度为50mg/L，加药后结垢速率由2.0mm/a降至0.2mm/a，结垢速率降低40倍，防垢效果显著，见图4-31。

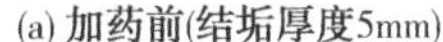

(a) 加药前(结垢厚度5mm)

(b) 加药后

图 4-31 白 B 增钡锶防垢剂现场加注效果对比

2. 井筒加注防垢剂

1）环空注入防垢剂

某油田有结垢井 312 口，占总开井数的 10.5%，其中严重结垢井 120 口，均是油井自然结垢，5 口套损和合采引起的结垢，结垢主要发生在 ×-19，×-17 和 ×-43 等区块，其中三叠系长 2、长 4+5 最为严重，井筒结垢主要以碳酸钙为主。

通过对 TC-610，H+E，HS-OS，ZG-SSS 和 ZG-108 五种防垢剂进行筛选，ZG-108 型防垢剂对碳酸钙垢的防垢率达 90% 以上，因此选用 ZG-108 进行井筒防垢治理。现场在 282 口结垢井油套环空投加 ZG-108 防垢剂，投加浓度为 30mg/L，加药后垢卡现象得到缓解，垢卡周期延长，见表 4-19。

表 4-19 部分结垢井油套环空加药统计表

井号	层位	液量 (m^3)	油量 (m^3)	含水 (%)	实施前			实施后	
					结垢部位	结垢周期 (d)	结垢厚度 (mm)	结垢周期 (d)	结垢厚度 (mm)
塬×4-34	长 2	9.07	6.55	15.1	固定阀球座	118	2	174	轻微结垢
塬×7-41	长 2	0.41	0.17	50.8	泵上 30 根油管	114	1	184	1
塬×5-47	长 2	8.81	5.07	32.3	泵上 20 根油管	148	0.5	159	轻微结垢
塬×7-43	长 2	1.22	0.32	69.3	泵上 50 根油管	106	2~5	172	1~2
塬×1-38	长 2	13.17	9.23	17.6	泵上 4 根油管	120	2	227	1
塬×5-37	长 2	4.18	3.19	10.2	泵上 20 根油管	181	轻微结垢	231	1
高×8-7	长 2	4.05	1.7	50.7	泵上 49 根油管	115	2	209	1~2
塬×5-33	长 2	2.85	0.03	98.9	泵上 50 根油管	108	2~3	112	轻微结垢

2）泵下连接固体防垢筒

对于偏远地区的油井如果采用井筒点滴或加药的防垢工艺，费事费力，而且不方便。相比于液体防垢剂，井下固体防垢剂的开发与应用，作用时间长、强度高，彻底解决了运输及施工作业过程中的破碎、堵塞等问题，使用固体防垢剂以后，不用加药，不用洗井，可以延长检泵周期，降低劳动强度，避免由于洗井引起油层伤害。

长庆油田针对油井碳酸盐结垢，研制了一种长效固体防垢块，使用时，用一种自制的防垢工作筒，内装防垢块，在井下作业时下入井中，工作筒连在抽油泵的下部，筛管的上部，当液流通过防垢块时，防垢块溶于水和油中，实现了缓慢溶解、长时间有效的目标。

（1）防垢剂 WPS－2 组成：白色粉状固体（成都科技大学高分子研究所产品），顺丁烯二酸酐（MA）、醋酸乙烯酯（VC）、丙烯酸甲酯（MAC）三元共聚物，它们的摩尔比为 4.5:4.7:0.8，平均相对分子质量为2000 左右。当 WPS－2 浓度为 2mg/L 时，在 65℃下，经 24h，防垢率大于90%。

（2）制作：将定量的 PE 和 EVA 用定量的轻质油在室温下浸泡溶胀 24h，再与定量的 WSP－2 混合均匀，经铸塑成型成高为 9.5cm，外径为 9.5cm 的中空圆柱体，实体部位的厚度为 1cm，每块重约 0.5kg，见图 4－32。

图 4－32　固体防垢块

（3）防垢块现场应用及效果。

①防垢块使用时间的预算：从溶出速率和时间的关系曲线看出，当溶出速率稳定后，溶出速率与时间基本呈直线关系。因此计算出直线的斜率就可以算出防垢块中剩余的防垢剂溶完所需的时间，此时间加上已溶出防垢剂的时间，则为整个防垢块的使用时间，有：

$$t = t_2 + (100 - S_2)(t_2 - t_1)/(S_2 - S_1) \qquad (4-3)$$

式中　t_1，t_2——溶出率 S_1 和 S_2 对应的时间，h；

S_1，S_2——直线段上的溶出率，%；

t——防垢块中防垢剂溶完的时间，h。

②油井所需防垢块的数量。

利用下式计算防垢块个数：

$$X = C_x W(t_2 - t_1)/24CG(S_2 - S_1) \qquad (4-4)$$

式中　X——油井所需防垢块的个数，个；

C——防垢块中防垢剂含量,%；

C_x——防垢剂的使用浓度，mg/L；

G——每个防垢块的平均质量，g；

W——油井产水量，m^3/d；

S_1，S_2——溶出率曲线直线上的两点溶出度,%；

t_1，t_2——溶出率曲线上同 S_1 和 S_2 对应的时间，h。

③现场投加工艺。

将固体防垢块装入如图 4－33 的工作筒中，工作筒长度为 4500～5000mm，可随井下作业下入井中。工作筒连在抽油泵的下部、筛管的上部，当液流通过防垢块时，防垢块缓慢溶解起到防垢作用。

④现场应用效果。

固体防垢块在油田进行过上百口井试验，凡正常使用井都见到了明显效果，延长了检泵周期 3～6 倍以上，试验结果见表 4－20。

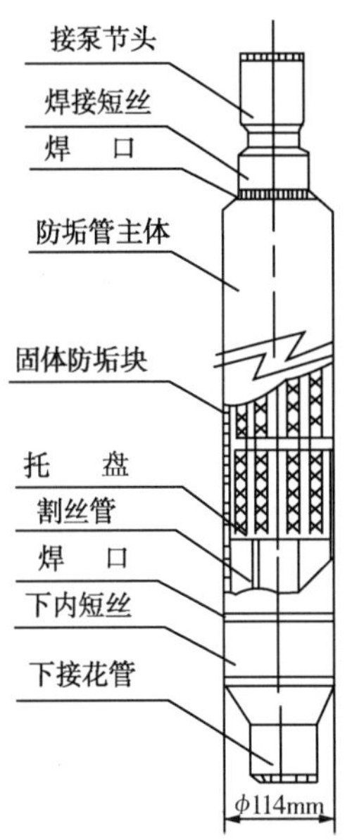

图 4－33　井下防垢工作筒结构示意图

表 4－20　试验前后采油井基本情况

序号	井号	含水	试验前结垢、检泵情况	试验后情况	
				延长检泵时间(d)	累计工作时间(d)
1	桐×－30	57.0	平均检泵周期 180 天，尾管结垢 10～20mm，泵上 300m 结垢 10～20mm，泵筒垢堵实	213	393
2	镇×－40	47.9	平均检泵周期 148 天，泵上 15 根油管结垢，结垢厚度为 10～20mm	175	323
3	镇×－36	61.3	平均检泵周期 182 天，泵上 26 根油管结垢严重，结垢厚度为 10～15mm	200	382
4	镇×	24.0	平均检泵周期 73 天，泵上 200m 结垢 10～20mm，泵下尾管结垢 2mm	355	426
5	镇××	30.0	平均检泵周期 96 天，泵上 200m 以及尾管下结垢，结垢厚度为 10～20mm	318	414

3）井下点滴加药工艺

一种井下连续加药技术原理：在井筒泵下安装一套加药器，利用尾管作储药筒，加药器无需外界动力，利用密度差原理，使得低密度油向上运动，高密度防垢剂向下运动，根据加药器中微孔的数量来控制内外物资的交换速率，保持流入流出平衡，实现井下连续加注，如图 4－34 所示。

（1）使用条件。

井下抽油泵要保持一定的沉没度，同时要满足加药器在油层以上，如液面过低，储药油

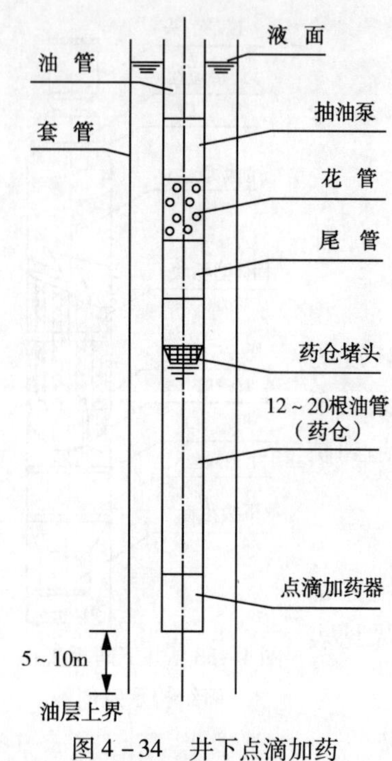

图4－34 井下点滴加药原理示意图

管数量不足，会影响使用效果。因此该技术只能应用于较高液面条件，供液能力低、液面低的井不能使用。

（2）施工要点。

①根据加药浓度、产液量、作业周期，设计储药油管长度，一般选择10～20根油管即可。

②药液加到最后一根储液油管时，应留10～30cm无药液空间，然后用实心短节封死储药仓。

③加药器放在油层以上。

（3）技术主要特点。

①地面无需加药设备，一次性向储药油管加注药剂，易操作，药剂可使用1～2年，全年免维护。

②加药量准确、稳定，药剂利用率高。

该技术能使防垢剂药液长期、稳定连续加药，稳定控制产出液介质中的防垢剂浓度，实现最佳加药效果，节省了药剂，降低了施工成本，这项技术同样适合于油井清蜡剂、缓蚀剂的投加。

4）井下毛细管加药技术

毛细管（小直径管）技术是国外最近几年发展起来的，应用专用设备将ϕ6.35mm或ϕ9.525mm的不锈钢毛细连续管从井口通过主阀下入到井底，直接通过毛细管柱向井下注入各种化学剂以解决井下各种问题的一项效果显著的技术。

一般水源井产水量低，通常在注水站加入防垢剂防止整个注水系统结垢，但是对于产水量大的水源井如俄罗斯的季桑比斯克和胡雷姆斯克油田，两个油田共有水源井9口，井深2200m，动液面70～300m，总产水量大于800m^3/d，由于水源井产水量大，碳酸钙易沉积，导致水源井井下泵、射孔段结垢严重，电泵无法正常工作，影响了整个注水系统，常规防垢方法在水源井油套环空加入防垢剂，加药位置位于1500m以下，这种方法加药用量大，防垢效果不显著。

2006年胡雷姆斯克油田在水源井开展了毛细管加化学防垢剂加药工艺，该工艺采用由不锈钢毛细管、聚乙烯毛细管组成的复合毛细管，不锈钢毛细管由加药泵通过井口的电缆入口铺设到井下，使用温度120℃，工作压力9MPa，聚乙烯毛细管沿油管外壁铺设，在泵和沉没电动机处，铺设带两层编制物的不锈钢毛细管，将毛细管下入到设计深度后，在油管柱、泵、电动机和保护器处用钢带固定，为防止毛细管下入过程发生机械故障，在到泵装置的管柱上装设了扶正器和保护器，以使防垢剂由井口计量加药泵通过组合毛细管供入设计深度。实验结果表明当水源井产水量为1250m^3/d时，毛细管系统加药比油套环空加药节省30%～40%的防垢剂，每年可节约药剂费13.76万美元。该实例的启示：国外从水源井源头控制结垢，从而实现系统防垢，其中加药位置的选择十分重要。

一般毛细管加药由药剂储罐、药挤注入泵、毛细管悬挂器、毛细管、井下注剂头等结构组成（图4－35）。

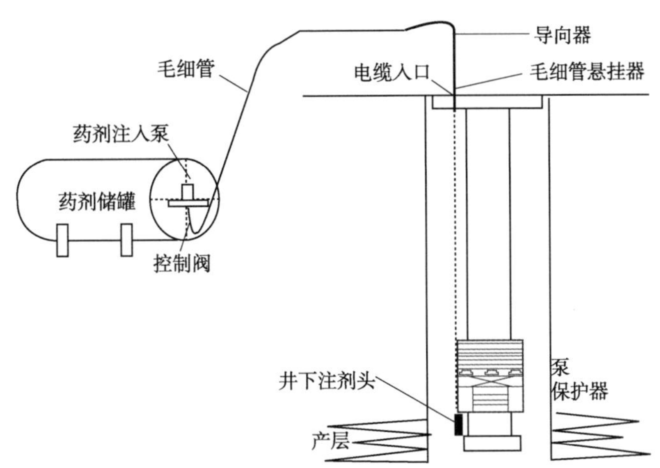

图 4－35　毛细管井筒加药示意图

药剂储罐：药剂储罐用于储存注入井下的化学药剂溶液，大小和材质要满足注入量的需要和抗化学药剂腐蚀的要求。

药剂注入泵：提供动力将防垢剂注入到井下，并安装控制阀和过滤网，可以调节和准确计量注入量的大小。

毛细管悬挂器：作用是将毛细管管柱悬挂在井口并密封油管与毛细管之间的环空。毛细管能否准确、安全地悬挂到井口是毛细管加药工艺能否成功的关键之一。

毛细管：是毛细管加药技术关键的、核心的设备，毛细管的内径、长度的设计必须考虑到防垢剂的黏度、流量等因素，这样才能通过它将地面的防垢剂溶液安全地注入到井底。在材质上，国外用得最多的是 Duplex2205 不锈钢，除此之外还有 Incoloy625 或 628，6－moly，c－276 等，国内 2006 年研制成功的毛细管采用的是 316L 不锈钢。

大庆油田研究了无动力井口毛细管加注液体防垢剂工艺，该工艺以掺水压力与套管压力差为动力源，利用毛细管阻力节流，设备流程简单，节能环保。在 5 口油井开展了毛细管现场试验，试验表明在 0.2～0.6MPa 压差范围内，内径 0.3mm、长 1.6m 的毛细管适用于产水量 25～90m^3/d 的油井；内径 0.35mm、长 1.3m 的毛细管适用于产水量 60～180m^3/d 的油井，其余两种规格毛细管的适用范围介于二者之间。该工艺有效地调控药剂加入量，达到防垢、延长检泵周期的目的，平均检泵周期大于 372 天。

3. 地层挤注化学防垢剂工艺

1）挤注工艺基本原理

井下及近井地带化学防垢一般采用挤注技术，挤注法是将防垢剂挤注到地层内一定深度，利用防垢剂的吸附特性或与地层中某些物质反应生成沉淀的化学特性，使防垢剂吸附在岩面上或沉淀在孔隙中。当生产井投产后，防垢剂缓慢解吸或溶解于产出液中起防垢作用，既可防治井筒内和管线设备上的结垢，又可以防治近井地层内的结垢，一般挤注半径为 2～5m，有效期 6～24 个月。

井下挤注工艺对化学防垢剂的要求：

（1）防垢效率高，避免在油层的泄油带、射孔孔眼、油井管柱、油嘴及地面设备上形成结垢。

（2）在油层温度、压力等条件下稳定性良好，并且容易进行微量检测。

（3）防垢剂容易且很好地在地层中被吸附，能滞留于产层。

（4）与地层流体及其他化学处理剂配伍性好。

（5）对地层无伤害。

（6）从经济角度考虑，防垢剂最低有效浓度应尽可能低（低限效应），且无毒、无污染。

2）挤注工艺技术

根据油层结垢特征确定挤注处理半径。从理论上讲，处理半径越大越好，但考虑到施工设备与药剂成本，一般选为2～5m。药剂浓度按一般资料介绍为5%～10%，用量依油层厚度、孔隙度及处理半径等计算，有：

$$M = K_R C_1 QbT/C_0 \tag{4-5}$$

式中 M——每次处理挤入防垢剂量，m^3；

K_R——防垢剂消耗系数，为经验值，据资料报导，其值取1.5～3.0；

C_1——产出液中防垢剂浓度，g/m^3；

C_0——注入液中防垢剂浓度，%；

b——产出液含水量，%；

Q——处理后油井产液量，t/d；

T——设计处理周期，d。

在油田矿场，为了便于计算，采用如下公式计算挤注防垢剂的量：

$$M = h\phi\pi r^2 \tag{4-6}$$

式中 h——油层厚度，m；

ϕ——油层平均孔隙度，%；

r——计处理半径，m。

长庆低渗、低产油田产液量低，使用5%～10%浓度的防垢液时注入体积小，难以奏效。一般配制浓度为0.5%～1.0%的防垢剂溶液，注入量为数十立方米。挤注处理采用先清后防，或防、清一次完成工艺。

较完整的挤注工艺过程：表面活性剂洗井—注前置液—注防垢剂—（清垢剂）—注顶替液—关井24h—洗井—下泵生产。

3）实例1

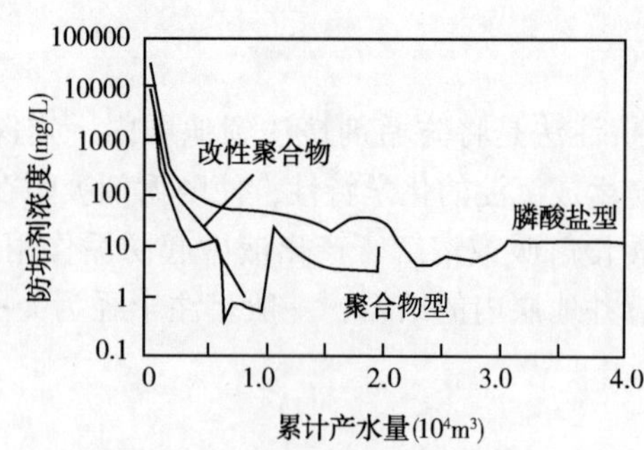

图4－36 Heidrun油田A28井挤注防垢剂返排曲线

挪威北海Heidrun油田井底温度85℃，油藏压力25MPa，相对较低，因此需要注入海水保持压力。Ba^{2+}含量为100～300mg/L，结垢程度中等，在井下地层及砾石充填处都发现了硫酸盐垢沉积。油田周围鱼资源丰富，环境敏感，对药剂的使用有严格的要求。通过环保性能和防垢性能实验，优选出了一种聚合物型防垢剂及其改性产品和一种膦酸盐型防垢剂并进行挤注。现场数据表明膦酸盐型防垢剂的挤注寿命较长，比聚合物型防垢剂及其改性产品长2～3倍，见图4－36。

4）实例2

长庆油田进行了上百井次的防垢剂地层挤注现场试验，据部分油井统计见表4－21，12口井施工后日产液总量由48.7m^3上升到120.5m^3，日产油总量由19.2t上升到39.4t。施工较早的井有效期多数超过20个月。

王×－7井1999年以来产量逐月递减，至9月日产液量由4.27m^3降到3.84m^3、日产油量由1.47t降到0.97t，修井作业发现泵体以下筛管孔被1～3mm碳酸钙垢堵。当年10月采用CQ23和NTW23清防垢工艺施工，日产液量和日产油量分别上升到5.69m^3和1.6t，含水率由69%下降到44%～58%，有效期21个月。

表4－21 长庆油田地层挤注防垢剂现场试验

井号	日产油（t）		含水率（%）		有效期（月）	垢型
	施工前	施工后	施工前	施工后		
王×－7	1.0	1.6	69.0	66.4	21	$CaCO_3$
南×－182	2.3	3.4	63.9	82.6	25	$CaCO_3$
王×－281	0.7	1.7	50.2	50.0	25	$CaCO_3$
王×－17	0.7	1.2	50.9	79.5	13	$CaCO_3$
侯×－17	1.4	1.8	5.6	59.9	8	$CaCO_3$
杏×－01	2.3	3.7	39.4	2.2	7	$CaCO_3$
坪×－9	3.6	5.3	8.9	16.6	6	$CaCO_3$
南×－121	0.2	3.7	55.0	78.9	2	$CaCO_3$
王×－6	0.7	2.1	62.0	68.0	3	$CaCO_3$
中×5－28	3.5	5.2	70.7	67.3	3	$CaCO_3$
剖×－2	0.2	3.1	66.7	53.9	7	$BaSO_4+CaCO_3$
华×	2.6	6.6	43.8	50.8	6	$BaSO_4+CaCO_3$

王×－281井投产后产液能力逐月递减，修井时发现管柱有2～4mm的碳酸钙垢，曾用酸化方法除垢无效。1999年11月采用CQ23和NTW23清防垢工艺施工后，日产液量由1.71m^3上升到5.18m^3，日产油量由0.77t上升到1.61t，有效期25个月。

剖×－2井地层水Ba^{2+}含量为1000mg/L，而注入水为硫酸钠型。2000年10月注水见效后，日产液量由3m^3上升到6m^3，日产油量由1.4t上升到2t，但8个月后日产液量急剧下降到0.6m^3，动液面由1107m下降到1263m，修井时在生产管柱上发现2～3mm碳酸够和硫酸钡的混合垢。通过施工，日产液量上升到7.8m^3，日产油量上升到3t，动液面上升到1172m，施工7个月以来生产十分稳定。

参考文献

［1］陈先庆. 超声波防垢技术在油田中的应用研究［J］. 钻采工艺，2000，23（5）：58－61.

［2］Shedid A Shedid. An Ultrasonic Irradiation Technique for Treatment of Asphaltene Deposition［J］. Journal of Petroleum Science and Engineering，2004，42（1）：57－70.

［3］M D Luque de Castro，F Priego－Capote. Ultrasound－assisted Crystallization（Sonocrystallization）［J］. Ultrasonics Sonochemistry, 2007, 14 (6): 717 - 724.

[4] Li Hong, Li Hairong, Guo Zhichao, et al. The Application of Power Ultrasound to Reaction Crystallization [J]. Ultrasonics Sonochemistry, 2006, 13 (4): 359 - 363.

[5] 王阳恩. 超声波采油技术的原理及应用 [J]. 物理, 2002, 31 (11): 725 - 728.

[6] 林稚斌. 永磁防垢在原油集输系统中的应用 [J]. 油田地面工程, 1986, 5 (3): 60 - 62.

[7] 王益. 高频电磁水处理及其控制技术研究 [D]. 上海交通大学, 2007.

[8] Ko Higashitani, Akiko Kage, Shinichi Katamura, et al. Effect of a Magnetic Field on Formation of $CaCO_3$ Particles [J]. Colloid and Interface Science, 1993, 156 (1): 90 - 95.

[9] 伍家忠, 刘玉章, 韦莉, 等. 西峰油田注入水磁处理防垢技术 [J]. 石油勘探与开发, 2010, 37 (4): 491 - 493.

[10] 孟祥萍. 萨中油田管道及加热炉防垢技术进展 [J]. 油气田地面工程, 2009, 28 (2): 53 - 55.

[11] Gabrielli C, Jaouhari R, Maurin G, et al. Magnetic Water Treatment for Scale Prevention [J]. Water Research, 2001, 35 (13): 3249 - 3259.

[12] 蔡春芳, 李全禄. 超声波防除防垢机理与影响效率因素的分析 [J]. 科技信息 (学术研究), 2008, (5): 5 - 7

[13] 马彩凤. 磁场对油田污水结垢的影响及综合防垢方法的研究 [D]. 西安石油大学, 2010.

[14] 赵清敏. 稀有金属钛聚合物防垢防腐油管工艺 [J]. 化学与黏合, 2010, 32 (2): 68 - 71.

[15] 孟凡印. 油层近井地段结垢原因分析和防治措施 [R]. 石油工业钻采工艺科技情报交流, 1990.

[16] 潘爱芳, 等. 油田注水开发防垢现状及新技术研究 [M]. 北京: 石油工业出版社, 2009.

[17] 肖杰, 邓雪琴, 诸林. 复配防垢剂体系的协同效应研究 [J]. 应用化工, 2007, 36 (5): 520 - 522.

[18] 吴俊. 防垢剂协同效应及防垢复配方案的研究 [J]. 燃料与化工, 2012, 43 (2): 40 - 42.

[19] 苑权, 李克华, 周珊珊. 采出井复配防垢剂的制备与性能评价 [J]. 精细石油化工进展, 2005, 6 (2): 20 - 23.

[20] 朱清泉. 防垢机理 [J]. 石油与天然气化工, 1987, 16 (4): 35 - 40.

[21] 王香爱. 我国防垢剂的研究进展 [J]. 应用化学, 2009, 38 (1): 131 - 134.

[22] 王宪革, 等. 复配防垢剂的性能及防垢机理研究 [J]. 东北大学学报, 2010, 31 (6): 900 - 911.

[23] 李晓梅. 绿色防垢剂聚环氧琥珀酸的防垢机理的研究 [J]. 广州化工, 2011, 39 (7): 90 - 92.

[24] 焦光联, 王应平, 蒲瑜. 防垢剂性能表征方法及讨论 [J]. 甘肃科技, 2011, 27 (2): 49 - 51.

[25] SY/T 5673—93 油田用防垢剂性能评定方法 [S].

[26] 舒干. 油气田防垢技术与应用 [J]. 油气田地面工程, 1996, 15 (4): 40 - 43.

[27] 樊泽霞. 油井化学防垢复合挤注技术室内研究及现场应用 [J]. 石油钻采技术, 2007, 35 (7): 84 - 85.

[28] 樊泽霞, 闫方平, 等. 井下挤注用防垢剂的室内试验评价方法 [J]. 石油天然气学报, 2008, 30 (2): 323 - 325.

[29] 巨全义. 油田开发中的化学防垢技术 [J]. 石油钻采工艺, 1990, 4: 69 - 74.

[30] 朱义吾. 油田开发中的结垢机理及其防治技术 [M]. 西安: 陕西科学技术出版社, 1994.

[31] 闫方平, 等. 江苏油田 W2 断块油井挤注防垢技术研究与应用 [J]. 石油与天然气化工, 2009, 38 (1): 61 - 64.

[32] 巨全义, 罗春勋, 武平仓. 低渗注水油田地层结垢的防治技术 [J]. 油田化学, 1994, 11 (2): 113 - 117.

[33] 左景栾. 油井防垢: 防垢剂挤注技术 [J]. 油田化学, 2008, 25 (2): 194 - 196.

[34] 马广彦. 采油井地层深部结垢防治技术 [J]. 石油勘探与开发, 2002, 25 (9): 82 - 84.

[35] Hsu J F, Al - Zain A K, Raju K U, et al. Encapsulated Scale Inhibitor Treatments Experience in the Ghawar Field [J]. Society of Petroleum Engineers, SPE 60209, 2000.

[36] 梅平，陈武，等. 油气田缓蚀防垢技术研究与应用［M］. 北京：石油工业出版社，2011.

[37] Nalco Chem Co. Scale Inhinitors for Preventing or Reducing Calcium Posphate and Other Scales［P］: US，4584105. 1986.

[38] 王亭沂. 油田污水结垢问题及防垢技术研究进展［J］. 中国科技信息，2009 (2)：29-30.

[39] 曹光强. 毛细管注剂排水采气技术研究［J］. 钻采工艺，2009，32 (5)：34-36.

[40] 李柏林，等. 无动力井口加注液体防垢剂工艺研究［J］. 油田化学，2010，27 (4)：454-455.

[41] 李海燕. 高频电磁在水处理中防垢作用［J］. 热加工工艺技术与材料研究，2010 (4)：56-57.

[42] 韩良敏，冯毅. 磁场抑垢的影响因素与机理研究［J］. 给水排水，2010，36：378-380.

第五章　纳滤水处理防垢技术

注水开发是国内外油田开发的主要方式之一，当注水开发水源不可选择时，例如海上油田注水水源是海水，由于海水中含有高浓度的 SO_4^{2-}，注入油层后易与油层中的 Ba^{2+} 反应生成沉淀而堵塞孔隙。一些地处鄂尔多斯盆地的陆地油田，水资源缺乏，地下白垩系洛河水层是唯一适用的水源，由于洛河水富含 SO_4^{2-}，与三叠系延长组油层水中高浓度的 Ba^{2+}/Sr^{2+} 和 Ca^{2+} 相遇易生成难溶的硫酸盐垢，尤其是硫酸钡锶垢，酸碱不溶，很难处理，导致地层堵塞，渗透率下降，采收率降低，注水压力升高等问题，对油田长期稳产造成重大影响。

针对注入水与地层水不配伍形成的结垢问题，近年来国外海上油田采用的纳滤选择性脱 SO_4^{2-} 工艺是最先进的膜防垢技术，从注水源头进行水质改性处理，彻底解决地面、井筒及地层的结垢难题。长庆油田率先在国内油田试验了纳滤脱 SO_4^{2-} 防垢工艺，改变水驱效果，取得了成功经验。

本章叙述了纳滤技术的基本原理和影响因素，纳滤防垢工艺及设备，现场应用效果评价方法，以及纳滤技术在长庆油田注水开发中的应用，重点介绍了纳滤工艺流程以及现场应用效果评价，最后阐述了纳滤装置的长期运行管理经验。

第一节　常见的几种膜分离技术

膜分离是指在流体压差推动力作用下，利用膜的选择透过性能，分离混合物（如溶液）中离子、分子以及某些微粒的过程。与传统过滤器的最大不同是，膜可以在离子或分子范围内进行分离，并且该过程是一种物理过程。同其他分离技术相比，具有如下特点：

（1）可实现连续分离。

（2）能耗通常较低，膜分离过程不发生相变化。

（3）易与其他分离过程相结合。

（4）可在温和条件下实现分离。

（5）装置简单，操作容易，易于放大。

（6）膜的性能可以调节，适用面广。

（7）不需要添加物，不会破坏原料体系，也不会产生新的污染。

膜分离技术自20世纪60年代实现工业化以来，发展迅速，常见的压力驱动膜分离过程包括微滤、超滤、纳滤和反渗透等几种，目前已在化工、石油化工、电子、轻工、纺织、冶金、食品、医药、生物技术和水处理等领域广泛应用，并且其应用领域还将日益增加。分离膜按孔径分类如图5－1所示，表5－1列举了主要的膜分离过程。

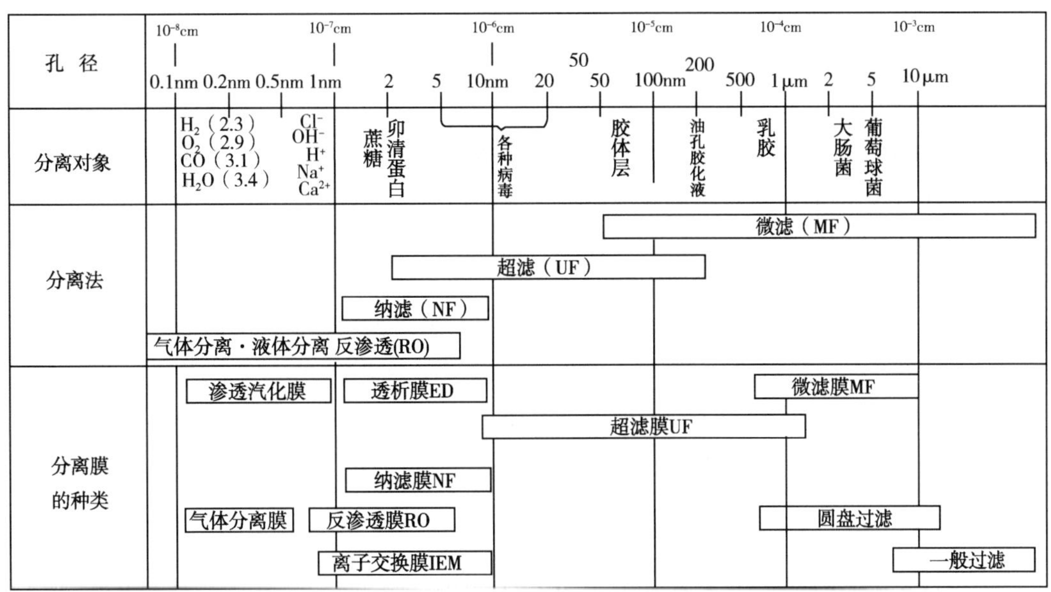

图5－1　按孔径分类的分离膜

表5－1　主要膜分离过程

膜种类	膜功能	驱动力	透过物质	被截留物质
微滤	多孔膜、溶液的微滤、脱微粒子	压力差	水、溶液和溶解物	悬浮物、细菌类、微粒子
超滤	脱除溶液中的胶体、各类大分子	压力差	溶液、离子和小分子	蛋白质、各类醇、细菌、病毒、乳胶、微粒子
反渗透、纳滤	脱除溶液中的盐类及低分子物	压力差	水、溶剂	无机盐、糖类、氨基酸、COD 等
透析	脱除溶液中的离子	浓度差	离子、低分子物、酸、碱	无机盐、糖类、氨基酸、COD 等
电渗析	脱除溶液中的离子	电位差	离子	无机、有机离子
气体分离	气体、气体与蒸汽分离	浓度差	易透过气体	不易透过气体

下面先简要介绍常见的几种膜分离过程，包括微滤、超滤、反渗透。第二节将着重介绍纳滤膜分离技术。

一、微滤

微滤（MF，microfiltration），又称微孔过滤，是膜分离过程中最早产业化的一个，孔径一般在0.02～10μm，但是在滤谱中可以看到微孔过滤和超过滤之间有一段是重叠的，没有绝对的界限，同时目前各种手册和膜公司出版的滤谱中各种膜过程的分离范围并非完全相同，而且不断在变化。

微孔过滤膜的主要特征如下所述：

（1）孔径均一。微孔过滤膜的孔径十分均匀。例如，平均孔径为0.475μm的膜，其孔径变化仅为0.02μm，因此，微孔过滤具有很高的过滤精度。

（2）孔隙率高。微孔过滤膜的孔隙率一般高达80%左右，因此，过滤通量大，过滤所需时间短。

（3）滤膜薄。大部分微孔过滤膜的厚度在150μm左右，仅为深层过滤介质的1/10，甚至更小。所以，过滤时液体被过滤膜吸附而造成的损失很小。

微孔过滤的截留主要依靠机械筛分作用，吸附截留是次要的。

由醋酸纤维素与硝酸纤维素等混合组成的膜是微孔过滤的标准常用滤膜，此外商品化的主要滤膜有再生纤维素膜，聚氯乙烯膜、聚酰胺膜、聚四氟乙烯膜、聚丙烯膜、陶瓷膜等。

在实际应用中，褶叠型筒式装置和针头过滤器是微孔过滤的两种常用装置。

微孔过滤在工业上主要用于无菌液体的生产，超纯水制造和空气过滤，在实验室中，微孔过滤是监测有形微细杂质的重要工具。

二、超滤

超滤（UF，ultrafiltration），介于纳滤和微滤之间，超滤膜的孔径大约在0.002～0.1μm左右（截留相对分子质量MWCO约为1000～500000），二者之间尚无一一对应关系。

超滤过程通常理解成与膜孔径大小相关的筛分过程：以膜两侧的压力差为驱动力，以超滤膜为过滤介质，在一定的压力下，当水流过膜表面时，只允许水、无机盐及小分子物质透过膜，而阻止水中的悬浮物、胶体、蛋白质和微生物等大分子物质通过，以达到溶液的净化、分离与浓缩的目的。图5－2为超滤过程示意图。

超滤膜早期用的是醋酸纤维素膜材料，以后还用聚砜、聚丙烯腈、聚氯乙烯、聚酰胺、聚乙烯醇等无机材料，超滤膜多数为非对称膜，也有复合膜。超滤操作简单、能耗低。现已用于超纯水制备、电泳漆回收及其他废水处理，乳品加工和饮料精制、酶及生物制品的浓缩分离等方面。

三、反渗透

能够让溶液中一种或几种组分通过而其他组分不能通过的这种选择性膜叫半透膜。当用膜隔开纯溶剂（或不同浓度的溶液）的时候，纯溶剂通过膜向溶液相（或从低浓度向高浓度溶液）有一个自发的流动，这一现象叫渗透。若在溶液一侧（或浓溶液一侧）加一外压力来阻碍溶剂流动，则渗透速度将下降，当压力增加到使渗透完全停止，渗透的趋向被所加的压力平衡，这一平衡压力称为渗透压，渗透压是溶液的一个性质，与膜无关，若在溶液一侧进一步增加压力，引起溶剂反向渗透流动，这一现象习惯上叫“反渗透”，图5－3为反渗透原理示意图。

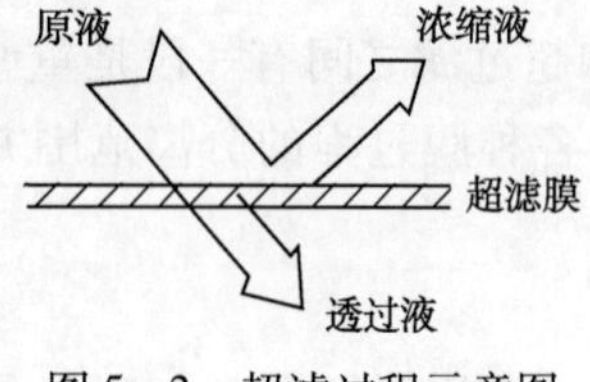

图5－2　超滤过程示意图

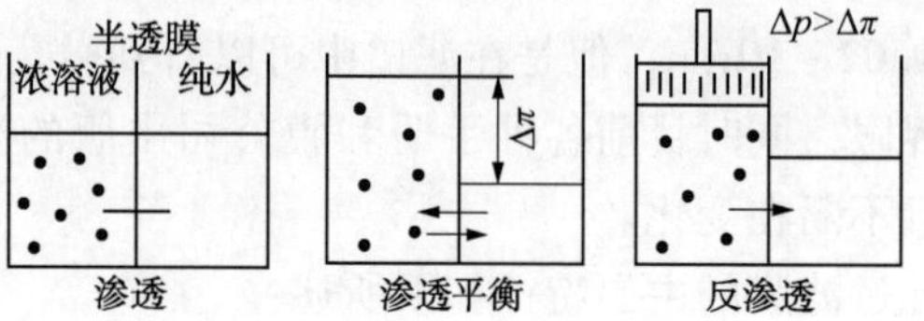

半透膜
浓溶液　纯水
$\Delta\pi$
$\Delta p > \Delta\pi$
渗透　渗透平衡　反渗透

图5－3　反渗透原理示意图

反渗透膜主要分两大类：一类是醋酸纤维素，如通用的醋酸纤维素—三醋酸纤维素共混不对称膜和三醋酸纤维素中空纤维膜；另一类是芳香族聚酰胺膜，如通用的芳香族聚酰胺复合膜和芳香族聚酰胺中空纤维膜。

反渗透是一高效节能技术，它是将进料中的水（溶剂）和离子（或小分子）分离，从而达到纯化和浓缩的目的，该过程无相变，一般不需加热，工艺过程简便，能耗低，操作和控制容易，应用范围广泛。

该技术由于渗透压的影响，其应用的浓度范围有所限制，另外对结垢、污染、pH 值和氧化剂的控制要求严格，主要应用领域有海水和苦咸水淡化，纯水和超纯水制备，工业用水处理，饮用水净化、医药、化工和食品等工业料液处理和浓缩，以及废水处理等。

第二节　纳滤技术概述

一、纳滤膜介绍及国内外发展概况

1. 纳滤膜介绍

纳滤（NF）膜早期称为松散反渗透（Loose RO）膜，是 20 世纪 80 年代初继典型反渗透（RO）复合膜之后开发出来的。最初开发的目的是用膜法代替常规的石灰法和离子交换法的软化过程，所以纳滤膜早期也被称为软化膜。纳滤膜介于反渗透与超滤膜之间（图 5 - 4），纳滤膜孔径范围在纳米级，截留相对分子质量为 100 ~ 1000 之间的物质，是一种介于反渗透和超滤之间的膜过程。纳滤膜对单价盐具有相当大的通透性，而对二价及多价盐具有很高的截留率，由于单价盐能自由透过纳滤膜，所以膜两侧不同离子浓度所造成的渗透压要远低于反渗膜，一般纳滤的操作压力仅为 0. 5 ~ 1. 5MPa。纳滤膜的一个很大特征是膜本体带有电荷性，这是它在很低压力下仍具有较高脱盐性能的重要原因。例如日东电工的 NTR - 7250 膜为正电荷膜，NTR - 7450 为负电荷膜。纳滤膜对不同价阴离子的 Donnan 电位有较大差别，因此可对不同价态阴离子以及低相对分子质量有机物进行分离，是国内外学者研究的热点。

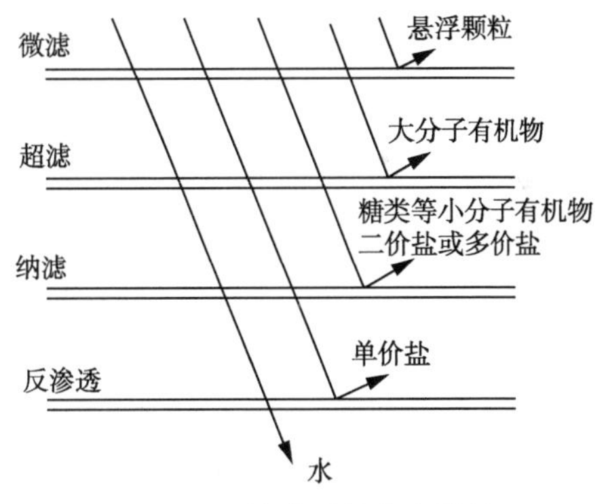

图 5 - 4　纳滤膜的分离特性

2. 国内外纳滤技术发展概况

1）国外进展

20 世纪 80 年代开始，美国陶氏化学公司相继开发出 NF - 40，NF - 50 和 NF - 70 等型号的纳滤膜。由于市场广阔，世界各国纷纷立项，组织力量投入到纳滤技术开发领域中。目前，国外纳滤膜的主要厂商为美国和日本公司，其中卷式纳滤膜的主要厂商有 7 家，分别是：美国海德能公司、日本日东电工集团、美国陶氏化学公司、美国 KOCH 科氏纳滤膜系统公司、日本东丽公司、美国 Desal 公司、美国 Trisep 公司。其中，美国陶氏化学公司 NF 系列纳滤膜、日本日东电工集团 NTR - 7400 系列纳滤膜以及日本东丽公司 UTC 系列纳滤膜等，都是在水处理领域中应用比较广泛的商品化复合纳滤膜，表 5－2 为国外商品纳滤膜及其性能。

表 5－2 国外商品纳滤膜及其性能

膜型号	制造商	膜性能		测试条件	
		脱盐率（%）	水通量［L/（m^2·h）］	操作压力（MPa）	料液浓度［mg/L（NaCl）］
ESNA1	海德能（美）	70～80	363	0.525	—
ESNA2	海德能（美）	70～80	1735	0.525	—
DRC－1000	Celfa	10	50	1.0	3500
Desal－5	Desalination	47	46	1.0	1000
HC－5	DDS	60	80	4.0	2500
NF－40	Filmtec	45	43	2.0	2000
NF－70	Filmtec	80	43	0.6	2000
SU－60	Toray	55	28	0.35	500
NTR－7410	Nitto	15	500	1.0	5000
NTR－7450	Nitto	51	92	1.0	5000
NF－PES－10/PP60	Kalle	15	400	4.0	5000
NF－CA－50/PET100	Kalle	85	120	4.0	5000

采用纳滤技术制取软化饮用水在国外已很普遍，在美国佛罗里达州，已有超过 100 套 10^4t/d 规模的纳滤膜装置在运转，最大的装置规模为 15.1×10^4t/d（2002 年），这套装置采用 Hydranautics 公司的 ESNA1－LF 低污染纳滤膜元件。Filmtec 公司的 NF－70 膜也在多套 10^4t/d 以上的大型装置中获得成功应用。法国巴黎的 Mery Sur Qise 水厂，日产水量 14×10^4t，是世界上最大的纳滤膜分离净水厂。

另外，海上石油开采中，在油井中注入海水以提高原油的开采产量，但有些海域中的地层水 Ba^{2+} 含量较高，Ba^{2+} 易与海水中 SO_4^{2-} 反应形成 $BaSO_4$ 沉淀物，堵塞油层和输油管道。将纳滤膜用于海水软化过程，可除去海水中的 Ca^{2+}，Mg^{2+} 和 SO_4^{2-} 等易结垢的二价离子，降低结垢与污染的可能性，节约成本。国外已经开展了纳滤膜用于海水软化方面的研究与应用，Plummer 等采用 NF－40 膜对海水软化用于注水，SO_4^{2-} 去除率达到 98%，避免了与地层水中高浓度的 Ba^{2+} 形成沉淀堵塞地层孔隙。Davis 等采用纳滤软化后的海水为英国北海油田注水，防止 Brea 油井中 $BaSO_4$ 的沉积堵塞油层。

2）国内进展

我国从 20 世纪 80 年代后期开始纳滤膜的研制，90 年代研究单位不断增加，如中国科学院大连化学物理研究所、中国科学院生态环境研究中心、中国科学院上海原子核研究所、天津纺织工业大学、北京工业大学、北京化工大学等都相继进行研究开发，到目前为止，大多数还处于实验室阶段，真正达到工业化生产的只有二醋酸纤维素卷式纳滤膜和三醋酸纤维素中空纤维纳滤膜。表 5－3 列举了国产纳滤膜及其原件与同类国外产品的性能对比。

表 5-3 国产纳滤膜及其原件性能对比

膜型号	厂商	性能		测试条件		备注
		脱除率（%）	水通量	操作压力（MPa）	供液浓度（mg/L）	
NF-CA 膜	国家海洋局杭州水处理中心	10～85 90～99	20～80L/（m^2·h） 20～85L/（m^2·h）	0.5～2.0 0.5～2.0	2500 2000～2500	NaCl·H_2O $MgSO_4$·H_2O
NF-CA 卷式元件		10～85 90～99	240～360L/h 250～300L/h	1.25～1.30 1.25～1.30	2539～2565 2131～2644	NaCl·H_2O $MgSO_4$·H_2O
中空		50 左右 >95	>700L/h >700L/h	1.0 1.0	2000 2100	NaCl·H_2O $MgSO_4$·H_2O

注：卷式元件有效膜面积为 7.6m^2；中空纤维元件有效膜面积 38m^2。

目前，国内在纳滤膜处理领域发展迅速，应用领域包含饮用水淡化、食品、化工、医疗和军工等。在饮用水淡化方面，已建成相当规模处理能力，高硬度苦咸水经 NF90 型纳滤膜处理，可达到饮用水标准，而在油田注水开发中，国内尚无先例，这主要是处理的目的不同，要求不同，复杂程度不同，需要开展系统研究。

二、纳滤膜材质及组件

1. 纳滤膜材质

纳滤膜是纳滤技术的核心部件，其组成材料是决定纳滤膜性能的关键性因素，良好的纳滤膜材料应该具有以下优点：

（1）有较高的通量和脱除率；

（2）有良好的化学稳定性，耐水解，耐化学清洗；

（3）有良好的机械稳定性；

（4）有良好的耐污染性能。

按材料类型来分，有无机膜材料和有机膜材料两大类，其中无机膜材料主要有陶瓷膜、金属氧化物膜等，有机聚合物膜是目前纳滤膜中商业化程度最高的。20 世纪 80 年代以来，国际上先后开发了多种材质的纳滤膜，其中绝大多数是复合膜，其表面大多带负电荷。常见的纳滤膜主要有 4 种系列：（1）芳香聚酰胺类复合纳滤膜：该类纳滤膜主要是美国 Film Tec 公司生产的 NF-50 和 NF-70 两种纳滤膜，纯水通量为 43L/（m^2·h），工作压力分别为 0.4MPa 和 0.6MPa。（2）聚哌嗪酰胺类复合纳滤膜：该类纳滤膜主要是美国 Film Tec 公司生产的 NF-40 和 NF-40HF、日本东丽公司的 UTC-20HF 和 UTC-60 以及美国 AMT 公司的 ATF-30 和 ATF-50 纳滤膜。（3）磺化聚砜类复合纳滤膜：该类膜主要是日本日东电工公司的 NTR-7410 和 NTR-7450 纳滤膜，纯水通量为 500 和 92L/（m^2·h）。（4）混合型复合纳滤膜：如日本东电工公司的 NTR-7250（负电）膜，美国 DeSalination 公司开发的 Desal-5 膜。

除有机膜外，还有以无机材料制备的纳滤膜，如将聚磷酸盐和聚硅氧烷沉积在无机微滤膜上制备成复合无机纳滤膜。

下面简单地介绍上述几种有机材料的膜：

（1）聚酰胺类复合膜。

自从陶氏化学公司全资子公司 FilmTec 公司在世界上首先发明聚酰胺类复合膜以来，复合膜就很快取代了醋酸纤维素类分离膜，占据了全世界反渗透和纳滤膜产业及其应用领域的主导地位。陶氏 FilmTec 公司目前生产两类复合膜，第一类的膜化学名称为 FT30，其分离层化学组成是全芳香高交联度聚酰胺，用于所有 FILMTEC？品牌的反渗透及 NF50 和 NF70 两种纳滤膜。

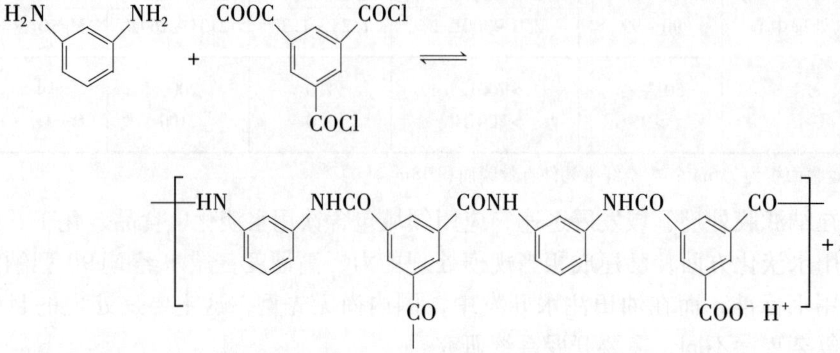

H_2N NH_2 + COOC COCl COCl ⇌

—HN NHCO CONH NHCO CO— CO COO^- H^+ + HCl

正因为这种高度交联和全芳香结构，决定了其高度的化学物理稳定性和耐久性，能够承受强烈的化学清洗；其高密度亲水性酰胺基团的特点，使其具有高产水量和高脱盐率的综合膜性能。

表 5－4 给出了这两种膜的分离性能，两种膜的操作压力接近超滤，且它们对氯化钠的脱除率不随进料浓度的变化而改变。

表 5－4　NF50 和 NF70 纳滤膜性能

项　　目	NF50	NF70
纯水通量［$L/(m^2 \cdot h)$］	43	43
压力（MPa）	0.4	0.6
pH 范围	2～10	3～9
最高使用温度（℃）	45	45
NaCl 脱除率（%）	50	70
$MgSO_4$ 脱除率（%）	90	98
葡萄糖（相对分子质量为 180）脱除率（%）	90	98
蔗糖（相对分子质量为 342）脱除率（%）	98	99

注：测试温度 25℃，供液浓度 2000mg/L。

（2）聚哌嗪类复合膜。

陶氏 FilmTec 公司第二类膜分离层是由混合芳胺和杂环脂肪胺构成，也称其为聚哌嗪类复合膜，用于 FilmTec 公司的 NF40 和 NF40HF 膜，表 5－5 列出了这些膜的性能，这类膜化学是由陶氏 FilmTec 公司 J. E. Cadotte 所发明，其复合层组成为：

哌嗪 + 均苯三甲酰氯（ClOC、COCl、COCl）⟺ 聚哌嗪酰胺（含 C=O、CO、$COO^{-}H^{+}$）+HCl

表 5-5 NF40 和 NF40HF 纳滤膜性能

项 目	NF40	NF40HF
纯水通量 [L/ (m^2·h)]	43	43
压力 (MPa)	2.0	0.9
pH 范围	2~10	5~8
最高使用温度 (℃)	45	45
NaCl 脱除率 (%)	45	40
$MgSO_4$ 脱除率 (%)	95	95
葡萄糖 (M_w =180) 脱除率 (%)	90	90
蔗糖 (M_w =342) 脱除率 (%)	98	98

注：测试温度 25℃，供液浓度 2000mg/L。

通过微量的添加剂、控制分离层聚合体中哌嗪的不同解离程度，就可以调节一价或二价离子透过该聚合物分离层的能力，制造出对不同种盐类或溶质有选择分离性的纳滤膜，以适应不同的分离目的。

陶氏膜片为复合结构，它由三层组成（图 5-5）：

①聚酯材料增强无纺布，厚约 120μm。

②聚砜材料多孔中间支撑层，厚约 40μm。

③聚酰胺材料超薄分离层，厚约 0.2μm，每一层均根据其功能要求分别优化设计与制造。

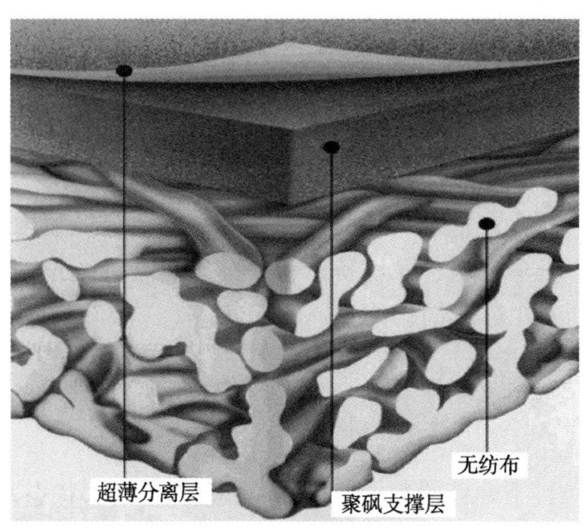

图 5-5 陶氏膜片复合结构图

复合膜的主要结构强度是由无纺布提供的，它具有坚硬、无松散纤维的光滑表面。设有多孔中间支撑结构的原因是，让超薄分离层直接复合在无纺布上时，表面太不规则，且孔隙太大，因此需要在无纺布上预先涂布一层高透水性的微孔聚砜作为中间支撑层，其孔径约为150Å 左右。

超薄分离层是反渗透和纳滤过程中真正具有分离作用的功能层，陶氏 FILMTEC 膜片与其他任何品牌的产品相比，功能分离层更厚，且厚度更均匀，绝无针孔。它的高交联度性质决定了其具有极高的物理强度和抗化学生物降解性能。

(3) 磺化聚（醚）砜类复合纳滤膜。

聚醚砜膜具有很高的玻璃化温度（230℃），其适用理论温度可达 98℃，且聚醚砜膜在 50% 的甲醇、70% 的乙醇和异丙醇溶液中膜性能都不发生变化，表 5－6 为 NTR－7400 系列纳滤膜性能。

表 5－6　NTR－7400 系列纳滤膜性能

项　目	NTR－7410	NTR－7450
纯水通量［L/（m^2·h)］	500	92
压力（MPa）	1.0	1.0
NaCl 脱除率（%）	15	51
Na_2SO_4 脱除率（%）	55	92
染料（M_w＝300）脱除率（%）	98	100

注：测试温度 25℃，供液浓度 2000mg/L。

(4) 混合型复合纳滤膜。

该类纳滤膜主要有日本日东电工公司的 NTR－7250 膜，由聚乙烯醇和聚哌嗪酰胺组成。其表面复合层由磺化聚（醚）砜和聚酰胺组成，美国 Desalination 公司开发的 Desal－5 膜亦属于此类，表 5－7 列举了 NTR－7250 纳滤膜性能。

表 5－7　NTR－7250 纳滤膜性能

NaCl 脱除率（%）	$MgSO_4$ 脱除率（%）	通量［L/（m^2·h)］	压力（MPa）	供液浓度（mg/L）
70	99	51	1.4	500

注：测试温度 25℃。

2. 纳滤膜组件

为了便于工业化生产和安装，提高膜的工作效率，在单位体积内实现最大的膜面积，通常将膜以某种形式组装在一个基本单元设备内，在一定驱动力的作用下，完成混合液中各组分的分离，这类装置称为膜组件或简称组件（Module）。一般来说，一种性能良好的膜组件应达到以下要求：

(1) 对膜性能提供足够的机械支撑，并可使高压原料液（气）和低压透过液（气）严格分开。

(2) 在能耗最小的条件下，使原料液（气）在膜面上流动状态均匀合理，以减少浓差极化。

(3) 具有尽可能高的装填密度（单位体积的膜组件中填充膜的有效面积），并使膜的安装和更换方便。

(4) 装置牢固、安全可靠、价格低廉和易维护。

纳滤膜的结构决定其在纳滤过程中必须与其他膜复合使用的特性，以满足纳滤效果要求。工业上常用的膜组件形式主要有板框式、螺旋卷式、圆管式、毛细管式和中空纤维式5种。前两种使用平板膜，后三者均使用管式膜。

1) 板框式膜组件

板框式膜组件的设计起源于常规的过滤概念，是膜分离中最早出现的一种膜组件形式，外形类似于普通的板框式压滤机，是按隔板、膜、支撑板、膜的顺序多层交替重叠压紧，组装在一起制成的，参见图5－6。板框式组件的膜填充密度较低，一般为100～400m^2/m^3，板框式组件有各种不同的结构，通常以整“膜块”的形式组装和更换。

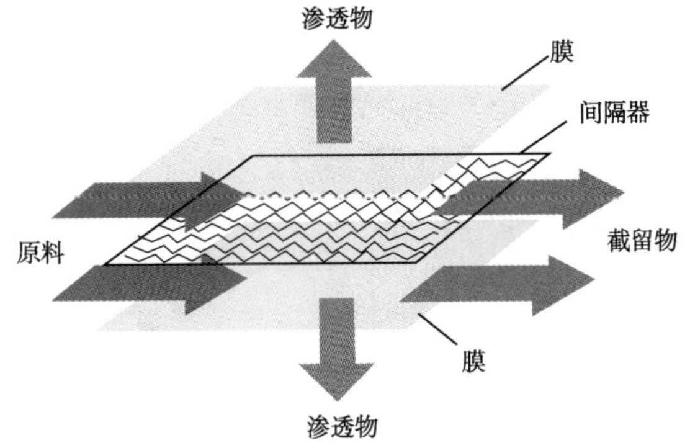

图5－6 板框式膜组件示意图

板框式膜组件的优点是：制造组装简单，操作方便，膜的维护、清洗、更换比较容易。缺点是：密封较复杂，压力损失较大，装填密度较小（<400m^2/m^3）。这种组件与管式组件相比控制浓差极化较困难，特别是溶液中含有大量悬浮固体时，可能会使液料流道堵塞，在板框式组件中通常要拆开或机械清洗膜，而且比管式组件需要更多的次数，但是板框式组件的投资费用和运行费用都比管式组件低。

目前，板框式膜组件应用的领域为超滤、微滤、反渗透、渗透蒸发、电渗析。

2) 螺旋卷式膜组件

螺旋卷式膜组件是使用平板膜密封成信封状膜袋，在两个膜袋之间衬以网状间隔材料，然后紧密地卷饶在一根多孔管上而形成膜卷，再装入圆柱状压力容器中，构成膜组件，见图5－7。料液从一端进入组件，沿轴向流动，在驱动力的作用下，透过物沿径向渗透通过膜由中心管导出。为了减少透过侧的阻力降，膜袋不宜太长。当需增加组件的膜面积时，可将多个膜袋同时卷在中心上，这样形成的单元可多个串联装于一压力容器内，图5－8为螺旋卷式纳滤膜系统。

目前，其应用的领域为反渗透、渗透蒸发、纳滤、气体分离。

3) 管式膜组件

管式膜组件是由圆管式的膜和膜的支撑体构成。在圆筒状支撑体的内侧或外侧刮制上一层半透膜而得到的圆管形分离膜，再将一定数量的这种膜管以一定方式联成一体而组成，其外形状极类似于列管式换热器（图5－9）。

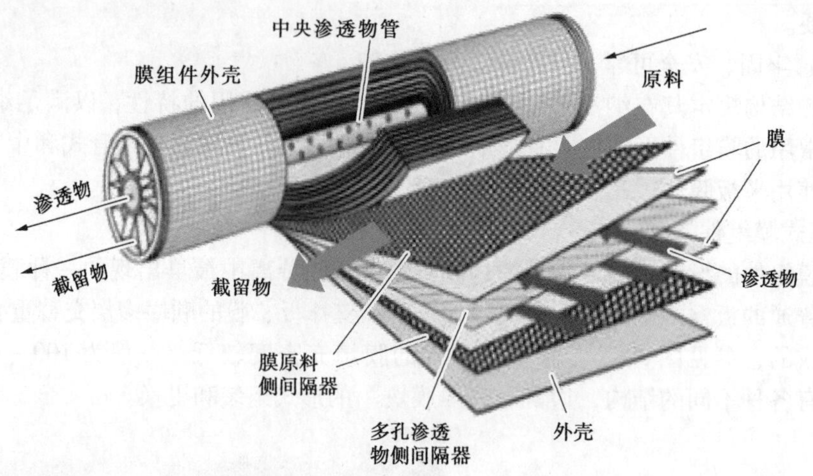

图 5－7　螺旋卷式膜组件示意图

图 5－8　螺旋卷式纳滤膜系统

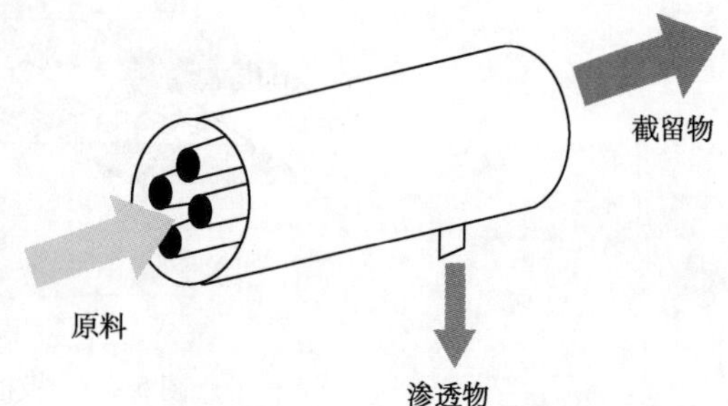

图 5－9　管式膜组件示意图

管式膜组件明显的优势是可以控制浓差极化和结垢。但是投资和运行费用都高，故在反渗透系统中其已在很大程度上被中空纤维式膜组件所取代。但在超滤系统中管式膜组件一直在使用，这是由于管式系统对料液中的悬浮物具有一定的承受能力，容易用海绵球清洗而无需拆开设备。

管式膜组件的适用领域为微滤、超滤、反渗透。

4）毛细管式膜组件

毛细管式膜组件系统由具有直径 0.5～1.5mm 的大量毛细管膜组成，具有一定的承压能力，所以不用支撑管。膜管一般平行排列并在两端用环氧树脂等材料封装起来。毛细管式膜组件的运行方式有两种（图 5－10）：（1）料液流经毛细管内，透过液从管外排走；（2）料液流经管外，透过液从毛细管内流出。这两种方式的选择主要取决于具体应用场合，要考虑到压力、压降、膜的种类等因素。

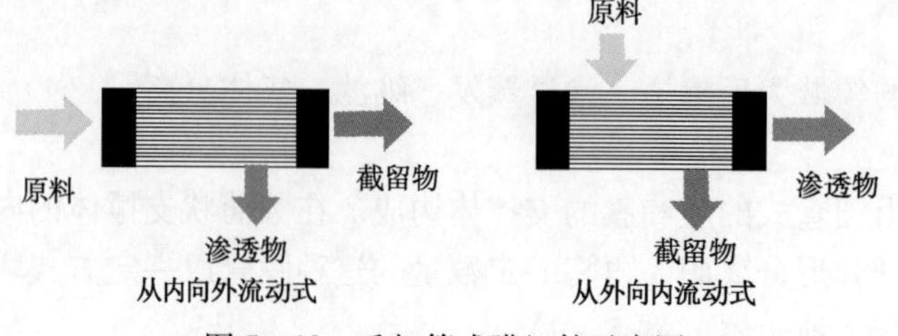

图 5－10　毛细管式膜组件示意图

由于这种膜是用纤维纺纱工艺，毛细管没有支撑材料，因此其投资费用较低。该系统也提供了良好的供料控制条件，且单位面积中膜的比表面积较大，但是操作压力受到限制，而且系统对操作出现的错误比较敏感，当毛细管的内径非常小时，毛细管易堵塞。总之，料液必须经过有效的预过滤处理。

毛细管式膜组件的应用领域为超滤、气体分离、渗透蒸发。

5）中空纤维式膜组件

中空纤维式膜组件与毛细管式膜组件的形式相同，只是中空纤维的外径较细，为 40～250μm，内径为 25～42μm。其耐压强度很高，在高压下不发生形变。中空纤维式膜组件常把几十万根或更多根中空纤维弯成“U”形，纤维束的一端或两端用环氧树脂封头，再装入耐压容器内而成。在污水处理中，很多情况下中空纤维不装入耐压容器，组件直接放入反应器中，构成内置式膜反应器。

中空纤维式膜组件一般为外压式，但是也有一些场合采用内压式膜组件。外压式可在轴流（入流与中空纤维膜丝平行）或穿流（入流与中空纤维膜丝垂直）的条件下操作，如加拿大 Zenon 公司的中空纤维式膜组件在轴流条件下操作，日本 Mitsubishi Rayon 公司的中空纤维式膜组件是在穿流条件下操作。图 5－11 为中控纤维式膜系统。

图 5－11　中空纤维式膜系统（超滤）

中空纤维式膜组件已经广泛应用于微滤、超滤、气体分离、反渗透领域。

各种构型膜组件的优缺点对比见表 5－8。

表 5－8　各种构型膜组件的优缺点

膜组件	特　征	优　点	缺　点	应用领域
管式	d＝6～25mm，进料流体走管内；有支撑管	湍流流动；对堵塞不敏感；易于清洗；膜组件的压力损失较小	装填密度小；单位面积的进料体积通量较大；需要有弯头连接（增加了压力损失）	微滤，超滤，单极反渗透
毛细管式	d＝0.5～6mm，进料流体走管内；自承式膜	装填密度比管式膜件高；制造费用低	大多数情况下为层流（物质交换性能差）；抗压强度较小	超滤，气体渗透，渗析，渗透气化
中空纤维式	d＝40～500μm，进料流体走管内或管外；自承式膜	装填密度高；单位膜面积的制造费用相对较低；耐压稳定性高	对堵塞很敏感在某种情况下，纤维管中的压力损失较大	气体渗透，超滤，反渗透
板框式		可更换单对膜片；不易污染；平板膜无须黏合即可使用	需要很多密封；由于流体的流向转折造成较大的压力损失；装填密度相对较小	超滤，反渗透，微滤，电渗析
螺旋卷式		装填密度相对较高；结构简单；造价低廉；物料交换效果良好	渗透侧流体流动路径较长；难以清洗；膜必须是可焊接的或可粘贴的	纳滤，反渗透，渗透蒸发，气体分离

陶氏 FilmTec 品牌的膜组件为螺旋卷式结构，简称卷式结构，它由多页膜组成，每一页膜袋由两片正面相背的膜片，置于两片膜片间的产品水流道，放置在膜表面的进水湍流网络流道组成，该膜袋三边用胶粘剂密封，第四边开口与有孔的产水收集管上，与其他结构，如管式、板式和中空纤维式相比，其水流分布均匀，耐污染程度高、更换费用低、外部管路简单、易于清洗维护保养和设计自由度大等许多优点，成为目前主要膜组件结构形式。

三、纳滤膜技术的特性

纳滤膜的特性主要体现在以下方面：

（1）荷电性。

纳滤膜的荷电性是纳滤膜最重要特征之一，这种荷电性对纳滤的影响即 Donnan 效应。荷电性与膜材料以及制造工艺等相关联，荷电与否、荷电种类、材料及电荷的强度对膜性能影响较大，荷电性对纳滤膜抗污染性能也有一定的影响。新型纳滤膜大多具有一定的电荷(往往带负电)，导致纳滤膜的截留机理不同于传统的机械筛分机理，其加入了膜与无机物离子，膜与有机物的电性作用。它的荷电性可用 Donnan 效应和 Nernst - Planck 方程进行分析解释。综上所述，纳滤膜的膜本体带有电荷性，这是它在很低压力下对无机盐具有较高脱除率的重要原因。

（2）离子选择性。

①纳滤膜对不同价态离子截留效果不同，对单价离子的截留率低，对二价和高价离子的截留率明显高于单价离子，这是纳滤膜与反渗透膜分离性能的主要差别。其对阴离子的截留率按下列顺序递增：NO_3^-，Cl^-，OH^-，SO_4^{2-}，CO_3^{2-}，对阳离子的截留率按下列顺序递增：H^+，Na^+，K^+，Mg^{2+}，Ca^{2+}，Cu^{2+}。一般来说，纳滤膜对单价盐具有相当大的渗透性，而对二价及多价盐的截留率均在 90% 以上。

②纳滤膜对离子截留受离子半径影响，在分离同种离子时，离子价数相等，离子半径越小，膜对该离子的截留率越小；离子价数越大，膜对该离子的截留率越高。

③纳滤膜对疏水型胶体油、蛋白质和其他有机物有较强的抗污染性，能有效去除许多中等相对分子质量的溶质，从而确定纳滤在水处理中的地位。

（3）截留相对分子质量。

纳滤膜截留相对分子质量（MWCO）在 100 ~ 1000 之间，一般对相对分子质量在 200 以上，分子大小约为 1nm 的溶解组分具有较好的分离效果。

（4）操作压力低。

由于纳滤膜允许一部分无机盐通过，因此纳滤的渗透压远比反渗透低，在保证一定的膜通量前提下纳滤需要的外加压力比反渗透低得多，节约动力，设备投资低。通常纳滤分离需要的跨膜压差一般为 0.5 ~ 2.0MPa，比用反渗透达到同样的渗透通量所必须施加的压差低 0.5 ~ 3.0MPa。纳滤膜组件的操作压力一般为 0.7MPa，最低为 0.3MPa。

四、纳滤膜脱 SO_4^{2-} 防垢机理

1. 几种脱除 SO_4^{2-} 防垢方法的比较

脱除 SO_4^{2-} 的方法大致归为两类，即化学法和物理法。化学法中比较有代表性的是油田

水源混配防垢法、氯化钡法、氯化钙法；物理法包括树脂法、冷冻法、膜法等。

1）油田水源混配防垢法

（1）将地层水和注入水分别进行水质分析，从理论上计算地层水和注入水的混合比例，使其混合后所含的成垢阴离子、阳离子能够完全反应而沉淀。

（2）按比例将地层水和注入水混配后，测定其 pH 值、用 $Ca(OH)_2$ 调整 pH 值为 8.35。

（3）混合水沉降 1h 后，进行水质分析，并将分析结果与油田注入水水质标准相对比，逐步修正，直至达到注入水标准为止。

以长庆油田某注水站为例，该注水站注入水 SO_4^{2-} 平均含量约 2000mg/L，地层水高含 Ba^{2+}/Sr^{2+}。如采用注入水和地层水地面混合沉淀后再将水回注地层可以避免结垢的思路，按照 SO_4^{2-} 脱除率 40% 计算，沉淀 2500m^3 注入水中的 40% SO_4^{2-} 会生成大量的硫酸盐沉淀物（$CaSO_4$ 废弃物 2.84t/d，或 $BaSO_4$ 废弃物 4.86t/d），每天有大量的硫酸盐废弃物难以处理，人力、物力浪费严重，还造成很大的环保压力；另外清污混注将导致系统腐蚀加剧。

2）氯化钡法

氯化钡法的基本原理是在注入水中加入 $BaCl_2$，使 Ba^{2+} 与 SO_4^{2-} 反应，生成 $BaSO_4$ 沉淀，然后澄清、分离，达到去除 SO_4^{2-} 的目的。这种方法的最大优点是流程短，投资少。缺点是：（1）运行费用高，原料 $BaCl_2$ 价格高，处理成本大；（2）$BaCl_2$ 有毒性，不环保，又影响正常生产，生成 $BaSO_4$ 盐泥的黏度高，容易造成盐水返混，非常难处理。因此，从经济性和环保性方面考虑，这种处理工艺不具备大规模推广性。

3）氯化钙法

氯化钙法的基本原理是利用 Ca^{2+} 与 SO_4^{2-} 反应，生成 $CaSO_4$ 沉淀，然后澄清、分离，达到去除 SO_4^{2-} 的目的。该法应用较少，它最突出的优点是流程短，缺点主要表现在 SO_4^{2-} 去除效率低，工艺上不宜控制；钙助剂的加入增加了 Ca^{2+} 的浓度，同时可能引入其他杂质离子，对注入水造成二次污染；另外，在反应过程中产生的盐泥量比较大，处理难度高。

4）冷冻法

冷冻法是利用 NaCl 和 Na_2SO_4 在水中的溶解度随温度的不同变化程度而进行分离的。NaCl 溶解度随温度的变化不大，而 Na_2SO_4 溶解度随温度的变化较大，在工艺上，盐水通过 3 级冷却温度由 50℃降到 −10℃，Na_2SO_4 以水合结晶的形式大量析出，析出的结晶浆料经沉降、离心分离、干燥等制得芒硝。一般盐水中的 SO_4^{2-} 质量浓度高于 30g/L 时，此法才有经济意义。这种方法的特别之处就是废渣少，但同时具有能耗高和生产成本高的不足。

5）树脂法

树脂法是采用专用树脂作为离子交换体、连续、有选择地脱除 SO_4^{2-} 的工艺过程。其中的树脂可以再生利用，这种方法适用性广，不受 SO_4^{2-} 含量的限制，而且再生反应快、自动化程度高、无固体废物、无毒、食盐损失少。它的不足之处是树脂工作周期较短，再生频繁，产生一定量的酸碱废液，主要适应工业循环水处理，油田注入水水量大，运行管理难度大，产生废液难处理，不适宜大水量油田注水工艺。

6）膜法

膜法原理为注入水在膜两侧压差的推动下进行分子级选择性透过。纳滤膜在一定条件下对二价及高价离子具有较高的截留率，但一价离子几乎可以全部通过，且在一定条件下，对硫酸钠截留率达99%，可以浓缩注入水中的SO_4^{2-}，从而达到去除SO_4^{2-}的目的。

这种方法的一次性投资略高，但是具有运行费用低（处理1m³注入水的电费约为1.2元）、浓缩水排放少、环保（无污染、无废渣）、自动化程度高、操作简单等优点。纳滤膜法的投资大约是冷冻法的50%，运行费用大约是沉淀法的25%。纳滤膜法去除SO_4^{2-}不但环保而且运行费用低，近几年已在工业上大规模推广应用。

2. 经济性比较

1）与石灰软化法比较

Robert A. Bergman对采用纳滤软化与石灰软化的美国Florida的软化水厂的经济性进行了分析比较，两种软化水厂的建设费用和运行费用比较见表5-9。

表5-9　纳滤软化水厂与石灰软化水厂的费用比较　　单位：美元/m³

产水能力（m³/d）	纳滤软化		石灰软化	
	建设费	运行费	建设费	运行费
3800	592~724	0.42~0.73	463	0.25
57000	192~342	0.12~0.14	184	0.11

从表5-9可以看出，产水能力越大，两类水厂的建设费用和运行费用越低。当产水能力达到57000m³/d，纳滤软化水厂的建设费用和运行费用分别可以达到仅比石灰软化高10%和15%的水平。若石灰软化后再增加其他处理单元如臭氧化以达到同纳滤软化相当的水质，或纳滤软化出水掺混部分旁路出水达到石灰软化相当的水质，纳滤软化水厂的建设费用和运行费用会比石灰软化低。

2）与树脂法软化的比较

Pietro Canepa等以制水能力为1200m³/d为例，就离子交换和纳滤软化的运行费用进行了对比。离子交换工艺和纳滤两种方法的运行费用对比见表5-10。

表5-10　离子交换法和纳滤法的运行费用对比　　单位：美元/m³

费用名称	离子交换法	纳滤法
能耗	0.030	0.046
化学品	0.032	0.002
树脂更换	0.003	—
膜更换	—	0.022
正常维护	0.015	0.012
总运行费	0.080	0.082

由表5-10可见，纳滤法的运行费用与离子交换法相当，但若加上离子交换产生的废水处理费用，纳滤法的运行费用可低于离子交换法。在表5-10中纳滤法的能耗是按产水率87%得来的，如果降低产水率，操作压力就降低，能耗就会显著降低。例如，操作压力降低0.1MPa，泵的功率可降低1.5kW。

3. 纳滤分离机理

纳滤和超滤、反渗透一样，都属于压力驱动的膜过程，但它们的传质机理有些不同

（表5－11）。一般认为，超滤膜由于孔径较大，传质的过程主要为孔流的形式，传质过程主要为孔流形式即筛分效应。而反渗透膜属于无孔膜，其传质过程为溶解扩散过程即静电效应。纳滤分离是一个不可逆的压力驱动过程，纳滤膜对 SO_4^{2-} 的截留去除主要受膜电荷性和孔径大小这两个膜特性影响，这两个特征决定了纳滤膜对溶质分离的两个主要机制，即电荷作用和筛分作用。

表5－11　几种膜过滤过程类型的比较

膜类型	主要膜材料	对象	压差推动力（MPa）	原理
微滤（MF）	纤维素酯、聚砜、PE等	微粒：0.025～0.10μm	0.1	筛分
超滤（UF）	CA，PAN，PVA，PES，PVDF	相对分子质量：1000～300000	0.1～1.0	筛分
纳滤（NF）	聚酰胺系列，SPS	相对分子质量：100～1000	0.5～1.5	筛分和Donnan效应
反渗透（RO）	CA，聚酰胺系列	盐类相对分子质量：300	0.5～1.5	优先吸附扩散
渗析蒸发（PV）	SR PVA	有机溶酶	浓度差分压差	溶解扩散

电荷作用又被称为Donnan效应，膜表面所带电荷越多对离子的去除效果越好。筛分作用是由膜孔径大小与截留粒子大小之间的关系决定的，粒径小于膜孔径的分子可以通过膜表面，大于膜孔径的分子则被截留下来。一般来说，膜孔径越小对不带电的溶质分子截留效果越好。然而在实际分离过程中，众多运行参数的存在，导致纳滤膜的分离机制不仅仅归功于Donnan效应和筛分作用。

由于大部分纳滤膜为荷电型，其对无机盐的分离不仅受到化学势控制，同时也受到电势梯度的影响，分离机理和模型较超滤和反渗透来说，更为复杂，以下是对目前已经提出的各种分离机理及模型的介绍。

1）电荷模型

根据膜内电荷及电势分布情形的不同，电荷模型分为空间电荷模型（Space Charge Model）和固定电荷模型（Fixed－Charge Model）。空间电荷模型假设膜由孔径均一而且其壁面上电荷均匀分布的微孔组成，微孔内的离子浓度和电场电势分布、离子传递和流体流动分别由Poisson－Boltzmann方程，Nernst－Planck方程和Navier－Stokes方程等来描述。空间电荷模型最早是由Osterle等提出来的，有3个表述膜结构特性的模型参数，即膜的微孔半径、膜活性分离层的开孔率与其厚度之比和膜微孔表面电荷密度或微孔表面电势。运用空间电荷模型，不仅可以描述诸如膜的浓差电位、流动电位、表面Zeta电位和膜内离子电导率、电气黏度等动电现象，还可以表示荷电膜内电解质离子的传递情形。将空间电荷模型与非平衡热力学模型相结合，可以推导出一定浓度的电解质溶液的膜反射系数和溶质透过系数与上述3个模型参数的数学关联方程。

Ruckenstein等运用空间电荷模型进行了电解质溶液渗透过程的溶剂的渗透通量、离子截留率及电气黏度的数值计算，讨论了膜的结构参数及电荷密度等影响因素。

Smit等将空间电荷模型与非平衡热力学模型相结合，从理论上描述了反渗透过程中荷电膜膜内离子的场地情形，但是由于运用空间电荷模型时，需要对Poisson－Boltzmann方程进行数值求解，计算工作十分繁重，因此应用受到限制。

在固定电荷模型中，假设膜相是一个凝胶层而忽略膜的微孔结构，膜相中电荷均匀分布，仅在膜面垂直的方向因 Donnan 效应和离子迁移存在一定的电势分布和离子浓度分布。固定电荷模型最早由 Teorell，Meyer 和 Sievers 提出，因而通常又被人们称为 Teorell - Meyer - Sievers（TMS）模型。模型首先应用于离子交换膜，随后用来表征荷电型反渗透膜和超滤膜的截留特性和膜电位。该模型的特点是数学分析简单，未考虑结构参数，假定固定电荷在膜中分布是均匀的，有一定的理想性。当膜的孔径较大时，固定电荷、离子浓度以及电位均匀的假设不能成立，因而固定电荷模型的应用受到一定限制。对于 1 - 1 型的电解质的单一组分体系，负电荷膜的膜反射系数和溶质透过系数可以由固定电荷模型和 Nernst - planck 方程联合求解。

比较以上两种模型，固定电荷模型假设离子浓度和电势在膜内任意方向分布均一，而空间电荷模型则认为两者在径向和轴向存在一定的分布，因此认为固定电荷模型是空间电荷模型的简化形式。

2）细孔模型

细孔模型是在 Stokes - Maxwell 摩擦模型的基础上引入立体阻碍影响因素。该模型假定多孔膜具有均一的细孔结构，细孔的半径为 r_p，膜的开孔率与膜厚之比为$\frac{A_k}{\Delta x}$，溶质为具有一定大小的刚性球体，且圆柱孔壁对穿过其圆柱体的溶质影响很小，膜孔半径（r_s）可以通过 Stokes - Einstein 方程进行估算：

$$r_s = kT/6pmD_S \tag{5-1}$$

膜的反射系数和膜的溶质透过系数可以根据式（5 - 2）得到：

$$\begin{cases} \sigma = 1 - H_F S_F \\ P = H_D S_D D_S \left(\frac{A_k}{\Delta x} \right) \end{cases} \tag{5-2}$$

式中：S_D 和 S_F 分别是扩散、透过条件下溶质在膜的细孔中的分配系数，可表示为溶质半径（r_s）与膜的细孔半径（r_p）之比的函数。

该模型如果已知膜的微孔结构和溶质大小，就可计算出膜参数，从而得知膜的截留率与膜透过体积流速的关系。反之，如果已知溶质大小，并由其透过实验得到膜的截留率与膜透过体积流速的关系从而求得膜参数，也可借助于细孔模型来确定膜的结构参数。该模型忽略了孔壁效应，仅对空间位阻进行了校正，适合用于电中性溶液。

Anderson 等运用细孔模型描述带电粒子在带电微孔内的扩散和对流传递过程时，提出带电粒子在带电微孔中将受到立体阻碍和静电排斥两个方面的影响，但是未能描述膜的截留率随溶剂体积透过通量的变化关系和膜的特征参数随膜的结构参数及带电特性的变化关系等。

3）静电排斥和立体阻碍模型

Wang 等在前人的基础上，将细孔模型和固定电荷模型结合起来，建立了静电排斥—立体位阻模型。该模型假定膜分离层是由孔径均一，表面电荷均匀分布的微孔构成，既考虑了细孔模型所描述的膜微孔对中性溶质大小的位阻效应，又考虑了固体电荷模型所描述的膜的带电特性对离子的静电排斥作用，因此该模型能够根据膜的带电细孔结构和溶质的带电性及大小来推测膜对带电溶质的截留性能。其结构参数包括孔径 r_p，开孔率 A_k，孔道长度即膜分离层厚度 Δx，电荷特性则表示为膜的体积电荷密度 x（或膜的孔壁表面电荷密度为 q）。

模型假设膜内均为点电荷，且分布同样遵守 Poisson – Boltzmann 方程，根据 Wang 等的大量计算结果，可以通过在孔壁处无因次电荷分布梯度小于 1 的条件下的 Donnan 平衡方程来求解。由此模型得到的反射系数和溶质渗透系数的方程为式（5 –3）和式（5 –4）：

$$S_S = 1 - H_{F,2}K_{F,2} - t_2(H_{F,1}K_{F,1} - H_{F,2}K_{F,2}) \tag{5-3}$$

$$P_S = \frac{(\nu_1 + \nu_2)D_2H_{D,2}K_{D,2}t_1}{\nu_2} \cdot \frac{A_k}{\Delta x} \tag{5-4}$$

其中 t_1 和 t_2 是阳离子和阴离子的传递数。

当静电排斥—立体位阻模型考虑位阻效应时与 SHP 模型的表述是基本一致的；当静电排斥—立体位阻模型考虑到静电效应时与 Teorell – Meyer – Sievers（TMS）模型非常符合，这样可以说静电排斥—立体位阻模型是 Steric Hindrance – Pore Model（SHP）模型和 TMS 模型的综合。

Bertrand Tessier 等采用醋酸纤维膜对小相对分子质量的缩氨酸混合物进行分离，分析了在带电离子通过膜的传递过程中静电效应所产生的影响，并明确溶液的 pH 值和离子强度是静电作用大小的影响因素。

4）Donnan 平衡模型

将荷电基团的膜置于盐溶液时，溶液中的反离子在膜内的浓度大于其在主体溶液中的浓度，而同名离子在膜内的浓度低于其在主体溶液中的浓度。由此形成了 Donnan 位差，阻止了同名离子从主体溶液向膜内扩散。为了保持电中性，反离子同时被膜截留。

模型主要依据荷电膜内离子的浓度与膜外溶液离子的浓度遵守道南平衡方程，即：

$$K_i = \left(\frac{c_i^m}{c_i^b}\right)^{1/Z_i} \tag{5-5}$$

式中 c_i^m 和 c_i^b——分别为膜内外离子的浓度；

Z_i——所带电荷数，为与溶液中离子无关的 Donnan 平衡常数，它可以从膜内的电中性方程得到。定义离子的分离因子为 $K_i = \frac{c_i^m}{c_i^b} = K^{Z_i}$，由此通过 K 就能直接得到膜的分离因子。可以看出，该模型是把截留率看作膜的电荷容量，进料液中溶质的浓度是以及离子的荷电数的函数来进行预测的，却没考虑扩散和对流的影响，而这些作用在真实的荷电膜中的影响不容忽视，存在一定的局限性。

多数 NF 膜是聚合物的多层薄膜复合体，且常为不对称结构，含有一个较厚（100 ~ 300μm）的支撑层，以提供孔状支撑，支撑层上有一层薄（0.05 ~0.3μm）的表皮层。这层薄表皮层主要起分离作用，也是水流通过的主要阻力层。该表皮层为活性膜层，通常含有荷负电的化学基团。纳滤膜在制造过程中常常让其带上电荷，因此根据纳滤膜的荷电情况，又可将其分成三类：荷负电膜、荷正电膜、双极膜。荷正电膜应用较少，因为它们很容易被水中的荷负电胶体粒子吸附。荷负电膜可选择性地分离多价离子，因此当溶液中含有 Ca^{2+} 和 Mg^{2+} 时可用这种膜分离。如果为了同时选择性分离多价阴离子和阳离子，则有必要使用双极膜。

由于纳滤膜的分离区间介于超滤和反渗透之间，故可截留 SO_4^{2-}，对 Na^+ 和 Cl^- 有高通量。图 5 – 12 是纳滤膜的分离原理图。

纳滤膜是一种特殊的膜品种，图5-13是脱除SO_4^{2-}纳滤膜结构图，其表面孔径为0.5~1nm，膜表面带有一定的电荷，对二价离子或高价离子，尤其对SO_4^{2-}具有很高且稳定的截留率，而对一价离子则具有较高的透过率，其材料结构稳定。

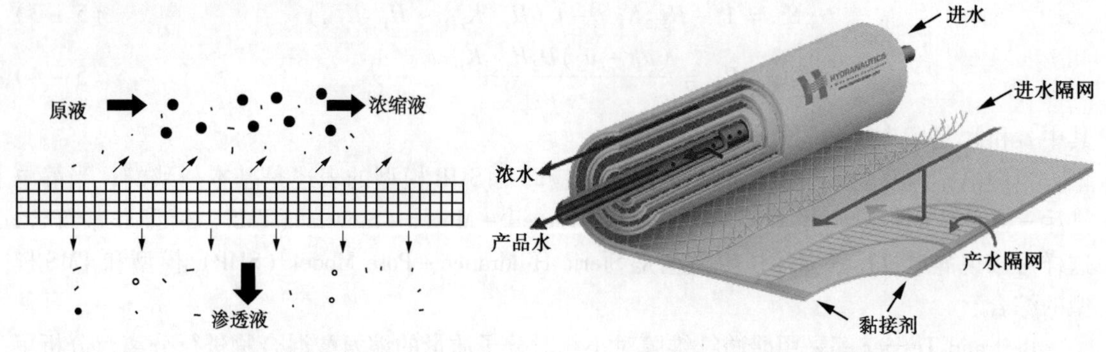

图5-12　纳滤膜的分离原理图　　图5-13　脱除SO_4^{2-}纳滤膜结构图

五、影响纳滤防垢性能的主要因素

纳滤膜的性能主要包括选择性、通量、截留能力及稳定性等。膜的选择性受膜孔径及其分布、组分在膜中溶解的扩散性、荷电性、选择载体组分等因素的影响；膜的通量及截留率受膜厚度、驱动力、供料组成、供料组分性质、渗透压等因素的影响；膜的稳定性则受膜的化学和机械稳定性、吸附、供料速率和切向速度等因素的影响。在实际操作过程中，膜的选择性往往已固定，可变的性能主要是膜的通量、截留能力和膜的稳定性。

1. 操作压力的影响

操作压力对纳滤膜性能的影响可由溶解—扩散模型给出解释。该模型给出的水通量和盐通量公式如式（5-5）和式（5-6）所示：

水通量　$$F_w = A\ (\Delta p - \beta\Delta\pi) \qquad (5-6)$$

盐通量　$$F_s = B\ (\beta C_1 - C_2) \qquad (5-7)$$

式中　F_w——水通量，L/（$m^2 \cdot h$）；

A——水在膜内的扩散系数，L/（$m^2 \cdot h \cdot MPa$）；

Δp——膜两侧的操作压力差，MPa；

$\Delta\pi$——膜两侧溶液的渗透压差，MPa；

F_s——盐通量，L/（$m^2 \cdot h$）；

B——膜对溶质盐的透过性常数，m^4/（h·mol）；

ΔC——膜两侧溶液中盐浓度之差（$C_1 - C_2$），mol/L；

C_1——料液盐浓度，mol/L；

C_2——透过液盐浓度，mol/L。

由式（5-6）、式（5-7）可知，水通量随操作压力升高而线性增大，盐通量与操作压力无直接关系，只是膜两侧盐浓度的函数。随着操作压力的增大，透过膜的水量增大而透盐量不变，因此脱盐率随操作压力增大而增大。但盐通量不变，水通量增加也会使C_2减小，造成膜两侧盐浓度增大，又使得脱盐率有降低的趋势。此外，纳滤膜对料液中盐截留，被截留组分在膜面处积累，使得靠近膜面处形成高浓度层，这就是浓差极化现象。此现象引起膜面局部渗透压增大，导致传质推动力下降，并降低膜通量。牟旭凤采用纳滤膜处理淋浴污水，在操作压力小于 0. 35MPa 时，纳滤膜通量随操作压力增大而呈线性增加，当操作压力超过 0. 35MPa 时，膜通量增加的幅度减少。由此我们可知，随着操作压力的增加，脱盐率上升，膜面的溶质浓度增大，浓差极化程度不断增大。因此，当操作压力增加至一定程度时，受浓差极化和透过液盐浓度降低的影响，膜通量和脱盐率的上升趋势将有所减缓。

2. 料液浓度的影响

渗透压是水中所含盐分或有机物浓度、种类的函数，对于理想溶液，其渗透压为：

$$\pi = RT\sum C_{si} \tag{5-8}$$

式中 R——气体常数；

C_{si}——溶质 i 的摩尔浓度，mol/L。

从式（5 -8）可以看出，盐浓度增加，渗透压也增加，因此需要逆转自然渗透流动方向的进水驱动压力大小主要取决于进水中的含盐量。如果操作压力保持恒定，含盐量越高，溶液的渗透压力就越大，其有效的驱动压力就越低，膜通量就越低。同时水通量降低，增加了透过膜的盐通量（降低了脱盐率）。

3. 溶质的分子粒径、极性和电荷

分子粒径是影响纳滤膜截留性能的一个重要参数。小分子比大分子更容易穿过膜，当分子粒径增大时，截留率往往上升。在 NF 膜的截留相对分子质量以下，相对分子量越小、截留率越低。截留相对分子质量越小的纳滤膜，对同一相对分子质量的有机物的截留率则越高。

溶质分子的极性降低了纳滤膜的截留率。这是因为两极中带有与膜相反电荷的那一级更容易接近膜面，并且易进入膜孔与膜内部结构中，从而使截留率下降。

溶质的荷电情况也会影响截留率。当溶质所带电荷与膜面所带电荷相同时，膜对该溶质有较高的截留率。对于小孔径的纳滤膜，溶质电荷的影响较大。当孔径非常小时，溶质的电荷可能会成为高荷电膜截留率的决定因素。

4. 水温

水温是膜法水处理时需要考虑的重要工艺参数，它对膜产水量和软化除盐效果有重要影响。温度升高，水的黏度减小，水通量增加。Johan Schacp 等建立了水通量与水的动力黏度（η）之间的关系：

$$J_w = 22.48\frac{\Delta p - \Delta\pi}{\eta} - 61.40 \tag{5-9}$$

对于盐离子，水温升高，水合离子半径减小，溶质的扩散速度升高，盐离子透过增加，截留率下降。特别是单价离子，扩散速度升高较快，截留率下降明显。与单价离子相比，二价离子（如硬度离子）在温度升高时扩散速度变化不大因而仍能保持高截留率。

5. pH 值的影响

大多数纳滤膜表层都带有一定的电荷，各种纳滤膜元件适用的 pH 值范围相差很大，这主要取决于纳滤膜的材质。醋酸纤维素类纳滤膜适用的 pH 值范围为 4 ~5，控制进水 pH 值在 4 ~5 之间时，膜的使用寿命可达 4 年；若进水 pH 值为 6，使用寿命就只有 2.5 年；pH 值大于 6 时，使用寿命更短。这主要是因为醋酸纤维素类纳滤膜的水解速度受 pH 值影响较大，即耐受 pH 值范围较窄。而聚酞胺类纳滤膜则在更宽广的 pH 值范围（一般为 3 ~10）内均可保持性能的稳定。

6. 产水率

产水率为产水量与进水量的比率。从实际应用讲，希望有较高的产水率，可以节约用水和减少浓水处理量，降低制水成本。但提高产水率，末端膜的进水盐浓度会快速增加。例如产水率为 50% 时浓度将增加一倍，产水率为 75% 时浓度将增加 4 倍，产水率为 90% 时浓度则增加 10 倍。这对于末级膜元件来说是不利的，浓差极化将很明显，一些难溶盐可能会在膜表面析出，发生严重膜污染，水通量和脱盐率均会下降，影响出水水质。此外，系统产水率的提高，一般需要通过提高操作压力或增加纳滤级数实现，会引起能耗增加。因此，系统的产水率不可过高。一般生产厂商对膜元件的最大产水率做了规定，在实际应用中应严格遵守。

第三节　纳滤防垢技术室内评价

将纳滤膜分离技术应用到油田注入水处理，需要进行处理水与地层结垢程度，处理水对地层伤害程度的评价，需要考虑合理的脱除率，既达到防垢减少地层伤害，同时防止过低的矿化度对特定岩矿引起水敏伤害，因此，室内开展了纳滤前后管路结垢实验、岩心流动实验等。实验所用注入水和地层水取自长庆油田典型的硫酸钡锶结垢区块。室内评价实验为现场纳滤脱 SO_4^{2-} 工业化应用奠定了理论基础。

一、管路结垢实验

这种方法是以油田实注参数为基础，用泵向不锈钢细管内注入不同比例的注入水和地层水。如果两种水不相容，就会在管壁上沉积一层沉淀物，称重模拟管前后质量变化即可计算出结垢量。实验流程示意图如图 5 –14 所示。

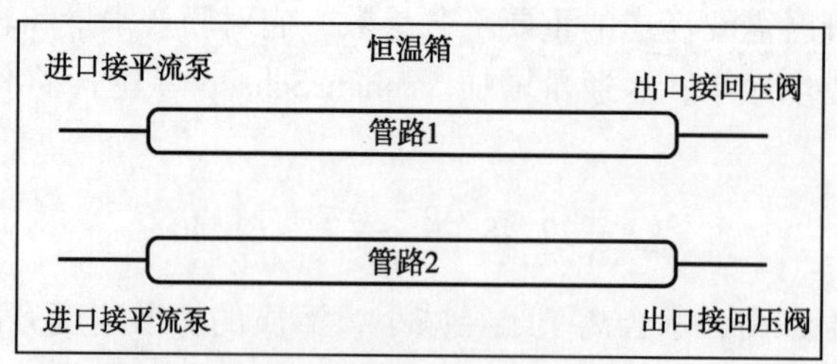

图 5 –14　管路结垢评价实验流程示意图

实验压力 16MPa，实验温度 60℃，管长 5m，实验水质及 3 种水样水质分析结果见表 5 –12、表 5 –13。

表 5-12　水样来源及性质

序号	井号	密度（g/cm³）	pH 值	总矿化度（mg/L）	水型
1	注入水	1.0000	7.66	5657.23	硫酸钠
2	纳滤水	1.0003	8.08	1724.64	氯化镁
3	地层水	1.0613	6.44	84979.48	氯化钙

表 5-13　三种水样水质分析结果

序号	离子含量（mg/L）							总矿化度（mg/L）
	Cl^-	HCO_3^-	SO_4^{2-}	Na^+/K^+	Mg^{2+}	Ca^{2+}	Sr^{2+}/Ba^{2+}	
1	1031.54	38.85	2851.90	1145.35	146.44	432.00	11.15	5657.23
2	941.32	37.15	115.24	542.80	48.31	39.82	—	1724.64
3	49499.0	129.48	22.65	28745.17	—	1506.61	5076.57	84979.48

注入水与地层水、纳滤水与地层水的比例分别为 1∶9，2∶8，3∶7，5∶5 时，管路结垢结果见图 5-15。实验结果表明，纳滤水与地层水混合水样在实验管内壁上的结垢程度要小于注入水与地层水混合水样在实验管内壁上的结垢程度。说明在相同实验条件下，随实验累计注入时间的增加，纳滤水在实验管壁的平均结垢量比注入水和地层水在实验管壁的平均结垢量要小，充分说明将纳滤水作为注入水有利于抑制管路（井筒、各注入输水管路等）的结垢量。

二、岩心结垢流动实验

由于注入水中含有大量的成垢阴离子，若与地层水和储层矿物性质不配伍，混合后产生结垢，将导致储层渗流能力下降，给油田生产带来极大的危害。

动态配伍性研究主要模拟地层温度和注水时地层的状态，在低于临界流速下采用高温高压岩心流动仪进行恒流驱替，实验流程见图 5-16。流动实验采用石油天然气行业标准 SY/T 5358—2002，试验用的地层水是未见注入水的某单井地层水，注入水与纳滤水水质资料见表 5-13。

动态流动实验主要是两种水混注实验，实验需在排除水敏性、速敏性伤害因素后进行，另外混注后若渗透率下降明显，还应再排除注入水与储层不配伍的因素，来判断渗透率下降的真实原因，到底是单纯的地层水与注入水不配伍造成，还是地层水与储层不配伍，抑或是这两种因素之和。

因此，动态实验的实验方法是首先测试单一水源水在相应实验岩心中的流动能力，其次测试由不同水源水按不同比例（V/V）混合后的混合水在相应实验岩心中的流动能力。为充分考虑各实验岩心孔隙结构、渗透率、黏土矿物含量等因素对流动实验结果的影响，为了能够直观比较各水样在岩心中的流动能力大小，我们借鉴岩心接触工作液引起的渗透率伤害率计算方法来进行流动能力大小的比较，其计算方法是：

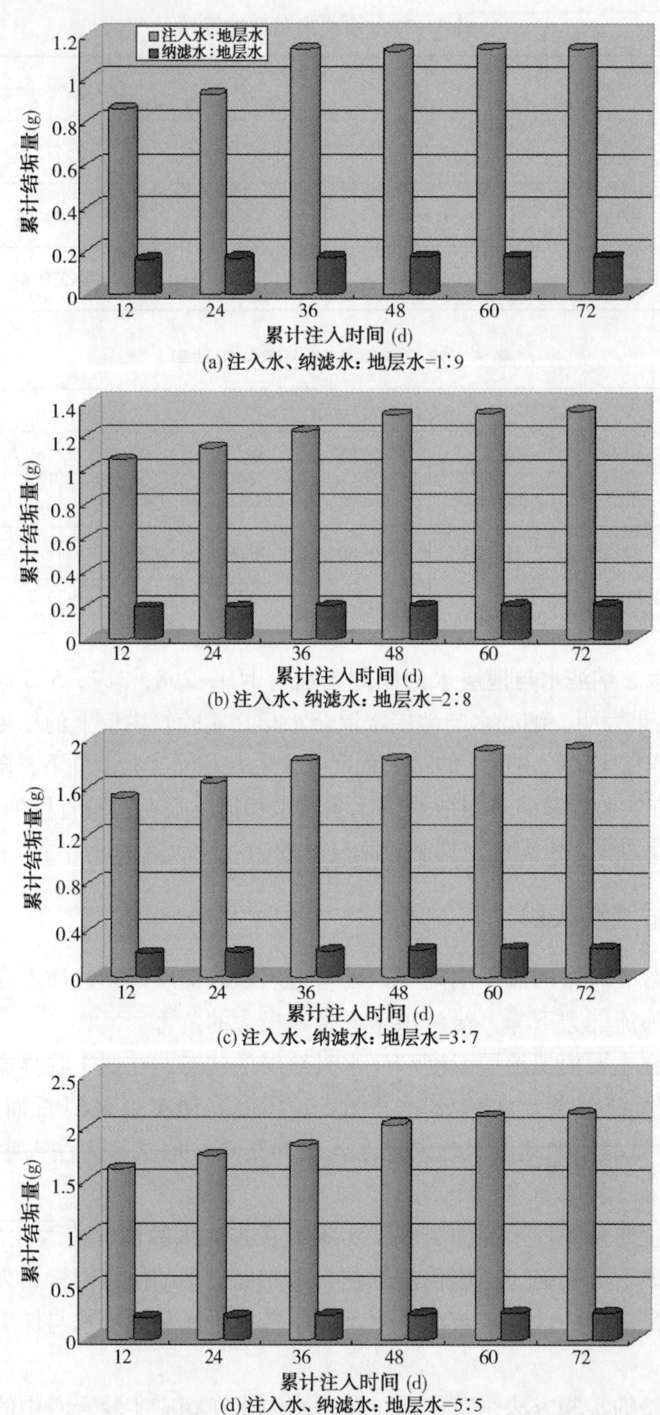

图 5-15　管路累计结垢量与累计注入时间的关系曲线

$$D_{损} = \frac{\overline{K}_{地} - \overline{K}_{混}}{\overline{K}_{地}} \qquad (5-10)$$

式中 $\overline{D}_{损}$——岩心渗透率伤害率；

$\overline{K}_{混}$——用地层水测定的岩心液相渗透率的平均值，mD；

$\overline{K}_{地}$——用不同比例混合水样测定的岩心液相渗透率的平均值，mD。

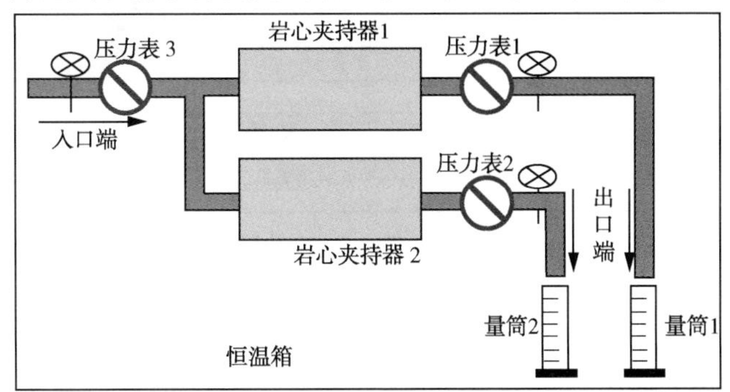

图5－16 岩心结垢实验流程示意图

在实验结果分析中，K_g 表示岩心气测渗透率，mD；ϕ 表示岩心孔隙度,%；L 表示岩心长度，cm；D 表示岩心直径，cm；T 表示实验温度,℃。

通过比较同一储层岩心注入不同水样（不同比例注入水与地层水、不同比例纳滤水与地层水）时岩心渗透率的变化来判断不同水质对地层的伤害程度。驱替试验进行7～10天，注水50～350倍。水驱结束后把样品放入蒸馏水中浸泡5～6天，洗去可溶性盐后烘干，随后再把试验岩心中部切开，对其剖面进行电镜扫描和能谱分析。

从表5－14注入水纳滤前后岩心结垢流动实验数据看出，注入单一洛河水时，岩心伤害率最大为46.13%，注入单一纳滤水时，岩心伤害率最小为1.47%；不同比例纳滤水对岩心渗透率伤害率均小于相应比例洛河水对岩心渗透率伤害率，伤害率分别降低了16.5%，16.93%，15.14%和26.4%，说明纳滤水作为油田注入水，起到了抑制岩心伤害的作用。图5－17和图5－18为注入水与地层水的比例为2:8和3:7时岩心渗透率变化曲线，图5－19和图5－20为纳滤水与地层水的比例为2:8和3:7时岩心渗透率变化曲线。

表5－14 注入水纳滤前后岩心结垢流动实验结果对比

井号	样号	常规孔隙度（%）	$K_{气}$（mD）	$K_{地}$（mD）	注水方式（注入水:地层水）	注水速度（mL/min）	$K_{混}$（mD）	伤害率（%）
h170	N1	5.75	1.4252	1.0044	注入水	0.3	0.5411	46.13
	N2	6.67	0.2808	0.1907	1:9	0.3	0.1456	23.61
	N3	4.75	0.2577	0.0397	2:8	0.3	0.0311	30.14
	N4	6.82	0.9329	0.4992	3:7	0.3	0.3308	33.72
	N5	5.12	0.2027	0.0477	5:5	0.3	0.0332	30.47
h109	N6	6.82	0.3969	0.1079	纳滤水	0.3	0.1063	1.47
	N7	6.21	0.2123	0.0649	1:9	0.3	0.0603	7.11
	N8	4.51	0.1565	0.0323	2；8	0.3	0.0284	13.21
	N9	6.82	0.1653	0.035	3:7	0.3	0.0285	18.58
	N10	4.42	0.1588	0.0328	5:5	0.3	0.0314	4.07

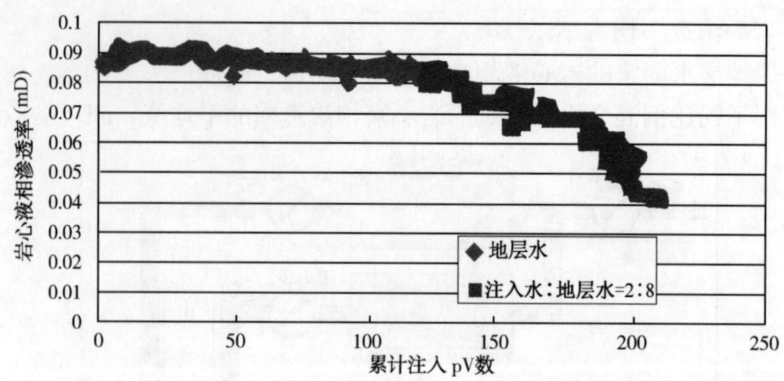

图 5-17 h170 井 5（7/84）-2 岩心液相渗透率与累计注入 pV 数的关系曲线

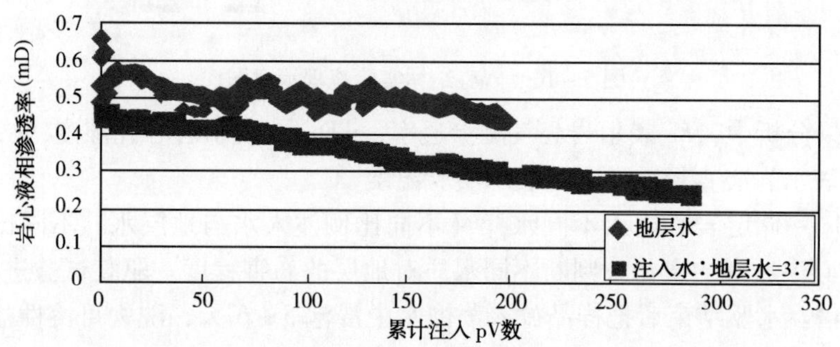

图 5-18 h170 井 5（14/84）-1 岩心液相渗透率与累计注入 pV 数的关系曲线

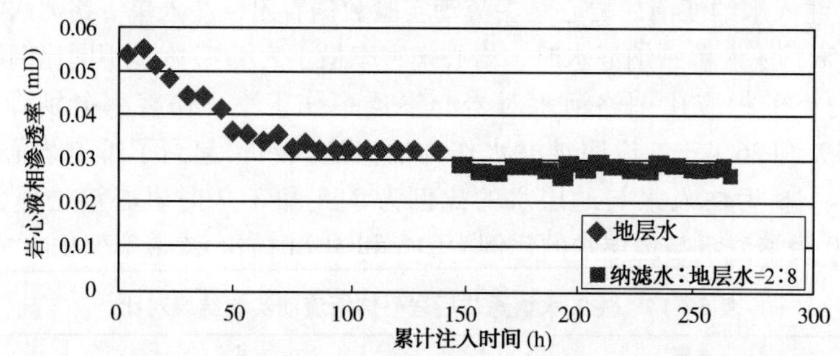

图 5-19 h170 井 5（44/84）-2 岩心液相渗透率与累计注入时间的关系曲线

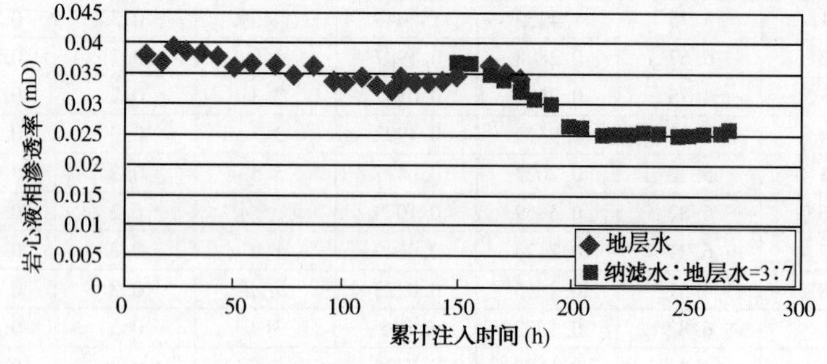

图 5-20 h170 井 5（43/84）岩心液相渗透率与累计注入时间的关系曲线

为了进一步证明结垢矿物的存在，将空白岩心、N1 号和 N10 号样品切片，进行电镜扫描和能谱分析，图 5－21 为扫描电镜照片，可以看出，空白岩心不存在结垢现象，而 N1 号样品孔隙中存在大量规则厚板状硫酸钡垢晶体，而 N10 号样品孔隙中结垢矿物非常少，表明采用纳滤水驱替岩心结垢量很少。

(a) 空白岩心扫描照片

(b) N4 号岩心扫描照片

(c) N6 号岩心扫描照片

图 5－21　岩心试验前后微观扫描照片

第四节　纳滤防垢工艺及设备

一、纳滤防垢工艺适用条件

1. 水质要求

注入水 [SO_4^{2-}]❶ ≥800mg/L，地层水 [Ba^{2+}/Sr^{2+}] ≥800mg/L，注入水与地层水不配伍，存在硫酸钡锶结垢趋势。对于 [SO_4^{2-}] <800mg/L，[Ba^{2+}/Sr^{2+}] <800mg/L 条件下的结垢，化学防垢剂可实现控制，但并不代表纳滤技术不适用，这个指标的选择是基于长庆油田实际情况考虑的。

当 [SO_4^{2-}] <1600mg/L 时，采用二级纳滤，浓水量可大幅度降低，水利用率（产水率）90% 以上。

当 [SO_4^{2-}] >1600mg/L，同时含有一定浓度的 Ca^{2+} 时，二级纳滤不适应，因为在二级纳滤时，离子浓度过高，纳滤膜易产生结晶、结垢，因此，该条件下只能采用一级纳滤，这是基于现场实践得出的认识。

2. 浓水处理

对油田注入水进行纳滤脱 SO_4^{2-} 处理的同时，会产生一部分浓水（二价离子含量、矿化度较高的水），如何处理浓水，成为油田应用纳滤设备首要考虑的条件。

海上油田应用纳滤软化海水时可以将产生的浓水直接排放到海里，其排放不受条件限制。但在陆地油田，必须得考虑浓水的去向，不然会造成少量的水资源浪费。因此，根据不同油田的实际情况，可分为以下几种处理方式：

---

❶ “[ ]”表示离子含量。

(1) 首先考虑浓水回注的可能性。调研在纳滤实验同一区块是否有与浓水相配伍的层位，可考虑将浓水直接回注100%完全利用。

(2) 在浓水不能回注利用的条件下，当［SO_4^{2-}］ <1600mg/L时，应用二级纳滤防垢工艺。通过二级纳滤进一步减少浓水产出量，然后将浓缩后的浓水回灌至相应配伍地层。当［SO_4^{2-}］ >1600mg/L，应用一级纳滤+浓水回掺的防垢工艺，通过浓水回掺方式减少浓水产出量，然后将浓缩后的浓水回灌至相应配伍地层，符合环境保护规定。

3. 安装条件

由于冬季低温对纳滤膜运行不利，因此，纳滤设备必须安装在室内，而且冬季具有保温措施。

二、纳滤防垢工艺

1. 工艺流程

注入水从源水罐经过泵进入粗滤过滤器，去除水中存在水合状态的金属氧化物、含钙化合物、胶体化合物、有机物等污染物。再进入超滤系统，进一步脱除注入水中的颗粒、细菌、病毒等。将预处理后的注入水通过高压泵送入到纳滤系统。利用纳滤膜的分离特性将注入水中的二价硫酸根离子等成垢离子进行分离，可得到纳滤水（含少量SO_4^{2-}的清水）和浓水（富含较多SO_4^{2-}的浓缩水），纳滤水进入清水罐，浓水进入浓水罐，工艺流程如图5-22所示。

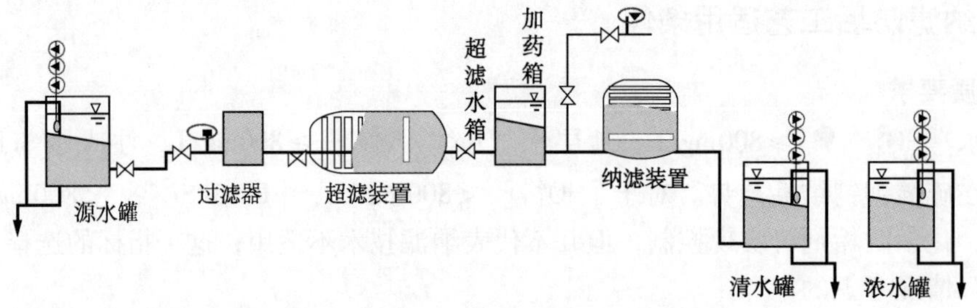

图5-22　注入水纳滤工艺常规流程图

2. 一级与二级纳滤工艺典型应用实例

不同SO_4^{2-}含量条件下的纳滤工艺设计主要考虑注水站规模、水质情况以及浓水的处理方式等因素，下面以不同SO_4^{2-}含量下采用的一级、二级纳滤工艺为典型实例进行介绍。

实例1：当［SO_4^{2-}］ <1600mg/L，采用二级纳滤，浓水量可大幅度降低，水利用率90%以上，例如A注水站。

A注水站规模为2500m^3/d，注入水中SO_4^{2-}含量为1000mg/L，纳滤产出的浓水不能有效回注，纳滤工艺设计考虑以下因素：

(1) 防止纳滤处理后产出清水矿化度较低，易引起地层发生盐敏问题。

(2) 相邻区块没有与浓水相配伍的层位，浓水只能回灌。

因此，设计采用二级纳滤+浓水回掺工艺，回掺部分浓水主要是为了防止纳滤水产生盐敏现象，这样做既达到了防止地层结垢，又不会给地层带来盐敏问题。该工艺的实施提高了清水产出率，降低了浓水产量，最终浓水产出率只有8%，直接将浓水回灌至回灌井。设计的流程如图 5－23 所示，纳滤处理后水质对比结果见表 5－15，从表中可以看出，纳滤后 SO_4^{2-} 含量降低了 84%。

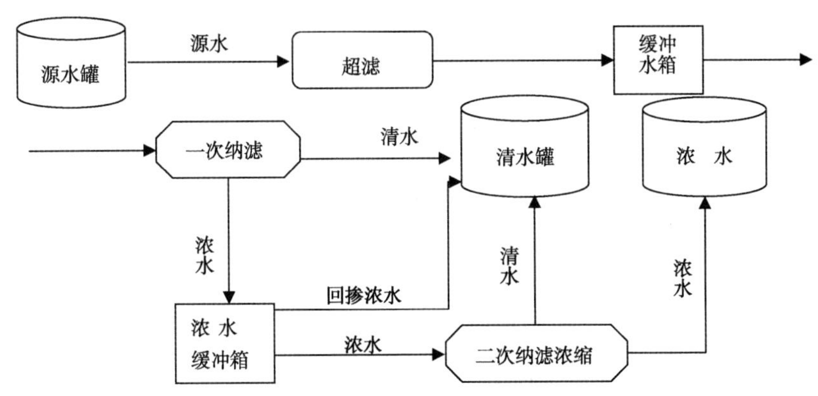

图 5－23 两级纳滤＋浓水回掺水处理工艺流程

表 5－15 A 注水站注入水、纳滤水与地层水化学成分对比 单位：mg/L

水质	$K^+ + Na^+$	Ca^{2+}	Mg^{2+}	Ba^{2+}/Sr^{2+}	Cl^-	HCO_3^-	SO_4^{2-}	总矿化度	水型
注入水	856	110	45	0	806	179	1000	2996	Na_2SO_4
纳滤水	143	91	38	0	612	120	160	1164	Na_2SO_4
地层水	40052	3745	753	1387	71305	188	—	117430	$CaCl_2$

实例 2：当［SO_4^{2-}］＞1600mg/L 时，二级纳滤不适应，只能采用一级纳滤，采用一级纳滤＋浓水回掺的措施减少浓水量，例如 B 注水站。

B 注水站规模为 2500m^3/d，注入水中 SO_4^{2-} 含量达到了 2639mg/L，注入水矿化度较高，纳滤工艺设计考虑以下因素：

（1）高矿化度、高 SO_4^{2-} 含量条件下纳滤膜的寿命问题。

（2）相邻区块没有与浓水相配伍的层位，浓水只能回灌。

因此，设计采用一级纳滤＋浓水回掺的方式，设计一级纳滤产水为 60%，由于浓水产出量大，不能有效利用，采用部分浓水回掺方式减少浓水产量。经过水利用率与脱除率、防垢率平衡关系研究，实验出最佳 SO_4^{2-} 脱除率控制在 60%，防垢率达到 70%，水利用达到 80%。设计该站的纳滤流程如图 5－24 所示，纳滤处理后水质对比结果见表 5－16，从表中可以看出，针对高含量的 SO_4^{2-}（≥2000 mg/L），SO_4^{2-} 脱除率控制在 60% 即可满足现场需要。

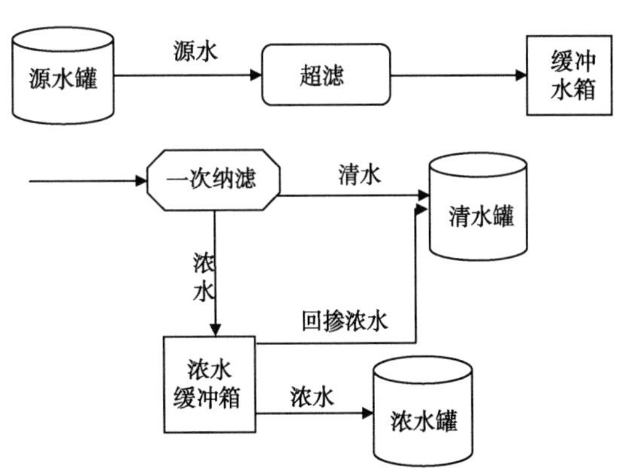

图 5－24 一级纳滤＋浓水回掺水处理工艺流程

表5-16 B注水站注入水、纳滤水与地层水化学成分对比 单位：mg/L

水质	$K^+ + Na^+$	Ca^{2+}	Mg^{2+}	Ba^{2+}/Sr^{2+}	Cl^-	HCO_3^-	SO_4^{2-}	总矿化度	水型
注入水	919	498	181	0	843	57	2639	5137	Na_2SO_4
纳滤水	600	205	92	0	748	45	1051	2741	Na_2SO_4
地层水	30200	1205	638	2280	60600	146	—	95068	$CaCl_2$

实例3：当［SO_4^{2-}］>1600mg/L时，采用一级纳滤，且相邻区块有与浓水相配伍的层位，清水回注目的层位，浓水全部回注利用，例如C注水站。

C注水站规模为2000m^3/d，注入水中SO_4^{2-}含量为2069mg/L，注入水矿化度较高，设计从以下方面考虑：

（1）高矿化度、高SO_4^{2-}含量条件下纳滤膜的寿命问题。

（2）相邻区块有与浓水相配伍的层位，不用考虑浓水的产出率问题。

因此，设计考虑到延长膜寿命的问题，调节一级纳滤水产水率为60%，产出40%的浓水直接回注到配伍层位，有效利用。纳滤处理后水质对比结果见表5-17，从表中可以看出，SO_4^{2-}含量由2069mg/L降低到了820mg/L，脱除率控制在60%。

表5-17 C注水站注入水、纳滤水与地层水化学成分对比 单位：mg/L

水质	$K^+ + Na^+$	Ca^{2+}	Mg^{2+}	Ba^{2+}/Sr^{2+}	Cl^-	HCO_3^-	SO_4^{2-}	总矿化度	水型
注入水	910	243	59	0	430	82	2069	3793	Na_2SO_4
纳滤水	628	126	30	0	320	61	820	1985	Na_2SO_4
地层水	28811	2242	495	2855	49674	128	—	84205	$CaCl_2$

三、纳滤工业化设备

纳滤工业化设备主要由预处理单元、纳滤单元、后处理单元（化学清洗系统及辅助加药系统组成）三部分组成。

预处理单元由多介质过滤器、超滤等系统组成。

纳滤单元由纳滤膜组件、压力容器、高压泵、反渗透滑架、控制仪表及相关压力管道等组合而成。

化学清洗系统由化学清洗水箱、水泵、清洗保安过滤器等组合而成。

辅助加药系统根据原水水质及整个系统需求的不同而采用不同的加药装置，主要由阻垢加药、pH值调整装置等相互组合而成。现场纳滤脱SO_4^{2-}装备采用自动操作方式。

1. 预处理单元

1）多介质过滤系统

多介质过滤器是最成熟和最常用的纳滤、反渗透预处理工艺设备，是一种性能先进的压力式过滤器，它采用了不同粒径石英砂和无烟煤填充多介质过滤器的滤元，其填料粒径：

0.8～1.2mm 无烟煤，0.3～0.5mm 过滤层，2～4mm 承托层，从而提高了过滤效率和截污容量。通过石英砂和无烟煤的截留作用，去除水中存在水合状态的金属氧化物、含钙化合物、胶体化合物、有机物以及细菌等污染物。

经过一段时间过滤后，表层滤料间的缝隙逐渐为污染粒子所堵塞，即出现所谓的表层截污现象，形成滤膜，使过滤阻力剧增，滤速剧减，或可能出现滤膜裂缝，出现污染物穿透等现象。因此多介质过滤器运行一段时间后应及时反洗。

过滤介质是过滤工艺中影响过滤精度、过滤速率等技术指标的重要元件，其寿命、性能和可靠性取决于过滤介质的材料及其性能，同时也取决于被处理物料的性质等因素。多介质过滤器选用的是无烟煤和石英砂填料，质量稳定、性能可靠。

多介质过滤器在压力驱动下实现过滤操作，污染物在过滤层被截留，当系统累计运行一定时间达到纳污极限后需要停机进行反冲洗、正冲洗以恢复过滤器的纳污能力。多介质过滤器结构见图 5－25。

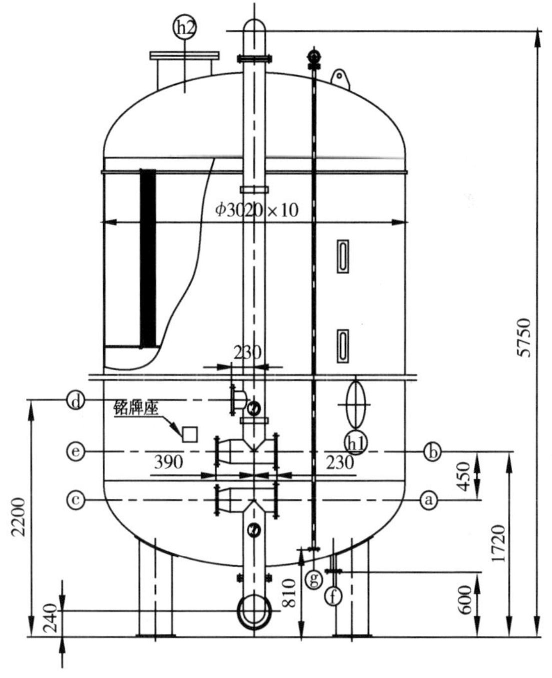

图 5－25　多介质过滤器剖立面图（单位：mm）

主要特点：过滤精度高，水中悬浮物的去除率可接近 100%，经良好混凝处理的天然水，浊度为 20NTU（散射浊度单位）时，过滤出水浊度能小于 1NTU。

2）超滤系统

超滤是一种流体切向流动和压力驱动的过滤过程，并按相对分子质量大小来分离水中颗粒。比膜孔径小的物质能作为透过液透过滤膜，不能透过滤膜的物质将被截留下来浓缩于排放液中。因此产水（透过液）将含有水、离子和小分子物质，而胶体物质、颗粒、细菌、病毒和原生动物将被膜去除。

中空纤维超滤膜是一种很薄的聚合材料，由聚砜 PS、聚酯 PE、聚醚砜 PES、PVDF 或聚丙烯腈（PAN）等制成并带有非对称的微孔结构。不对称超滤膜拥有一层极光滑极薄（0.1μm）的孔径在 0.002～0.1μm 的内表面，该内表面由孔径达到 15μm 的非对称结构海绵体结构支撑。这种小孔径光滑，膜表面和较大孔径支撑材料的结合使得过滤微小颗粒的流动阻力很小并不易堵塞。

过滤的水经过超滤给水泵加压后输入膜组件中。由于膜内外的压力差，一部分水渗过滤膜，而水中的杂质则截留在剩余水中被过滤除去。

原水预过滤后，再经过超滤系统对其进行处理，进一步去除水中残留的机械杂质。过滤精度 5μm，质量可靠，使进入纳滤系统的待处理水完全符合纳滤膜的进水条件，保证纳滤系统的正常稳定运行。

图 5－26 是超滤膜过滤的基本原理示意图。

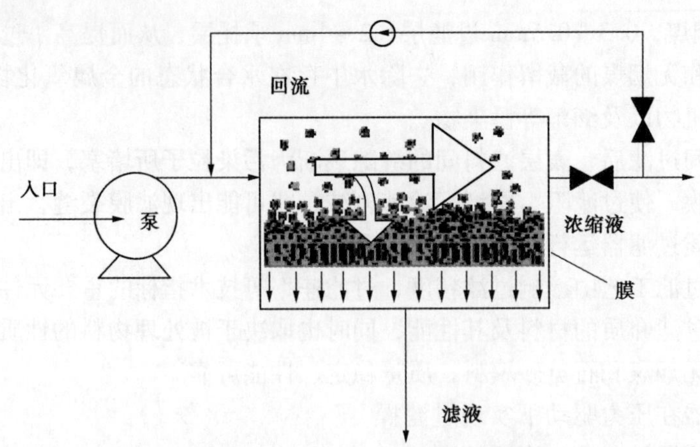

图5-26 超滤基本原理示意图

超滤膜元件的性能参数：最高压力（水）为0.6MPa；最高压力（气）为0.01MPa；最高进水温度为40℃；最低进水温度为0；最大透膜压差为0.24MPa；最大反洗透膜压差为0.14MPa；最大平均压力变化为0.04MPa/s，10s阀门开启时间；避免有机溶剂接触；避免暴露于日光直射下。

2. 纳滤单元

1）纳滤单元组成

纳滤单元主要由纳滤膜组件、压力容器、高压泵、纳滤滑架、控制仪表及相关压力管道等组合而成。在实际运行过程中，进水从压力容器一端的给水管路进入膜元件。在膜元件内一部分给水穿过膜表面形成低含盐量的过滤水，剩余部分水继续沿给水通道向前流动进入下一个膜元件，由于这部分水含盐量比原水要高，在纳滤系统中称为浓水。过滤水和浓水最后由过滤水通道和浓水通道引出膜壳。

（1）纳滤膜组件。

实验的纳滤膜组件生产厂商是陶式化学公司（FILMTEC），其膜组件材料为聚酰胺膜（PA膜）。图5-27为纳滤膜安装示意图。

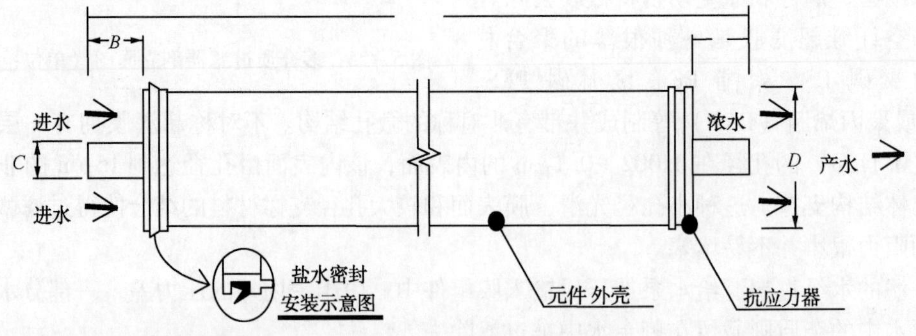

图5-27 纳滤膜安装示意图

（2）压力容器（图5-28）。

压力容器是将一个或数个膜元件组合起来，放置在其内以构成一个脱盐部件。主要生产厂商有美国CODLINE公司，国产哈尔滨玻璃钢研究所和大连宇星净水设备有限公司等。

(3) 高压泵。

高压泵是纳滤系统的主要组成部分，可向膜组件提供平稳、不间断的流量和合适的压力。高压泵需提供0.5MPa 左右的压力。

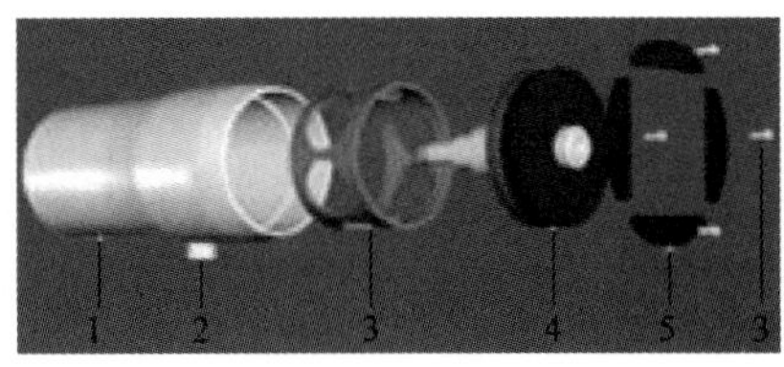

图 5－28　压力容器示意图

1—玻璃钢压力壳体；2—原/浓水口；3—止推环；4—端板；5—挡块；6—保安螺栓

(4) 纳滤滑架。

纳滤滑架用来放置膜组件、压力管道、高压泵、仪表等组件。纳滤滑架必须有足够的强度以便纳滤装置的运输，同时防止有损害的位移发生。

(5) 控制仪表。

控制仪表主要包括流量仪表、电导仪表、压力表等监测仪表和电器控制系统。

纳滤装置一般采用并联母管式运行。

纳滤控制盘上有纳滤水流量表、浓水流量表、产水电导率表、高压泵起停开关和指示灯、紧急停开关等。

集中控制压力盘上有第一段进水压力表、第二段进水压力表、高压泵出口压力表、高压泵出口阀后压力表。

纳滤主控盘上有记录表和报警器。

2）膜元件的排列组合

为了使纳滤装置达到给定的回收率，同时保持水在装置内的每个组件中处于大致相同的流动状态，必须将装置内的组件分为多段锥形排列，段内并联，段间并联。所谓段，指膜组件的浓水流经下一膜组件处理，流经几组膜组件即称为几段；所谓级，指膜组件的产品水再经膜组件处理，产品水经几次膜组件处理即称为几级。图 5－29 为膜元件的排列组合方式示意图。

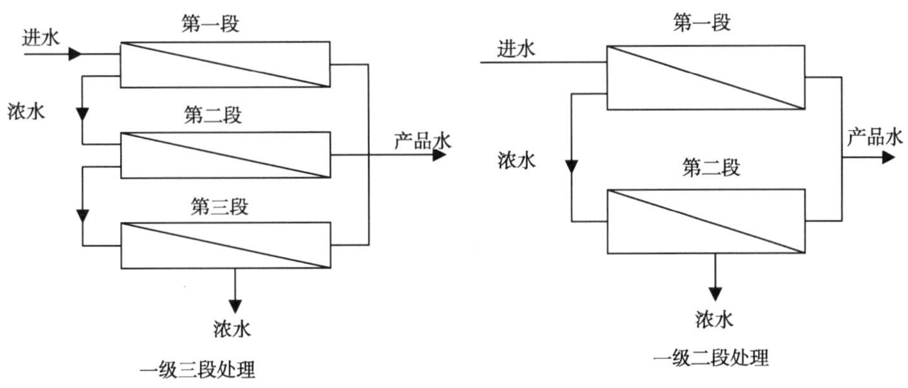

图 5－29　膜元件的排列组合方式示意图

3）后处理单元（加药及清洗系统）

(1) 阻垢剂添加。

在生产出纳滤水的同时，污染物/盐分在浓水侧浓缩，是原水中的污染物在浓水侧浓缩 2～4 倍，这就是浓水结垢的原因。为保证纳滤系统的正常运行，根据原水水质的不同，选择不同的阻垢剂来破坏纳滤膜浓水侧垢的形成并减轻结垢趋势，添加阻垢剂参数见表5－18。

表 5-18　设计添加阻垢剂参数

序　号	项　目	数　值
1	阻垢剂添加量（mg/L）	3~6
2	加药方式	连续投加

（2）纳滤清洗系统。

纳滤设备运行一段时间后，浓水侧的污染物是将原水中的各种污染物浓缩了 4 倍，由于浓差极化的原因，可能会在纳滤膜表面产生各类污垢，致使纳滤膜性能下降、产水量和脱盐率下降，这时必须进行化学清洗来恢复膜的透水量。

清洗周期的确定应在同样产水量下膜运行压力超过 10% 或同等压力下产水量减少 10% 时清洗，膜的通量恢复较好，可使膜的产水量恢复到接近原有水平。为保证纳滤透膜的性能，每次停机清洗时间约需 10h。

纳滤系统中有自动冲洗装置。在系统停机时，可自动冲洗膜元件表面，将膜表面的污染水置换成净化水，防止表面沉积物的污染，从而保证膜元件的正常寿命。

第五节　纳滤防垢现场应用效果检测方法

一、应用效果检测方法

一个注水站安装纳滤水处理设备，现场正式投运后，主要从水质监测、注水井压力动态变化、吸水剖面和吸水指数变化、对应采油井含水量与产量变化等几方面对其应用效果进行评价：

1. 水质监测

水质监测包括原注入水水质监测和产出水（纳滤水和浓水）水质监测。通过取样、化验、分析原水、产出纳滤清水和浓水中的 Cl^-、CO_3^{2-}，HCO_3^-，OH^-，SO_4^{2-}，Mg^{2+}，Ca^{2+}，Sr^{2+}，Ba^{2+}，Na^+ 和 K^+ 等的含量，分析产出水矿化度、水质的变化、SO_4^{2-} 含量的变化，每个月定期取水样进行分析，监测纳滤设备的长期运行稳定性。

2. 注水井压力动态变化

注水井压力变化反映注水压力、吸水指数的变化规律及对应关系。根据注水井注水压力的变化判断注水效果。

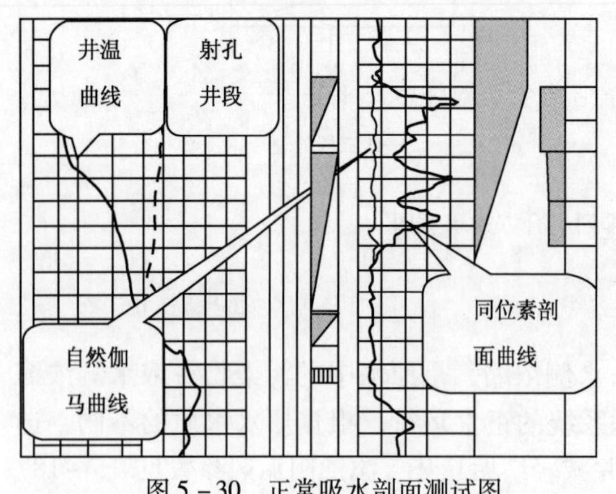

图 5-30　正常吸水剖面测试图

3. 吸水剖面和吸水指数变化

（1）吸水剖面是指注水井在正常注水条件下所测定的各个生产层或者生产段的吸水量。吸水剖面一般用相对吸水量表示，它反映地层吸水能力的大小。吸水剖面增大则地层的吸水能力增大，在同样的注水条件下，水驱效率升高。

吸水正常井剖面资料应具备的条件（图 5-30）：

① 正常水井吸水剖面资料应与注采层位对应，剖面上吸水均匀，各层间达到配注要求。

② 正常水井吸水剖面资料应达到同位素示踪剖面闭合条件。

③ 正常水井吸水剖面资料同位素示踪剖面应与流量测试结果相符。

通过对纳滤前后注水井吸水剖面的测定，可以直观地反应地层的微观水驱效果。

（2）吸水指数是指注水井在单位注水压差下的日注水量。根据测试压力、流量资料，作出注水量同注水压力线性关系曲线，曲线斜率的倒数就是注水井的吸水指数。吸水指数的大小反应这个地层吸液能力的好坏，吸水指数大就表示吸水能力好，反之吸水能力差。

① 直线型指示曲线表明注水压力和注水量呈正比关系，地层吸水状况稳定（图5－31）。

② 折线型指示曲线如果右偏，表明随着注水压力增大，注水量变化呈增大趋势，拐点后地层有新层吸水或裂缝张开迹象（图5－32）。

③ 折线型指示曲线如果左偏，表明随着注水压力的增大，注水量增加减小，拐点后地层流体流动难度增大，有地层径向驱替压力梯度增大或井筒工具压力损耗增大现象（图5－33）。

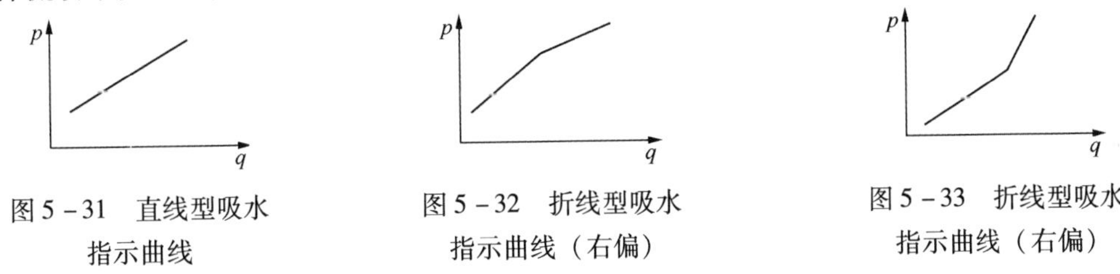

图5－31 直线型吸水指示曲线

图5－32 折线型吸水指示曲线（右偏）

图5－33 折线型吸水指示曲线（右偏）

4. 对应采油井含水量与产量变化

油井水驱见效时，产液量、产油量上升，含水稳定或下降，动液面上升，地层压力上升。

（1）注水效果好：对应油井全面见效，油井产量高，含水低。

（2）注水效果较好：油井见效程度60%左右。

（3）注水效果差：油井见效程度低。油井产量、压力下降明显，部分油井很快见水或含水上升快，开发效果差。

对于低渗透油田来讲，由于油井的采液指标变化不大，所以含水上升，直接反映出单井产量下降，如果区块的含水稳定或下降，即是区块产量上升。

二、现场应用实例

纳滤脱 SO_4^{2-} 防垢技术在油田水处理中得到了成功应用，从源头上有效防止了硫酸盐垢的生成，对油田稳产起到了积极的作用。下面介绍两个不同注水站的典型应用实例。

1. 实例1：中含 SO_4^{2-}（1000～1200mg/L）

X注水站注水规模为300m^3/d，有10口注水井，该注水站注入水 SO_4^{2-} 含量为1260mg/L，地层水 Ba^{2+} 和 Sr^{2+} 含量大于1000mg/L，两种水质不配伍。2009年在该注水站建成一套处理量为500m^3/d的注入水纳滤脱 SO_4^{2-} 防垢装置，产生的浓水有效回注到配伍的层位，2009年4月份正式投运，目前运行稳定，效果显著。

（1）现场水质监测。

定期对注水站水质进行跟踪监测，结果（表5－19）表明，纳滤装置运行稳定，水质变化不大。

表 5-19 X 注水站脱 SO_4^{2-} 水质跟踪监测 单位：mg/L

取样日期	取样位置	$Na^+ + K^+$	Ca^{2+}	Mg^{2+}	SO_4^{2-}	Cl^-	HCO_3^-	总矿化度
2009.4.7	原水罐进口	654.8	182.5	450.0	1232.2	1639.3	197.2	4356.0
	纳滤前	494.5	111.4	268.4	800.1	1076.1	150.1	2900.6
	纳滤后	185.2	15.8	33.6	173.7	269.3	26.4	704.0
	脱除率（%）	62.5	85.8	87.5	86.0	74.9	82.4	75.7
2010.05.12	纳滤前	494.5	111.4	268.4	800.1	1076.1	150.1	2900.6
	纳滤后	202.9	20.8	80.0	111.9	376.3	36.3	791.8
	脱除率（%）	59.0	81.3	83.7	86.0	65.0	75.8	72.7
2011.10.18	纳滤前	587.4	128.4	269.8	995.8	1002.6	136.7	3120.7
	纳滤后	191.1	24.9	63.7	143.4	398.0	40.5	861.6
	脱除率（%）	67.5	80.6	76.4	85.6	60.3	70.4	72.4
2012.03.9	纳滤前	696.9	188.4	201.9	806.9	1311.6	152.6	3358.3
	纳滤后	297.2	29.2	40.4	153.7	484.9	53.7	1059.1
	脱除率（%）	57.4	84.5	79.9	85.1	63.0	64.8	68.5

（2）SO_4^{2-} 脱除率随时间变化。

对 SO_4^{2-} 脱除率进行了跟踪监测，结果（图 5-34）表明，硫酸根脱除率保持在 82～86%，比较稳定。

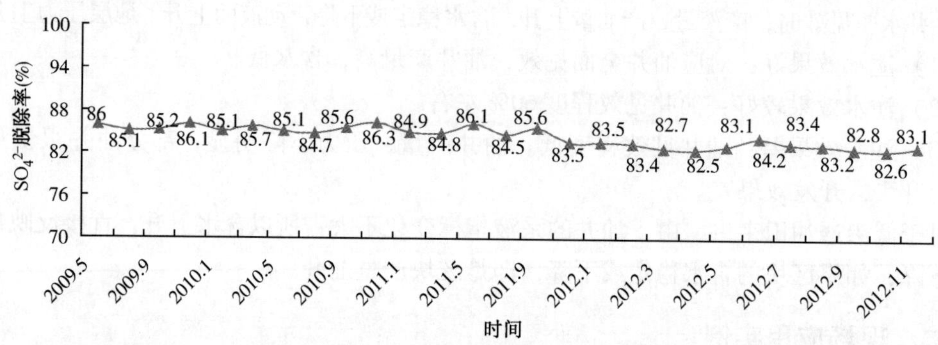

图 5-34 SO_4^{2-} 脱除率随时间变化曲线

（3）注水压力动态变化。

对试验区 5 口纳滤水注水井的注水压力进行跟踪监测，结果（图 5-35）表明，注水压力保持平稳，注水量增加，说明地层注入纳滤水后，结垢现象有所缓解。

（4）吸水剖面变化。

对两口试验井安××-×和安××-××进行试验前后不同时间段吸水剖面变化测试（结果见图 5-36 和图 5-37），图 5-36 测试结果表明，试验井安××-×在 2009 年 4 月 23 日测得吸水剖面厚度为 9.9m，2011 年 11 月 11 日其剖面厚度为 11.2m，试验前后吸水剖面最大增加了 1.3m，说明该井注入纳滤水后地层的渗透率不断增大，吸水能力增强，水驱效率升高。

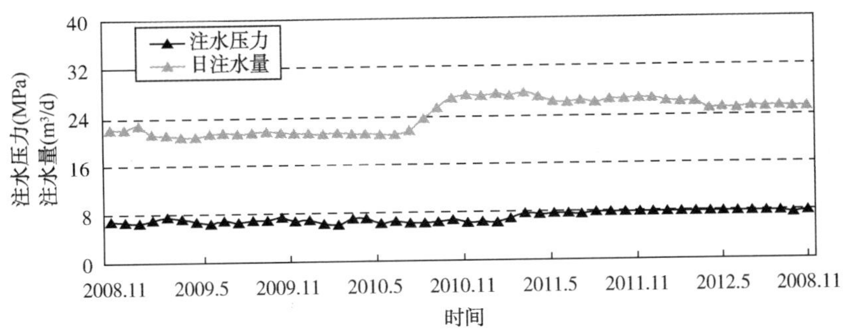

图 5－35　注纳滤水井压力、注水量变化曲线

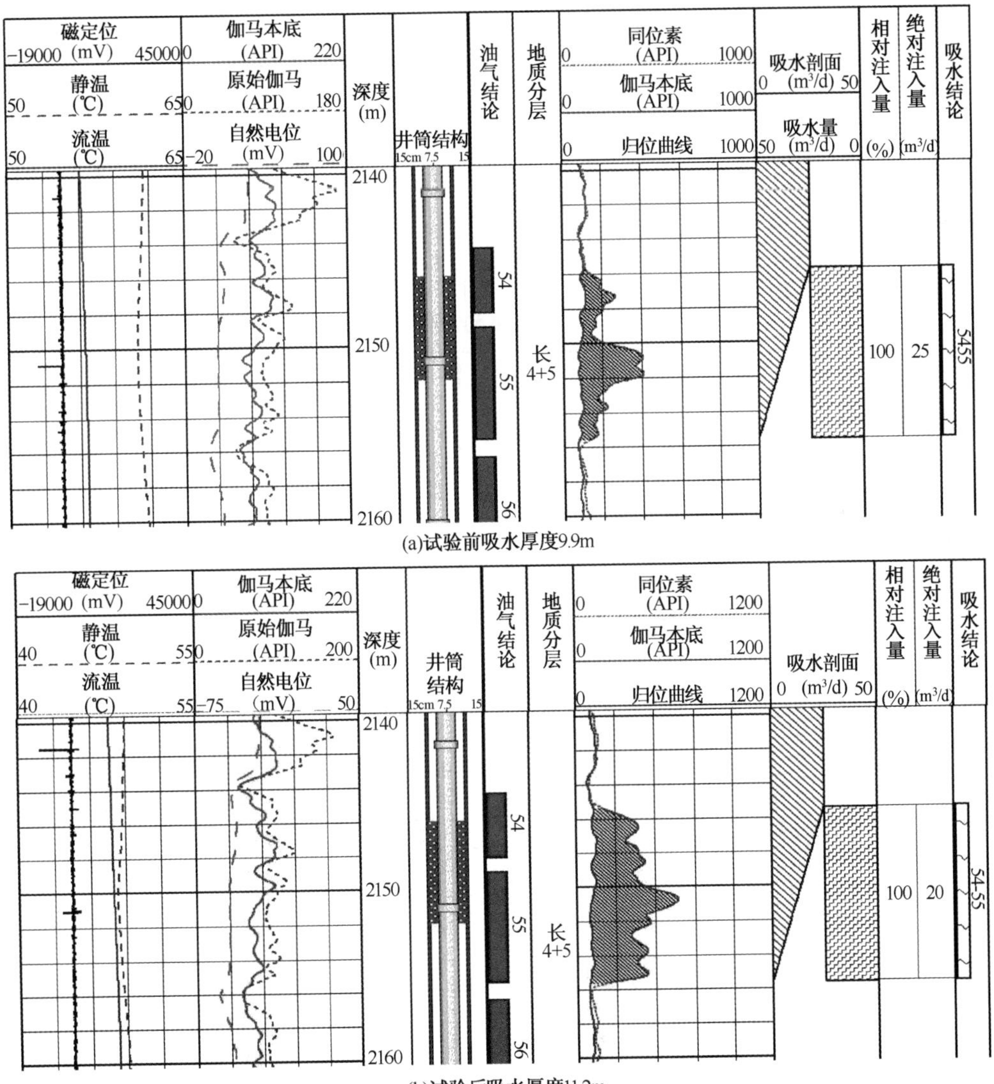

(a)试验前吸水厚度9.9m

(b)试验后吸水厚度11.2m

图 5－36　试验井安××－×井三次吸水剖面测试对比图

图5-37测试结果表明，试验井安××-××在2009年4月23日测得吸水剖面厚度为3.7m，2011年11月11日吸水剖面厚度为5.5m。吸水剖面厚度随着注水时间的增加不断增大，纳滤前后吸水剖面厚度共增加了1.8m，说明该井注入纳滤水后地层的吸水能力增强，水驱波及效率提高。

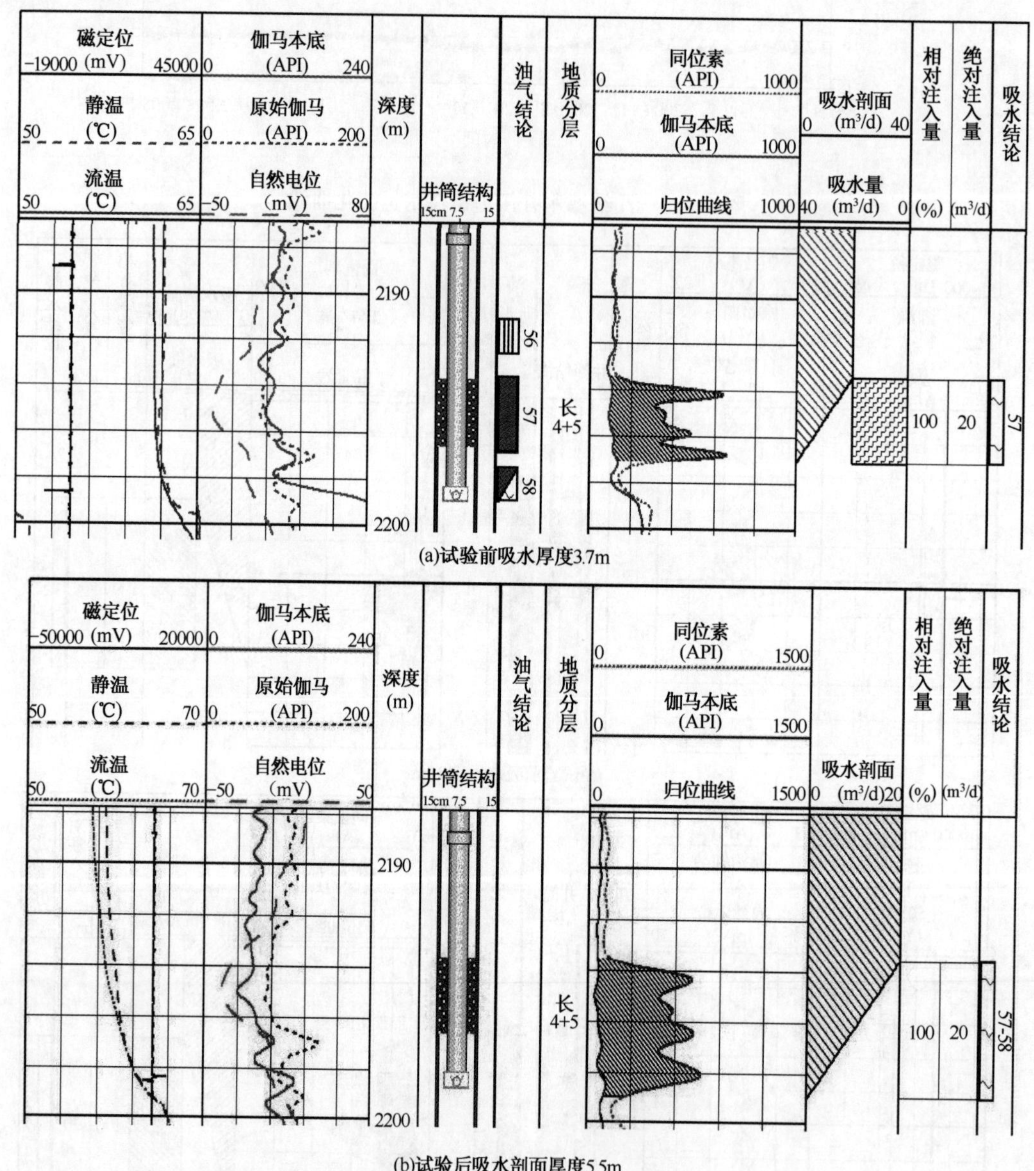

图5-37 试验井安××-××井三次吸水剖面测试对比图

（5）对应采油井产量变化。

纳滤脱SO_4^{2-}装置现场投入运行后，对试验区15口采油井整体产量变化进行跟踪。结果见图5-38。从图5-38可以看出，试验区15口采油井产量整体保持平稳。说明注入水经过纳滤脱SO_4^{2-}后，对试验区采油井起到了稳产的作用。这种现象可以解释为，注入纳滤水后地层结垢现象得到了抑制，有效地改善了注入水在地层的“锥进”现象，地层吸水剖面和吸水指数增加，吸水能力增强，水驱效率升高。表5－20是对15口试验井整体产量的统计情况，从统计的结果来看，见效井有7口，其中日增油1～2t的有5口井，日增油0～1t的有2口井，其余5口井产量保持不变，3口井产量下降。

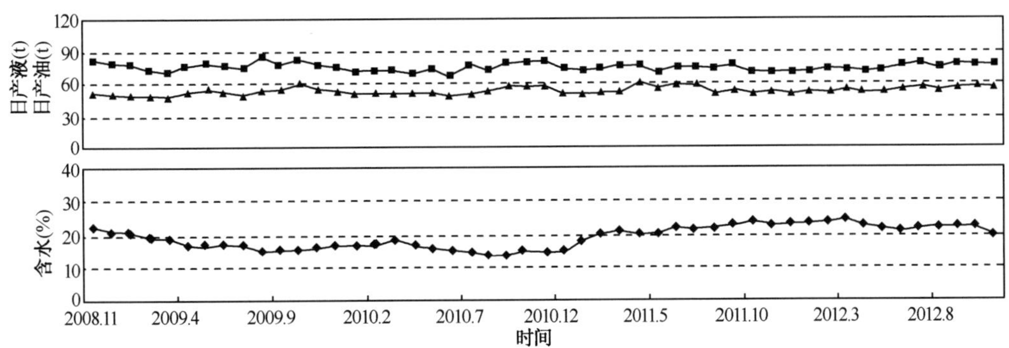

图5－38 试验区15口采油井整体注采曲线

表5－20 试验后试验区整体情况统计（截至2012年12月）

试验区对应15口采油井	单井日增油（t）	井数（口）	小计
见效井	↗1～2	5	7
	↗0～1	2	
保持平稳井	0	5	5
产量降低井	↘0～1	3	3

2. 实例2：高含SO_4^{2-}（>2000mg/L）

Y注水站注水规模为2000m^3/d，有82口注水井，该注水站注入水富含SO_4^{2-}成垢离子，SO_4^{2-}含量为2638mg/L，地层水Ba^{2+}/Sr^{2+}含量达到了2100mg/L，注入水与地层水结垢严重。2011年10月份在该注水站建成一套处理量2000m^3/d的注入水纳滤脱SO_4^{2-}防垢装置，产生的浓水回灌至回灌井，该装置2012年4月份正式投运，初见成效。

（1）水质监测。

现场纳滤装置运行采用一级纳滤＋部分浓水回掺方式，浓水产出率为20%～16%，每个月定期对水质进行测试，测试结果见表5－21。

表5－21 Y注水站脱SO_4^{2-}水质监测 单位：mg/L

水 样	Cl^-	HCO_3^-	SO_4^{2-}	Na^+/K^+	Mg^{2+}	Ca^{2+}	总矿化度
源水	842.97	57.15	2645.57	1007.33	151.94	470.94	5175.90
纳滤水	948.34	57.15	1123.59	760.88	72.93	240.48	3203.37
浓水	825.41	68.58	3419.32	1117.78	218.79	581.16	6231.04

（2）注水压力动态变化。

纳滤脱SO_4^{2-}装置投运后，对注水区块82口纳滤注水井进行动态压力跟踪，见效井达到36口，注水压力平均下降1.4MPa，效果显著（图5－39）。

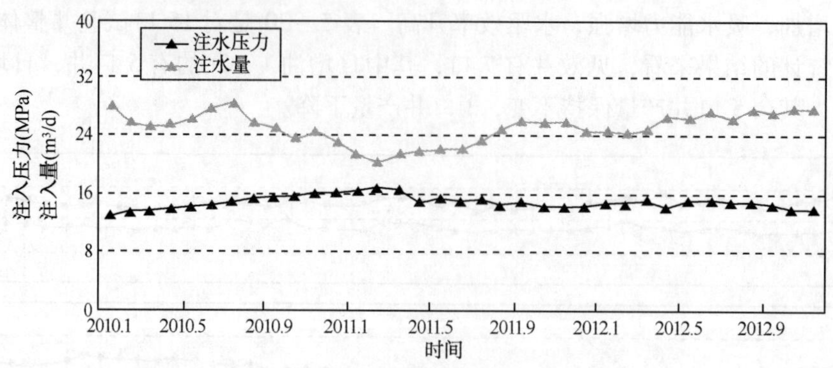

图5－39　纳滤注水井注水压力与注水量变化曲线

（3）吸水剖面变化。

现场完成了13口试验井不同时间段吸水剖面变化测试，其中11口井的吸水剖面厚度增加0.1～3.4m（表5－22），测试结果见图5－40、图5－41，说明试验井注入纳滤水后，地层的渗透率有一定的增大，吸水能力增强，在同样的注水条件下，其水驱波及效率提高。

表5－22　脱硫酸根后注水井吸水剖面比较

序号	井号	日期	注水量（m^3/d）	剖面厚度（m）	日期	注水量（m^3/d）	剖面厚度（m）	剖面变化（m）
1	塬×3－95	2011.7.15	18	7.1	2012.9.21	18	7.7	↗0.6
2	塬×3－97	2011.7.7	25	3.6	2012.9.18	25	5.0	↗1.4
3	塬×7－91	2010.9.21	20	5.0	2011.9.20	20	8.3	↗3.3
4	塬×9－95	2010.7.16	40	5.0	2012.9.20	40	8.4	↗3.4
5	塬×3－89	2011.7.17	25	5.1	2012.9.21	25	5.2	↗0.1
6	塬×3－97	2010.8.29	30	5.7	2012.9.18	30	6.4	↗0.7
7	塬×1－93	2010.9.23	30	8.6	2012.9.21	30	10.4	↗1.8
8	塬×9－93	2011.7.7	15	7.1	2012.7.7	15	9.1	↗2.0
9	塬×3－93	2011.7.13	24	5.5	2012.7.8	20	6.2	↗0.7
10	塬×3－99	2011.7.9	20	5.3	2012.7.7	20	6.1	↗0.8
11	塬×5－89	2011.7.14	25	4.5	2012.9.22	25	4.6	↗0.1
12	塬×1－101	2011.7.13	20	5.0	2012.9.19	18	4.0	↘1.0
13	塬×5－91	2011.7.14	22	8.0	2012.9.24	25	7.7	↘0.3

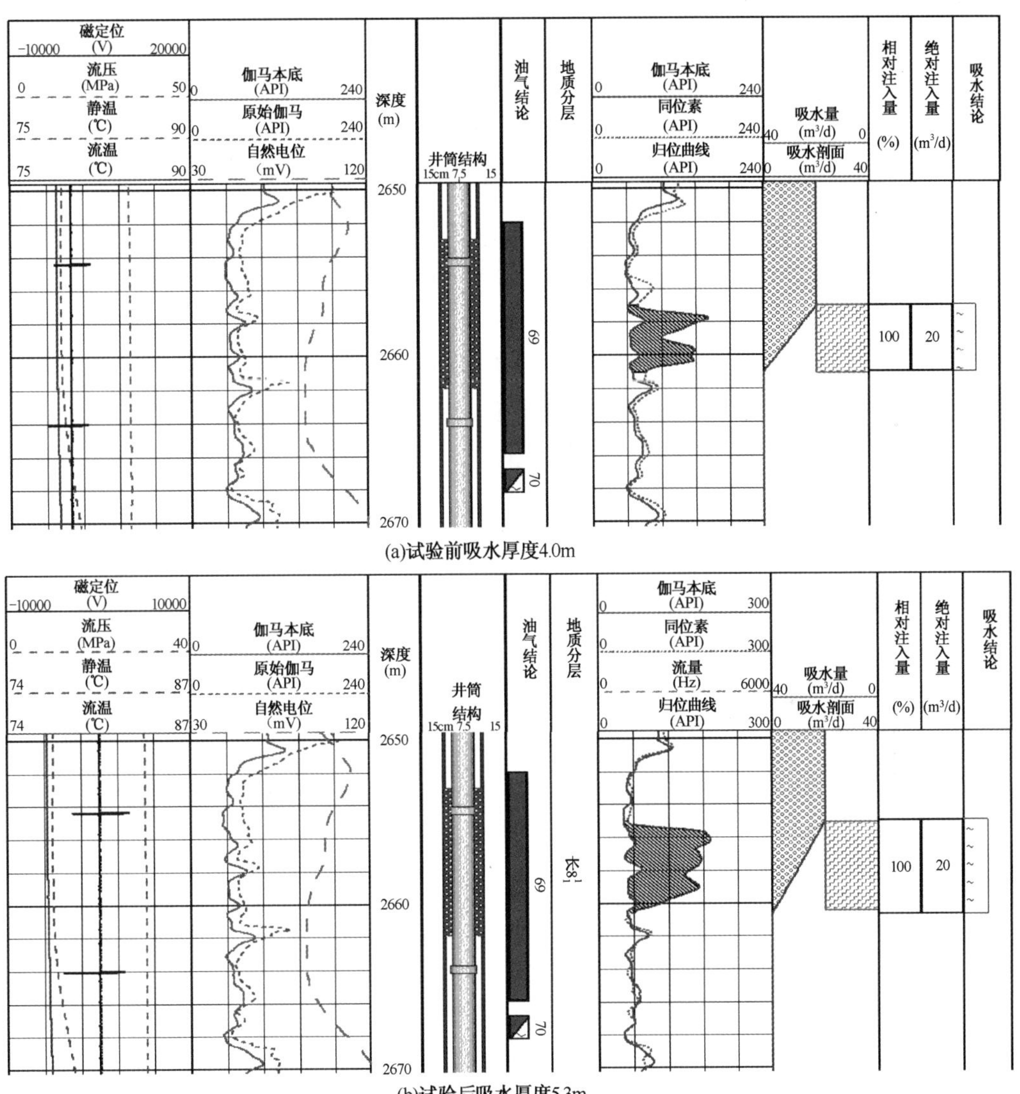

图 5－40 试验井塬×3－99 两次吸水剖面测试对比图

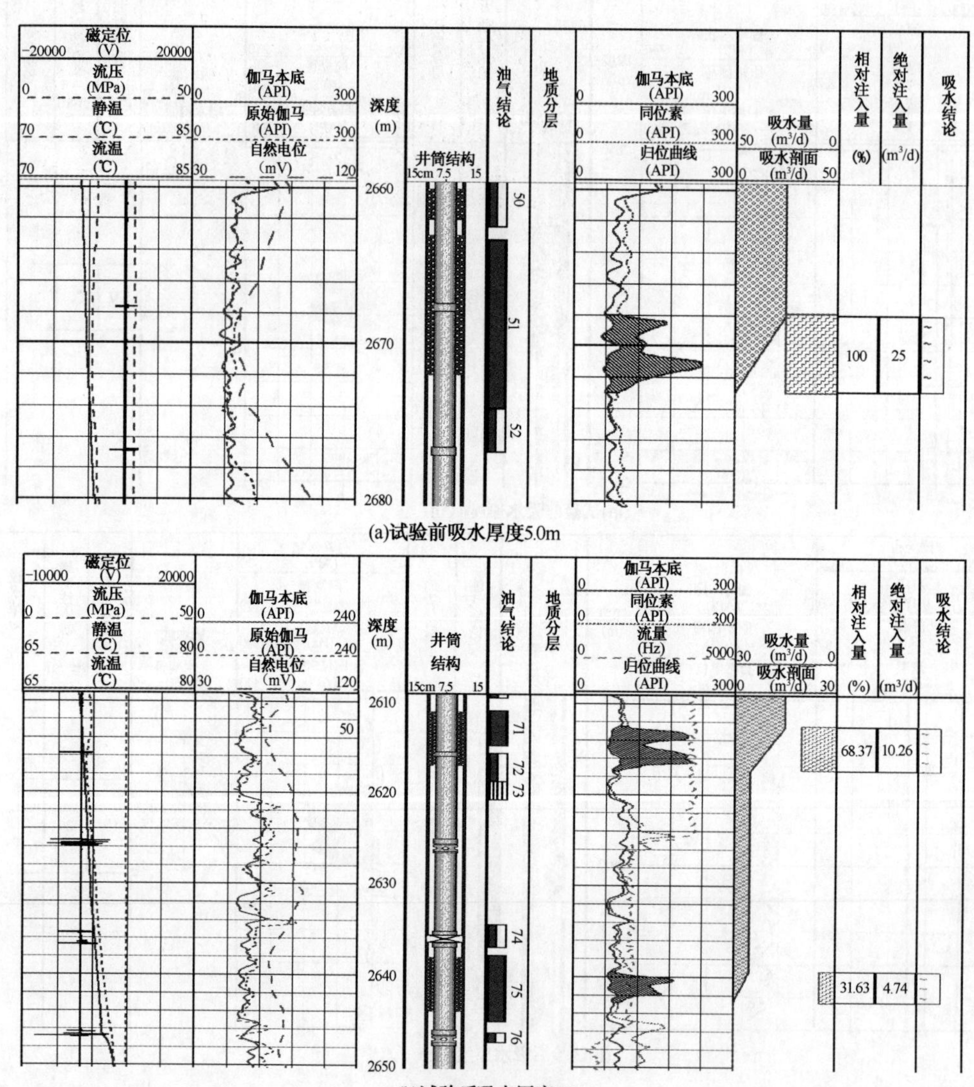

图5-41 试验井塬×7-91井两次吸水剖面测试对比图

（4）对应采油井产量变化。

纳滤脱 SO_4^{2-} 装置现场投入运行后，对试验区块240口采油井整体产量变化进行跟踪。结果见图5－42。从图中可以看出，采油井整体产量保持平稳，含水稳定。

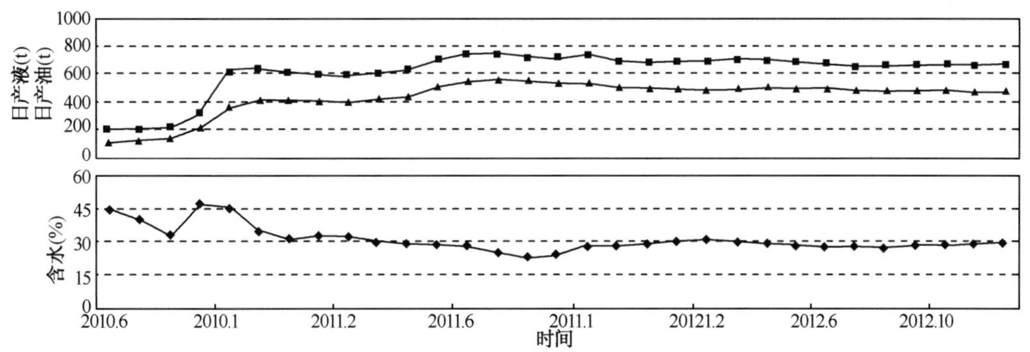

图5－42　Y注水站对应采油井整体注采曲线

第六节　纳滤系统的运行管理

由于纳滤设备的工艺及系统控制相对比较简单，一般来说，对影响因素加以分析与理解就可以容易地进行管理。纳滤系统能否长期稳定运行除受设备本身的性能限制之外，设备的正常操作与维护也是至关重要的。当纳滤设备发生膜污染、结垢、膜元件机械损伤等现象时，纳滤系统运行压力、产水量、脱盐率、压力及压差等技术指标就会显出异常。在这种情况下，工程公司和用户应通过一系列方法对其作出正确的判断，判断出造成纳滤系统性能低下的真正原因。

1. 控制较低的运行压力和回收率

压力是纳滤脱盐的推动力，压力升高，膜组件透水量线性上升，脱盐率开始时升高，当压力升至一定值时，脱盐率趋于平稳。因而在实际运行中，压力无需太高，压力过高会使膜的衰减加剧，而且有可能损坏膜组件。为延长膜组件的使用寿命，通常在脱盐率和产水量满足生产要求时，采用稍低的压力运行，对延长系统的运行周期有着极大的好处。根据系统的不同，膜的运行压力也不尽相同，当纳滤系统采用较高的回收率时，浓水含盐量相应提高，不但容易在浓水侧产生浓差极化，而且会导致系统渗透压的增大，产水的能耗也会增加，产水水质变差，膜污染加重，结垢和微生物污染的危险性变大。根据运行经验，纳滤系统的回收率控制在75%以下比较合适。

2. 对膜进行物理冲洗

冲洗是采用低压大流量的进水冲洗膜元件，冲洗掉附着在膜表面的污染物和堆积物，膜的低压冲洗可以减少深度差，防止膜脱水现象的发生。在条件允许的情况下，建议经常对系统进行冲洗，增加冲洗次数比进行一次化学清洗更有效果。一般冲洗的频率推荐为一天一次为好，也可根据水质的具体情况，自行控制冲洗频率。

依据水质特点，为了尽量减少水中污染物对膜表面的污染，每日对系统有两次物理冲洗为宜，可采用对污染物溶解能力更好的纳滤水，每次冲洗时间10～15min，尽量避免使用原水进行冲洗。

3. 规范系统启停操作及停运保护措施

系统启动和停止时流量和压力会有波动，过大、过快的流量和压力波动可能会导致系统发生极限压降现象，形成水锤作用，从而导致膜元件破裂。故在进行启停操作时，需缓慢增加或者降低压力及流量。系统开机前和停运时，应确保压力容器内没有负压，否则当再次启运膜元件的瞬间会出现水锤或者水力冲击，已经漏掉水分的系统在初始开机或一般运行启动时，会出现上述现象。

系统应保持较低的背压产水侧压力，高于原水侧 0.5MPa 压力以上时，膜元件会受到物理性损伤，系统启动和停止运行前，要充分确认阀门的开关状态以及压力变动情况，杜绝运行过程中背压现象的发生。如果膜系统需要长时间停运，则需要根据技术手册，向系统内通入保护液或者定期通水来保证膜元件的正常备用。

4. 纳滤设备试运行的步骤及方法

（1）在原水未流入纳滤膜系统的状态下，应首先彻底清除预处理设备中尚存的、可能伴有水流出的所有异常物质后，才能进行设备的试运行。

（2）检查设备（系统）中所有阀门是否处在正确的状态，特别要确认原水压力调节和浓缩水调节阀是否完全开启。在大型纳滤系统中，应首先检查设备中配置的电动慢开阀是否能自动按程序开启与关闭。

（3）当系统有原水供给泵为纳滤系统供水时，应首先以低压、低流量对纳滤设备进行排气和冲洗。若系统没有单独设置给水泵，则可利用系统所供给的原水低压冲洗膜内含有化学药品的料液及空气，冲洗时间控制在 10～20min。操作时系统的运行压力最好控制在 0.14～0.21MPa，流量最好控制在能达到化学清洗时的建议运行流量值。另外，请注意此时的产出水和浓缩水要排掉，并注意浓水系统的浓水调节阀及并接在浓水出口的排放阀应处于完全开启状态。在此过程中，操作人员应注意检查设备配管连接状态及阀门有无漏水现象。

（4）对于未使用进水电动慢开阀的小型纳滤系统来说，应在进入压力容器部分的原水压力调节阀略开启的状态下启动高压泵。而大型纳滤装置的原水入口电动慢开阀则应在纳滤高压泵启动的同时自动按程序启动。

（5）纳滤高压泵启动后，缓慢打开原水压力调节阀，使原水压力慢慢上升，纳滤系统压力增加速度（或电动慢开阀的开启速度）应控制在每分钟 4.0～6.0kgf/cm^2 的增量范围内，当产品水流量基本达到所设计的数值时，再缓慢调节浓水调节阀，使系统水回收率达到设计值（附近）。这种调节反复进行直至产品水流量和系统回收率达到设计数值。应注意在调节过程中不能使纳滤系统水回收率、运行压力和膜元件压力降超过设计限定值。

（6）在系统初步调节结束后，应重新核算一下系统运行水回收率并与系统的设计值进行比较，若低于设计值，应查清原因。

（7）确认纳滤系统内各种药品的注入量是否合适。

（8）运行约 1～2h 后开始记录所有运行数据，并再次确认系统是否还有其他问题。在系统正常运行两天后重新记录所有运行资料，并以此作为后期运行资料标准化对比的基准，最后整理出一份完整的开机报告存档。

（9）进行原水和纳滤产品水及浓缩水的水质分析。

（10）参考运行资料和水质分析资料对照设计基准，检查设备是否正常运行，是否达到设计要求。

（11）在试运行后的第一周内，用户最好每天对所有管理项目进行严格、认真的检查，确保设备运行正常。

参 考 文 献

[1] 隋岩峰，解田，李天祥，等．膜分离技术的研究进展及在水处理方面的应用［J］．贵州化工，2011，36（6）：15－18.

[2] 刘淑秀，姚仕仲，等．纳滤膜及其表面活性剂分离特性的研究［J］．膜科学与技术，1997，17（2）：20－23.

[3] 张烽，徐平．反渗透、纳滤膜及其在水处理中的应用［J］．膜科学与技术，2003，23（4）：241－245.

[4] 杨玉琴．纳滤膜技术研究与市场进展［J］．信息记录材料，2011，12（6）：41－49.

[5] Hilal N, Al－Zoubi H , Darwish N A, et al. A Comprehensive Review of Nanofiltration Membranes: Treatment, Pretreatment, Modeling, and Atomic Force Microscopy［J］. Desalination , 2004 , 170 (2) : 281 － 308.

[6] Al－Shammi r M, Ahmed M, Al － Rageeb M. Nanofiltrati on and Calcium Sulfate Limitation for Top Brine Temperature in Gulf Desalination Plants［J］. J. Desalination, 2004, 167 (2): 335－346.

[7] Hassan A M, Farooque A M, Jamal uddi n A T M, et al. A Demonstration Plant Based on the New NF－SWRO Process［J］. Desalination, 2000, 131 (1) : 157－171.

[8] Plummer M A, Colo L. Preventing Plugging by Insoluble Salt in a Hydrocarbon－bearing Formation and Associated Production Wells: US, 4723603［P］. 1988－02－09.

[9] Davis Roy, Lomax lan, Plummer Mark. Membranes Solve North Sea Waterfood Sulfate Problems［J］. J Oil & Gas Journal, 1996, 25: 59－52.

[10] 刘玉荣，陈一鸣，陈东升．纳滤膜技术的发展及应用［J］．化工装备技术，2002，23（4）：14－17.

[11] 卢红梅．纳滤膜的特性及其在国内水处理中的应用发展［J］．过滤与分离，2002，12（1）：38－41.

[12] 松本丰，高以恒．日本NF膜、超低压RO膜及其应用技术的发展［J］．膜科学与技术，1998，18（5）：12－18.

[13] 郑领英，王学松．膜技术［M］．北京：化学工业出版社，2000：50－51.

[14] 何毅，李光明，苏鹤祥，等．纳滤膜分离技术的研究进展［J］．过滤与分离，2003，13（3）：5－9.

[15] 卢红梅．纳滤膜的特性及其在国内水处理中的应用进展［J］．过滤与分离，2002，12（1）：38－41.

[16] 李耕，吴大宇，戴智河．膜技术在浓缩天然大豆低聚糖中的应用［J］．膜科学与技术，2002，1（22）：30.

[17] 付军凤．纳滤膜法脱除硫酸根技术进展［J］．氯碱工业，2009，4（1）：7－10.

[18] 汪双喜，谢小聪，孟凡晶．油田结垢的防治方法［J］．清洗世界，2010，26（11）：12－19.

[19] 环国兰，张宇峰，杜启云，等．纳滤膜及其应用［J］．天津工业大学学报，2003，22（1）：47－50.

[20] 卢红梅．纳滤膜的特性及其在国内水处理中的应用进展［J］．过滤与分离，2002，12（1）：38－41.

[21] 肖峰，魏金芹，姜明东，等．纳滤膜法脱硝工艺的工业应用［J］．天津化工，2009，23（3）：34－36.

[22] Gross R J, Osterle J F. Membrance Transport Characteristics of Ultrafine Capillaries［J］. J. Chem. Phys. , 1971, 54 (8): 3307.

[23] Ruckenstein E, Sasudhar V. Anomalous Effects During Electrolyte Osmosis Across Charged Porous Membrane［J］. J. Collid Interface Science. , 1982 (2): 332－362.

[24] Hinen H J M, Van Daalan J. Smit J A M. The Application of the Space－change Model to the Permeability

Properties of Charged Microporous Membrances [J]. J. Collid Interf Sci., 1985, 107 (2): 525 - 539.

[25] Smit J A M. Reverse Osmosis in Charged Membranes. Analytical Predictions from the Space - charged Model [J]. J. Collid Interf Sci., 1989, 132 (2): 413 - 424.

[26] Meyer K H, Sievers J F. La Permé Abilité Des membranes [J]. Helv. Chim. Acta., 1936, 19 (1): 649 - 677.

[27] Kobatake Y, Takeguchi N, Toyoshima Y. et al. Studies of Membrane Pheomenal [J]. J. Phys. Chem., 1965, 69: 3981 - 3988.

[28] Kobateke Y, Kamo N. Transport Processes in Charged Membranes [J]. Prog Poly. Sci. Japan, 1973, 5: 257 - 301.

[29] Hoffer E, KEDEM O, Hyperfiltration in Charged Membranes the Fixed Charge Model [J]. Desalination, 1976, 2: 25 - 39.

[30] Tsuru T, Nakao S, Kimura S. Calculation of ion Rejection by Extended Nernst - Plank Equation with Charged Reverse Osmosos Membranes for Single and Mixed Electrolytr Solutions [J]. J. Chem. Eng. Japan, 1991, 24: 511 - 517.

[31] Tsuru T, Urairi M, Nakao S, et al. Reserve Osmosis of Single and Mixed Electrolytes with Charged Membranes: Experiment and Analysis [J]. J. Chem. Eng. Japan., 1991, 24: 518 - 523.

[32] Anderson J L, Quinn J A. Restricted Transport in Small Pores [J]. Biophys J., 1974, 14: 130 - 150.

[33] Wang X L, Tsuru T, Kimura S. Electrolyte Transport Through Nanofiltration Membranes by Space - charge Model and the Comparison with Teorell - Meyer Model [J]. J. Membrane Sci., 1995, 103: 117 - 123.

[34] 牟旭凤，陈红盛，白庆中．陶瓷纳滤膜处理淋浴污水及膜的清洗 [J]．水处理技术，2006，32 (7)：52 - 54.

第六章　地层清垢解堵技术

注水开发中水质的配伍性十分重要，当水源无法选择时要进行水质改性，对于不配伍水引起的结垢能否实现地层解堵清垢，也是十分重要的一项研究领域。地层生成碳酸盐垢，采用常规酸化措施可实现解堵技术已十分成熟，而生成单一硫酸钡其溶解难度就十分困难，当硫酸钡锶与碳酸盐混合垢共存时酸化措施部分有效、但有效期较短。在油田开发过程中，当注入水与地层水或层间水不配伍时，在地层中必然发生结垢堵塞，导致注水井注水压力升高、注不进，油井产量下降甚至不产油。

由于开发评价阶段产出液通常是低含水或者不含水原油，地层水 Ba^{2+}/Sr^{2+} 含量通常难以检测到，而开发一定阶段才可能真正发现地层水含有 Ba^{2+}/Sr^{2+}，该问题易被忽视，这就需要加强早期的监测当发生结垢井时需要分析结垢类型研究清垢解堵技术。

第一节　地层结垢类型及对储层的伤害

一、地层结垢类型

油田结垢受地层水性质、流态、流速、温度、压力等多因素影响，根据地层水离子组成地层结垢分为三类：

1. 碳酸盐垢

油田地层水中含有 HCO_3^-，在生产过程中，当流体从高压地层流向压力较低的井筒，CO_2 分压下降 HCO_3^- 分解成 CO_3^{2-}，与 Ca^{2+} 结合生成 $CaCO_3$，如油井近井带较容易发生方解石垢、白云石垢等。碳酸盐垢堵塞地层的主要特点是结垢半径较小、清垢处理比较简单，利用酸可以清除，结垢较容易治理。

2. 硫酸钡锶垢

油田在注水开发过程，注入水和地层水不配伍会导致地层结垢影响注水效果。地层水 $CaCl_2$ 型含 Ba^{2+}，Sr^{2+} 和 Ca^{2+} 等，注入水 Na_2SO_4 型含 SO_4^{2-}，二者在地层中发生化学反应生成难溶于水的硫酸钡锶垢，严重堵塞渗流通道、地层吸水能力下降，注水系统表现为注水压力升高、注水量降低甚至注不进。硫酸钡锶结垢半径垢受地层含水率、Ba^{2+}/Sr^{2+} 含量、SO_4^{2-} 含量、累计注水量等因素影响，注水井结垢半径大、储层伤害大、解堵治理难度大，酸化、压裂和物理解堵技术无法有效地清除地层垢。

3. 硫酸钙垢

由于工程措施或者套管破损导致上覆地层水倒灌油层，例如长庆油田上层洛河水主要为硫酸钠水型，油层采出水含有大量的 Ca^{2+} 和 Ba^{2+} 等，倒灌后容易在射孔段生成硫酸钙垢或者硫酸钡垢，堵塞油层，复产后产量下降明显，这类结垢堵塞井与油井生产形成的碳酸盐垢堵塞基本类似，地层堵塞程度较轻、结垢半径较小，通过酸化措施可以基本清除。

注水开发地层结硫酸钡锶垢是目前清垢的难题，其解决的基本思路是采用螯合剂对垢进行螯合反应转变成可溶性离子促进垢的溶解，改善地层渗流能力。

二、水质及配伍性

1. 水质分析

以某油田为例，开发层系地层水矿化度普遍较高（120g/L以上），为 $CaCl_2$ 型含有大量的 Ba^{2+}，Sr^{2+} 和 Ca^{2+}，离子特征表现为高钙高钡、高钡锶和高钙特征，普遍含 Ba^{2+}/Sr^{2+}，平均1500～2000mg/L，个别井高达5000mg/L以上；注入水为同区块上覆地层水 Na_2SO_4 型，矿化度为2300～6200mg/L，SO_4^{2-} 含量为1000～2900mg/L。

某油田注入水和地层水水质分析资料见表6－1和表6－2。

表6－1　某油田注入水水质分析

区块	主要离子含量（mg/L）							总矿化度（mg/L）	水型
	K^+/Na^+	Ca^{2+}	Mg^{2+}	Cl^-	HCO_3^-	SO_4^{2-}	CO_3^{2-}		
麻黄山	1364	294	122	1448	87	2005	0	5302	Na_2SO_4
冯地坑	884	402	101	504	53	2484	0	4400	Na_2SO_4
耿44	590	188	84	464	91	1320	0	2740	Na_2SO_4
黄57	1200	572	203	1280	64	2950	0	6269	Na_2SO_4

表6－2　某油田地层水水质分析

井号	层位	主要离子含量（mg/L）							总矿化度（g/L）	水型
		Na^+/K^+	Ca^{2+}	Mg^{2+}	Ba^{2+}/Sr^{2+}	Cl^-	SO_4^{2-}	HCO_3^-		
官××－15	长1	24932	4700.00	675	1364	49304	0	194	81.2	$CaCl_2$
盐××－33	长2	33367	11325.00	1196	1061	75347	0	261	122.6	$CaCl_2$
堡××－45	长4＋5	10543	1881.00	264	0	20050	260	181	33.2	$CaCl_2$
耿××9	长6	37729	489.93	0	1982	59769	0	468	100.4	$CaCl_2$
地××0－40	长8	45928	395.00	48	1678	72283	0	364	120.7	$CaCl_2$
地××5－45	长8	28810	565.00	0	5329	50736	6.0	607	86.1	$CaCl_2$

表6－1为注入水含有较高的 SO_4^{2-}，表6－2为地层水含有较高的 Ba^{2+}/Sr^{2+} 和 Ca^{2+}，当两者在地层混合后结垢则难以避免。

2. 注入水与地层水不同比例配伍性

常压、地层温度（60℃）条件下，注入水与长4＋5地层水、注入水与长8地层水按照1∶9，2∶8，3∶7，4∶6，5∶5，6∶4，7∶3，8∶2和9∶1不同比例将两者混合模拟地层水见水过程，进行配伍性结垢实验，结果表明不同见水程度后均存在结垢趋势，垢型以硫酸钡垢和碳酸钙垢为主。注入水与地层水混合比例为6∶4时，长4＋5和长8地层水均达到最大结垢趋势，分别为1218.58mg/L和2867.56mg/L（表6－3，图6－1）。

表 6－3　注入水与长 4＋5 和长 8 地层水配伍性实验

注入水与长 4＋5 地层水混合比例	5:0	4:1	3:2	2:3	1:4	0:5
结垢总量（mg/L）	198.00	952.60	1218.58	975.42	978.46	750.00
注入水与长 8 地层水混合比例	5:0	4:1	3:2	2:3	1:4	0:5
结垢总量（mg/L）	400.00	1410.39	2867.56	1571.42	769.27	0.00

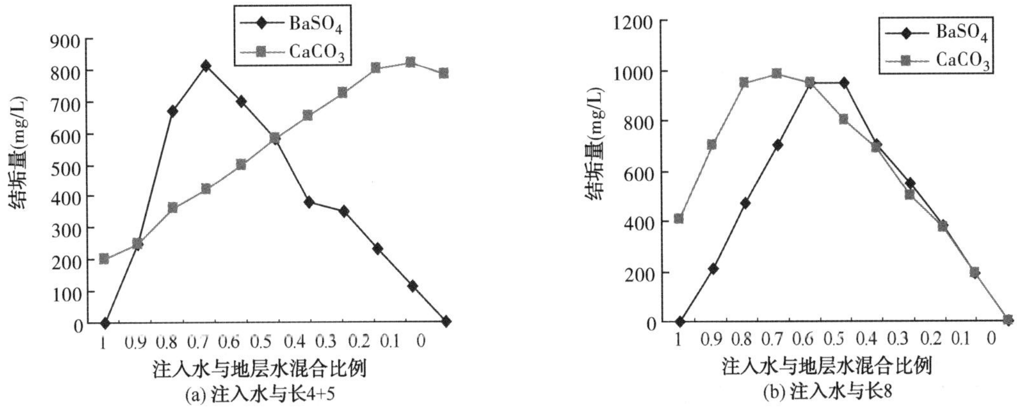

(a) 注入水与长4+5

(b) 注入水与长8

图 6－1　注入水与长 4＋5 和长 8 地层水结垢趋势

配伍性实验表明，注入水与长 4＋5、长 8 不同程度见水后均存在结垢趋势，结有硫酸钡、碳酸钙，其中长 8 硫酸钡最大结垢量为 1061mg/L。

三、结垢对储层的伤害

1. 注水对渗透率的影响

油田注水开发过程中，对储层存在一定程度的伤害。姬塬油田注入水对地层渗透率伤害较大，在 35℃的条件下，当注入水驱替 10PV 时，岩心渗透率伤害率为 35.39%；在 75℃的条件下，岩心渗透率伤害率为 29.81%。因此，油田注水过程中，注入水对储层的伤害可达 29.81%～35.39%（表 6－4），注低温水对储层的伤害程度要大于注高温水（图 6－2）。

表 6－4　不同温度条件下注洛河水对岩心渗透率影响　　单位:%

注入孔隙体积倍数（PV）	35℃		45℃		55℃		65℃		75℃	
	C18	C20	C24	C23	C27B	C29	C31	C36	C37	C40
0	0	0	0	0	0	0	0	0	0	0
2	13.29	13.77	12.11	12.8	12.5	11.87	10.83	9.12	8.46	9.09
4	25.12	23.83	23.47	23.7	21.25	20.83	19.92	18.47	17.61	16.16
6	31.36	26.29	26.02	26.22	26.74	25.86	23.92	25.53	22.46	22.61
8	34.1	32.79	31.18	31.49	30	30.29	28.4	27.3	26.76	26.38
10	35.39	34.71	34.24	34.17	32.98	33.75	31.42	30.7	29.88	29.81

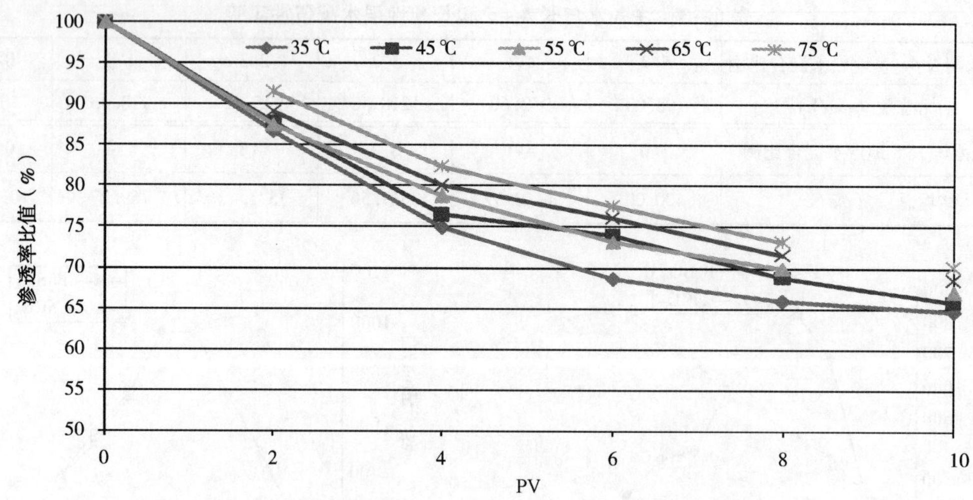

图6－2　不同温度条件下注洛河水对岩心渗透率影响曲线

不同温度条件下注入水对岩心渗透率下降曲线表明，注水过程中地层渗透率存在伤害作用，注入时间增加地层渗透率持续下降，注低温水对储层的伤害率大于注高温水。

2. 注入水与地层水不同混合比对储层的伤害

利用人造岩心（渗透率不大于10mD）模拟地层，进行结垢对储层的伤害评价。45℃条件下，注入水与长8地层水按2∶8，3∶7，5∶5，6∶4和8∶2等5个混合比注入岩心，注入水与地层水混合水以8∶2驱替10PV时，对渗透率的伤害率为22.73%；以3∶7混合时的岩心渗透率的伤害率最大为37.11%。

水质不配伍时，不同比例的混合水对岩心渗透率造成伤害，3∶7时伤害程度最大，结垢时地层渗透率会极大地降低（表6－5、图6－3）。

表6－5　不同比例混合水对岩心渗透率影响　　单位：%

注入孔隙体积倍数（PV）	混合比2∶8	混合比3∶7	混合比5∶5	混合比6∶4	混合比8∶2
	1－611	1－621	1－631	1－651	1－681
0	0	0	0	0	0
2	20	23.24	17.74	13.75	7.75
4	25.58	28.49	23.88	19.5	14.08
6	28.89	31.32	27.14	22.1	17.93
8	31.91	34.75	29.56	25.92	19.32
10	34.69	37.11	32.89	28.97	22.73

3. 温度对岩心结垢伤害关系

在35℃，45℃，55℃，65℃和75℃条件下，将注入水与地层水以3∶7最大结垢混合比例注入人造岩心，35℃时渗透率伤害率为39.01%，75℃时渗透率伤害率为30.82%，低温条件时结垢伤害程度大于高温条件。温度升高，硫酸钡溶解度变大，生成硫酸钡垢的量减少，因此，高温度条件下结垢量少，岩心渗透率伤害率降低（图6－4）。

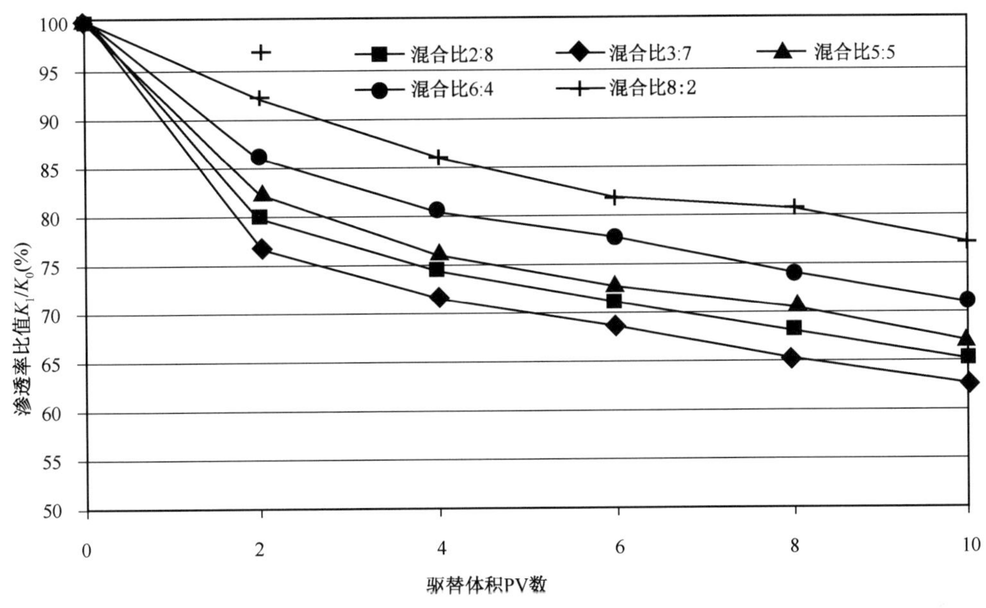

图6-3 不同比例混合水对岩心渗透率影响曲线

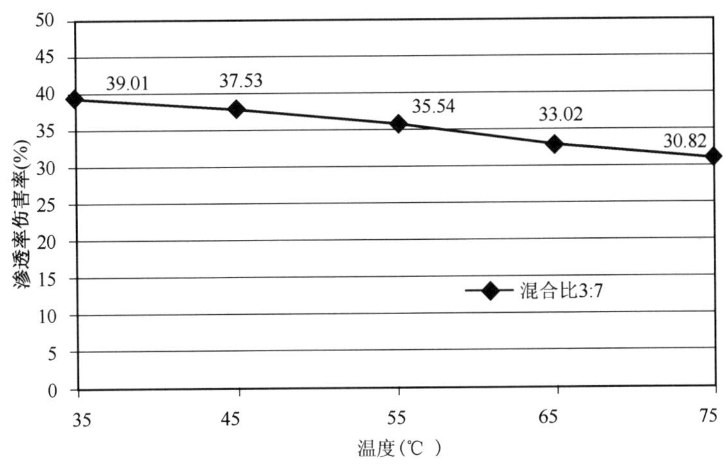

图6-4 不同温度条件下对岩心结垢伤害关系（混合比3:7）

第二节 常见螯合剂及其原理

一、基本原理

在溶液中，难溶化合物的阴离子和阳离子浓度积大于该化合物的溶度积 k_{sp}（表6-6）时，溶液中的阴阳离子便结晶成固体颗粒从溶液中析出，形成固态的悬浮颗粒或者沉淀下来结晶成大块固体，当化合物的离子浓度积小于 k_{sp} 时，化合物开始溶解，以离子状态存在，利用螯合剂将难溶化合物的金属阳离子进行螯合生成复合离子，减少溶液中的成垢阳离子促进难溶化合物朝溶解反应方向移动，进一步溶解结垢物，到达清除结垢的目的。

表 6-6　油田常见垢难溶化合物 k_{sp} 值

难溶化合物	k_{sp}	难溶化合物	k_{sp}	难溶化合物	k_{sp}
$BaSO_4$	1.1×10^{-10}	$CaSO_4$	9.1×10^{-6}	$SrSO_4$	3.2×10^{-7}
$BaCO_3$	5.1×10^{-9}	$CaCO_3$	2.9×10^{-9}	$SrCO_3$	1.1×10^{-10}

螯合剂与难溶垢成垢离子以 1:1 的摩尔比形成稳定的水溶性络合物。用络合剂（L）溶解硫酸盐（MSO_4）时，当溶垢剂液相和硫酸盐固相达成溶解—沉淀动态平衡后，体系中存在下列反应及关系：

$$MSO_4 \rightleftharpoons M^{2+} + SO_4^{2-} \qquad k_{sp} = [M^{2+}][SO_4^{2-}]$$

$$M^{2+} + L \rightleftharpoons ML^{2+} \qquad k_{稳} = [ML]/\{[M^{2+}][L]\}$$

$$MSO_4 + L \rightleftharpoons SO_4^{2-} + ML^{2+} \qquad k = k_{sp}k_{稳} = [ML^{2+}][SO_4^{2-}]/[L]$$

其中 k_{sp} 为溶度积，$k_{稳}$ 为稳定常数，可由溶度积表和络合物稳定常数表查得其值；k 为平衡常数。

难溶化合物溶度积 k_{sp} 越小、优先在油田沉淀结垢，即 k_{sp} 值越小者，则沉淀将先生成，清垢时则 k_{sp} 越小越难清除，实际生产过程中最难清除的是硫酸盐钡锶垢。

二、常见的螯合剂

通过螯合剂分子与金属离子的强结合作用，将金属离子包合到螯合剂内部，变成稳定的，相对分子质量更大的化合物，从而阻止金属离子起作用，防止与成垢阴离子结合，生成结垢产物。螯合剂可分为无机和有机两大类型。

1. 无机金属螯合剂

无机螯合剂主要是聚磷酸盐，其缺点是在高温下会发生水解而分解，使螯合能力减弱或丧失；而且其螯合能力受 pH 值影响较大，只适合在碱性条件下作螯合剂。一般说来这些无机螯合剂对重金属离子特别是铁离子的螯合能力较差。因此，无机螯合剂的用途受到限制，通常只用于对 Ca^{2+} 和 Mg^{2+} 螯合。

2. 有机金属离子螯合剂

能与重金属离子起螯合作用的有机化合物很多，如羧酸型、有机多元膦酸、聚羧酸类等。

(1) 羧酸型。羧酸型螯合剂主要有氨基羧酸类和羟基羧酸类等。

① 氨基羧酸类。

氨基羧酸用作螯合剂的有乙二胺四乙酸（EDTA），氨基三乙酸（又称次氮基三乙酸 NTA），二乙基三胺五乙酸（DTPA）及其盐等。它们对 Ba^{2+}，Sr^{2+}，Ca^{2+} 和 Mg^{2+} 均有较强的螯合作用。从单位质量的三种酸螯合钙离子的数量看，以 NTA 螯合最多，EDTA 其次，DTPA 再次。

乙二胺四乙酸二钠盐分子中含有 2 个氮原子和 4 个氧原子可提供形成配位键的电子对可与 Ca^{2+} 形成 6 个配位键组成的五元环，在水中很稳定不易解离。二钠盐水溶液的 pH 值为 4.4，四钠盐水溶液 pH 值为 10.8。在碱性条件下有些金属离子会形成氢氧化物沉淀析出而不被螯合，例如 Fe^{3+} 在 pH 值大于 8 的水溶液中会形成 $Fe(OH)_3$ 沉淀而不能用 EDTA 去螯合 Fe^{3+}，如果金属离子在 pH 值较高条件下生成氢氧化物，则不能被螯合。

② 羟基羧酸类。

用作螯合剂的这类羧酸主要是柠檬酸、酒石酸和葡萄糖酸。由于这些螯合剂在酸性条件下螯合性能较弱，通常采用它们的盐作螯合剂。其中葡萄糖酸钠是一种良好的全能螯合剂，对多种金属离子都有很好的螯合能力，而酒石酸钠、柠檬酸钠也能螯合大多数二价和三价金属离子。

柠檬酸及其盐在酸性范围内就有较强的螯合能力，合适的使用范围是 pH 值 4 ~ 8。柠檬酸与铁离子形成的螯合物溶解度低，在水中会形成沉淀，为了增加其溶解度，加入适量铵盐生成柠檬酸单铵与 Fe^{3+} 和 Fe^{2+} 螯合分别形成溶解度较大的柠檬酸亚铁铵和柠檬酸铁铵，这样就不会出现沉淀，当柠檬酸铵与羟基乙酸并用时，它的螯合能力增加。

③ 羟氨基羧酸类。

这类酸用作螯合剂的典型代表是羟乙基乙二胺三乙酸和二羟乙基甘氨酸。在 pH 值为 9 的弱碱性条件下可螯合铁离子，但对其他离子螯合能力较差，如二羟乙基甘氨酸不能用螯合 Ca^{2+} 和 Mg^{2+}，一般用它们去除铁锈垢而不用它们去除碳酸钙垢等，羧酸类螯合剂大多有易于生物降解不污染环境，无毒害作用的优点。

（2）有机多元膦酸。

有机多元膦酸与无机聚磷酸盐相比有良好的化学稳定性，不易水解，能耐较高温度，可达 100℃以上，对许多金属离子（如钙、镁、铜、锌）都有优异的螯合能力。在油田生产中常用作阻垢剂，防止水垢的生成主要有氨基三甲叉磷酸（ATMP）、乙二胺四甲叉磷酸（EDTMP）、羟基乙叉二磷酸钠（HEDP）等，目前已被大量应用。

氨基三甲叉磷酸（ATMP）可以与 Ca^{2+} 及其他多价金属阳离子形成络合物，是非常好的胶溶剂和分散剂，能使碳酸钙垢或硫酸钙垢保持在稳定的过饱和状态，但对氯敏感，因此杀菌剂选择时需要考虑非氧化性杀菌剂。

羟基乙叉二磷酸钠（HEDP）具有良好的螯合性能，在水溶液中能离解 H^+ 和酸根离子。负离子和分子中的氧原子可以与许多金属离子生成稳定的螯合物，与金属离子形成的六元环螯合物具有相当稳定的结构，还具有优良的晶格歪曲作用。

乙二胺四甲叉磷酸（EDTMP）与羟基乙叉二磷酸钠（HEDP）的性能相似，但对氯同样不稳定，因此在联合杀菌使用时需要加以考虑。

3. 聚羧酸

聚羧酸类螯合物主要有聚丙烯酸、聚甲基丙烯酸、丙烯酸共聚物、聚马来酸及其共聚物、丙烯酰胺类聚合物、苯乙烯磺酸—马来酸酐共聚物。它们含有的聚合阴离子都是金属离子的优良螯合剂，因此也被用作阻垢剂，其中聚丙烯酸及其钠盐是目前应用得最广泛的聚羧酸型阻垢剂。

在螯合能力方面，聚甲基丙烯酸要优于聚丙烯酸，这是甲基群电子的某些立体效应的作用结果，晶格歪曲作用方面则相反。丙烯酸可以与许多单体共聚而生成具有不同性的共聚物，如丙烯酸—甲基丙烯酸共聚物、丙烯酸—马来酸酐共聚物等。

第三节　缓速硫酸盐解堵剂

一、缓速硫酸盐解堵剂组成

地层水含有大量 Ba^{2+}/Sr^{2+} 成垢离子，注水含有大量 SO_4^{2-} 容易发生地层结垢导致注水压力高，利用常见的单一螯合剂对其进行清垢效率较低无法达到生产要求，近年研究的一种缓速硫酸盐解堵剂（YHJD－1），主要由多种螯合剂、助溶剂、表面活性剂、增效剂、杀菌剂等组分构成，对油田钙垢、硫酸盐钡锶垢具有非常良好的溶解性，能将固态不溶垢转变成可溶于水的溶液，降低对地层孔隙的堵塞和集输管线的内壁结垢。

二、静态溶垢性能

分别对 EDTA 钠盐、聚环氧琥珀酸盐、DTPA 和缓速硫酸盐解堵剂（YHJD－1）进行静态溶垢试验，溶垢样品分别为分析纯级 $BaSO_4$ 和现场采集钡锶垢样（硫酸钡锶含量不小于95%）。

常压、60℃条件，反应时间为48h，分析纯级 $BaSO_4$ 垢样溶垢率为83.95%，现场垢样溶垢率为81.47%（表6－7），两组样品溶垢率不同主要是现场垢样颗粒比较大，与溶液的接触面积较小，影响了反应速率。缓速硫酸盐解堵剂对钡锶垢的溶解能力要好于单一的螯合剂。

表6－7　溶垢剂溶垢效率

序号	垢样	清垢剂溶液	原重（g）	剩余（g）	清垢率（%）
1	分析纯 $BaSO_4$	EDTA 钠盐	5.0220	3.8424	23.49
2	分析纯 $BaSO_4$	DTPA	5.0209	2.3409	53.38
3	分析纯 $BaSO_4$	YHJD－1	5.0058	0.8033	83.95
4	分析纯 $BaSO_4$	聚环氧琥珀酸盐	5.0741	4.6670	8.02
5	现场垢样	EDTA 钠盐	5.0547	2.6443	47.69
6	现场垢样	DTPA	5.0812	1.4561	71.34
7	现场垢样	YHJD－1	5.0764	0.9407	81.47
8	现场垢样	聚环氧琥珀酸盐	5.0291	3.5817	28.78

三、溶垢性能影响因素

1. 浓度影响

分别以质量分数为5%，8%，10%，15%和16.7%的溶液，进行溶垢实验：温度60℃，常压条件，实验时间24h，分析纯 $BaSO_4$ 样5.0000g，溶垢溶液体积300mL。结果表明，当溶液清垢剂浓度为5%时清垢效率为42.64%，清垢剂浓度为16.7%时清垢效率为90.95%，清垢效率随清垢剂浓度增加而提高，但浓度大于10%时，继续增大浓度清垢效率增加幅度变小。单纯增大浓度对溶垢效率影响不大，主要是常温下硫酸钡的溶解度极小（仅为

2.3mg/L），单位时间里溶液电离出来的 Ba^{2+} 含量较少，而螯合剂与 Ba^{2+} 的螯合反应速率主要取决于溶液中的 Ba^{2+} 浓度，提高螯合剂浓度反应的速率并不增加。因此，现场试验清垢浓度为10%（表6－8，图6－5）。

表6－8 YHJD－1溶垢效率与浓度的关系

序 号	垢 样	浓度（%）	原重（g）	剩余（g）	清垢率（%）
1	分析纯 $BaSO_4$	5	5.0158	2.8770	42.64
2	分析纯 $BaSO_4$	8	5.0010	1.4167	71.67
3	分析纯 $BaSO_4$	10	5.0207	0.8475	83.12
4	分析纯 $BaSO_4$	13	5.0037	0.6660	86.69
5	分析纯 $BaSO_4$	15	5.0097	0.5676	88.67
6	分析纯 $BaSO_4$	16.7	5.0156	0.4539	90.95

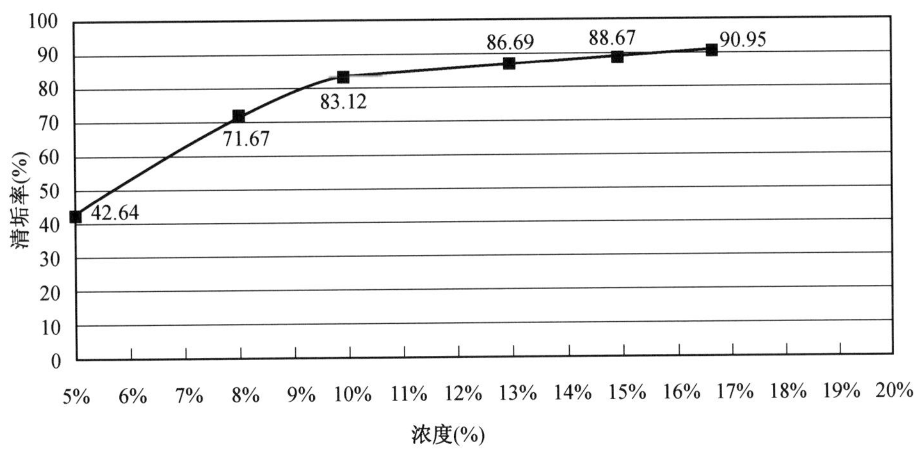

图6－5 浓度对清垢效率的影响

2. 含盐对垢溶解度的影响

提高钡锶垢的清垢效率，需要增加固态钡锶垢在水溶液中的溶解度，以增加螯合反应速率。根据化学共溶原理，水中盐含量增加，通常能增大垢的溶解度，这是一种盐效应。在含盐量低的水中，妨碍成垢离子吸引和结合的非成垢离子较少，因此适当增加非成垢离子的含量有助于垢的溶解和离解成离子。如对 $CaCO_3$ 来讲，它在200g/L盐水中溶解度较在高纯水中大2.5倍；而 $BaSO_4$ 在120g/L盐水中溶解度比纯水中大13倍。

硫酸钡溶度积常数随温度和NaCl浓度呈增加趋势（表6－9），当含盐浓度为260mg/L时 $BaSO_4$ 溶度积常数，分别是不含盐时25℃和95℃溶度积常数的265.7倍和550.4倍；温度对硫酸钡的溶度积常数影响并不大，95℃溶度积常数仅仅是25℃溶度积常数2.4倍；高温条件下NaCl含量对溶度积常数影响要大于常温条件下的影响，95℃、NaCl浓度260mg/L时溶度积常数是25℃不含NaCl时溶度积常数的1331倍，因此在高温和含盐较高的条件下硫酸钡的成垢离子浓度要明显高于常温淡水条件下成垢浓度。如把NaCl浓度转化为离子强度后可作 $BaSO_4$ 溶度积常数 K 与温度和含盐量的相关性图（图6－6）。

表 6-9 硫酸钡溶度积常数与温度、含盐浓度关系

NaCl 浓度 (mg/L)	K_{BaSO_4} ([mol/L]^2 ×10^{-10})					
	25℃	35℃	50℃	65℃	80℃	95℃
0	1.166	1.563	20.74	2.372	2.624	2.82
5	13.69	16.81	19.36	24.01	29.16	34.81
10	22.56	29.16	41.60	52.13	60.84	67.24
20	39.69	49.00	68.89	90.25	114.50	132.30
40	68.89	85.56	123.20	176.90	231.00	289.00
60	94.09	116.60	169.00	246.50	342.30	424.00
80	116.60	146.40	210.30	306.30	420.30	576.00
100	139.20	174.20	246.50	361.00	484.00	707.60
120	163.80	198.80	282.20	408.00	580.80	829.40
140	182.30	219.00	313.30	449.40	635.00	936.40
160	201.60	240.30	342.30	484.00	686.00	1043.00
180	222.00	262.40	372.50	519.80	739.80	1149.00
200	243.4	285.60	404.00	552.30	789.60	1246.00
220	262.40	313.30	432.60	590.50	841.00	1347.00
240	285.60	357.20	458.00	630.00	888.00	1444.00
260	309.80	368.60	488.40	665.60	942.50	1552.00

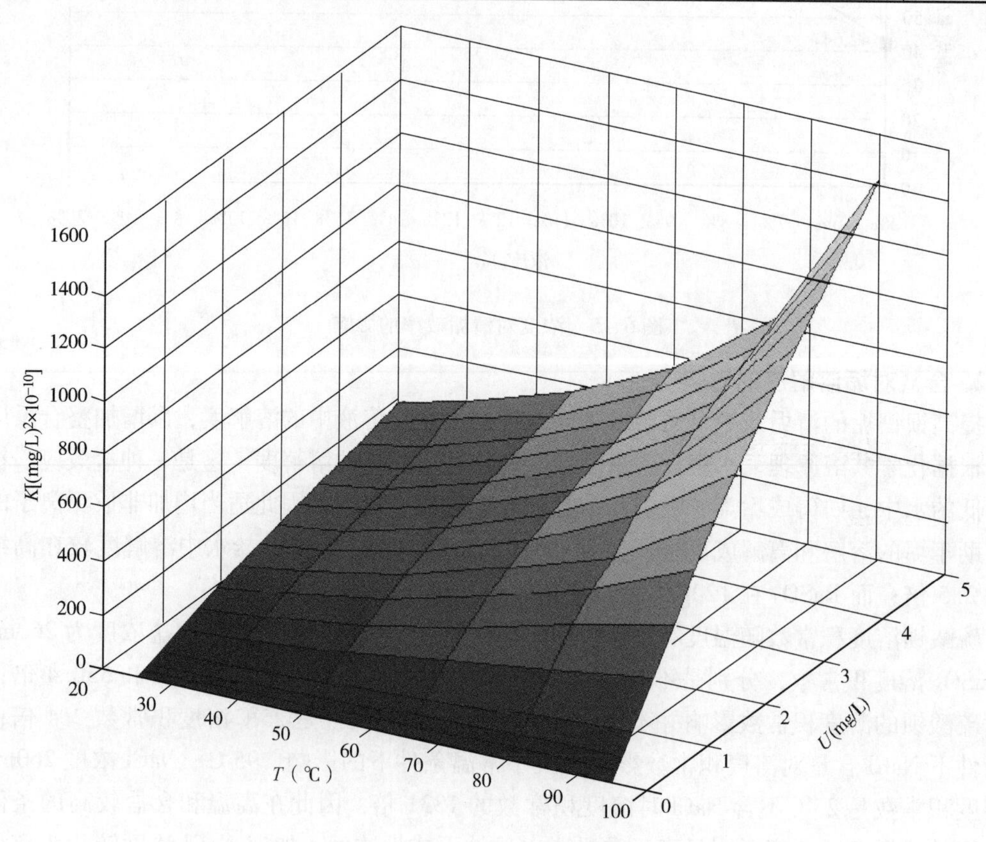

图 6-6 硫酸钡溶度积常数与温度、含盐离子强度立体图

3. 时间影响

不同时间对溶垢效率的影响非常明显，通常溶垢时间长、溶垢效率越高。常压条件，温度60℃，以10%清垢溶液300mL进行溶垢实验。1h溶垢效率为39.05%，4h溶垢效率为72.73%，14h溶垢效率为88.01%，残余溶液仍然具有溶垢作用，时间越长、累计溶垢效率越高（表6－10，图6－7）。

表6－10　YHJD－1溶垢效率与时间的关系

序号	垢样	温度（℃）	时间（h）	原重（g）	剩余（g）	清垢效率（%）
1	分析纯 $BaSO_4$	60	1	5.0033	3.0496	39.05
2	分析纯 $BaSO_4$	60	2	5.0200	2.5344	49.51
3	分析纯 $BaSO_4$	60	3	5.0136	1.4692	70.70
4	分析纯 $BaSO_4$	60	4	5.0140	1.3674	72.73
5	分析纯 $BaSO_4$	60	8	5.0179	0.7872	84.31
6	分析纯 $BaSO_4$	60	14	5.0125	0.6011	88.01

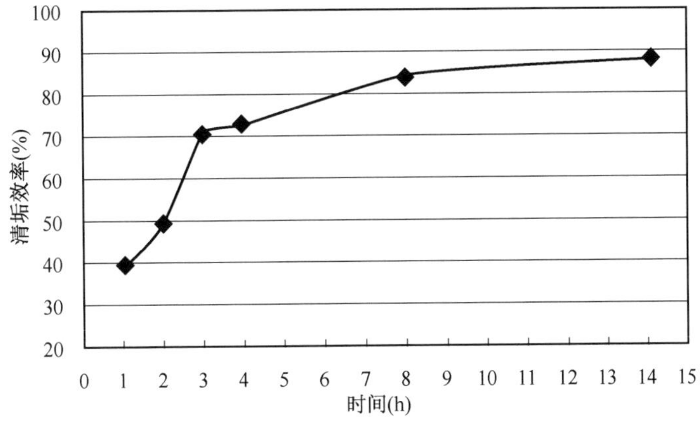

图6－7　清垢时间与清垢效率关系图

四、地层结垢解堵性能

1. 驱替浓度

将结垢堵塞的岩心模拟地层结垢堵塞情况，用不同浓度的缓速硫酸盐解堵剂驱替岩心，评价岩心渗透率恢复效果。常压、45℃，分别向已经结垢伤害过的岩心注入不同清垢剂浓度的解堵液，分别为100mg/L，200mg/L，300mg/L，500mg/L及600mg/L（图6－8）。

当注入孔隙体积倍数10PV时，在600mg/L的条件下，岩心渗透率的伤害率由最大伤害率37.11%恢复至15.85%；在100mg/L的条件下，岩心渗透率伤害恢复至为7.71%。结果表明缓速硫酸盐解堵剂，在处理钡垢时应采用低螯合剂浓度和多次处理工艺获得更好的清垢效果。

2. 温度对岩心渗透率恢复影响

在35℃，45℃，55℃，65℃及75℃，将注入水与地层水以混合比3:7注入岩心，使岩心结垢，然后注入100mg/L解堵液，测定不同注入孔隙体积倍数时岩心的渗透率。实验结果表明，当注入孔隙体积倍数为10PV时，75℃时能将结垢伤害为37%以上的岩心渗透率伤害率降至为7.1%；温度为35℃时岩心渗透率伤害率降至为15.5%（图6-9、图6-10）。

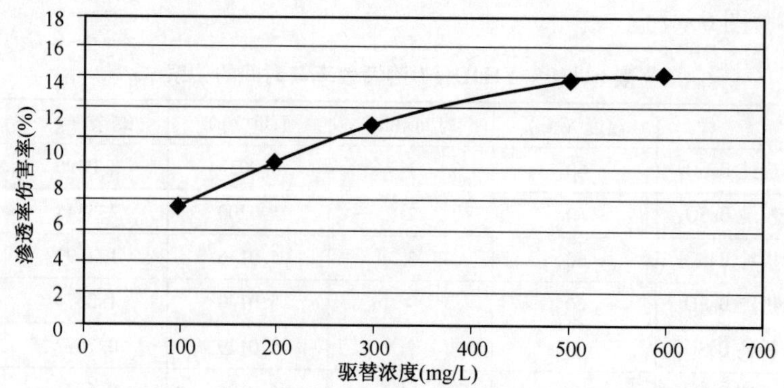

图6-8　不同浓度清垢剂驱替后渗透率伤害关系

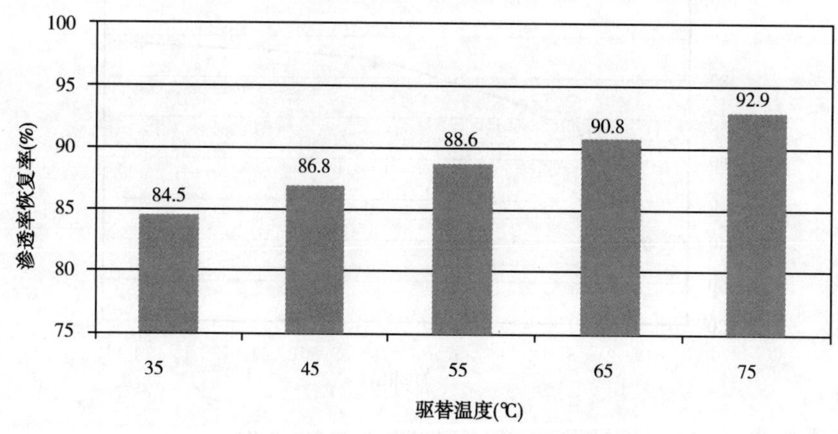

图6-9　不同温度驱替后渗透率恢复

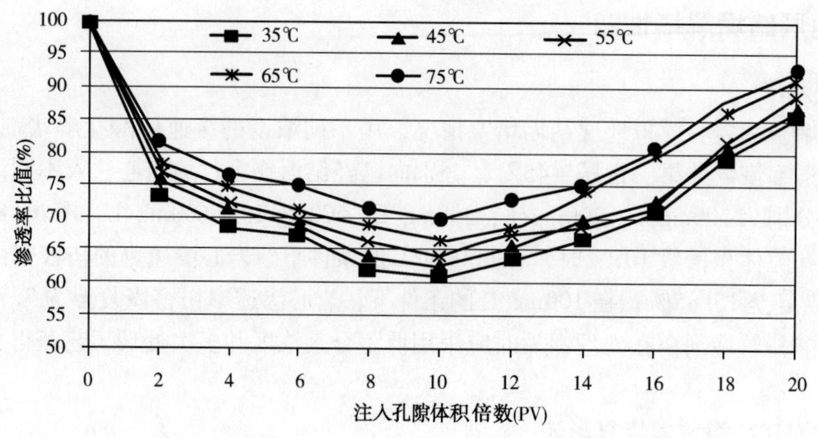

图6-10　清垢剂注入体积与岩心渗透率恢复曲线

地层一旦结垢堵塞发生，初期岩心渗透率急剧下降，渗透率伤害率达到30%以上，随后渗透率下降幅度逐渐变小；而在缓速硫酸盐清垢解堵时，驱替解堵初期恢复渗透率比较缓慢，需要较长的时间才会见到效果；不同温度清垢曲线表明，高温缓速硫酸盐解堵剂对岩心伤害的恢复率大于低温条件的恢复率，当解堵溶液注入地层时，缓速硫酸盐解堵剂的解堵性能高于地面清垢效果。

第四节　地层清垢技术应用

对于地层水高含 Ba^{2+}，Sr^{2+} 和 Ca^{2+} 的油田，在注水开发过程中，地层通常结垢为硫酸钡锶垢、碳酸钙垢及其二者的混合垢。对于碳酸钙垢，通常应用盐酸酸化就可以清除；对于钡锶垢，酸化技术清垢效果较差，而应用缓速硫酸盐钡锶清垢技术则取得很好的效果。地层清垢工艺一般在修井作业时，利用高压泵车将解堵液挤注到地层中，关井反应 24h，然后进行洗井完井生产。

一、碳酸盐清垢技术

地层碳酸盐清垢主要是能够溶解碳酸盐或者氢氧化物的无机酸（HCl，H_3PO_4，土酸）、有机酸（柠檬酸、冰醋酸、酒石酸等）或各种酸的混合物。这类清垢剂的原理是利用酸对碳酸盐或者氢氧化物处理生成可水溶的盐，将垢清除。

HCl 对 $CaCO_3$ 垢具有很好的溶解能力。5% 浓度的盐酸溶液，溶解碳酸钙的能力为 69.7g/L，28% 时溶解能力为 435.4g/L（表 6－11）。在应用盐酸清碳酸盐垢时，通常需要添加缓蚀剂、铁离子稳定剂和表明活性剂，以达到更好的清垢效果，避免设备的腐蚀。

表 6－11　盐酸对 $CaCO_3$ 垢的溶解量

HCl 浓度（%）	$CaCO_3$ 溶解量（g/L）	HCl 浓度（%）	$CaCO_3$ 溶解量（g/L）
5	69.7	15	219.4
7.5	105.9	28	435.4
8	142.9		

油田实际清除碳酸盐垢中，通常应用的盐酸浓度为 5% ～15%，由于酸对井筒油套管有腐蚀性，必须在酸液中添加合适的缓蚀剂，此外还需要添加一些铁离子稳定剂，防止铁离子沉淀析出，通常有柠檬酸、冰醋酸、螯合剂等铁离子稳定剂。碳酸盐或者氢氧化物类型垢堵塞时，清垢技术基本成熟，本节不做过多赘述。

二、硫酸盐钡锶清垢技术

近年来，某油田大规模注水开发，发现注水井注水压力高、注不进水等问题，是由于地层水中富含 Ba^{2+}/Sr^{2+}，而注入水中含 SO_4^{2-}，在地层中混合后发现结有硫酸钡锶垢，堵塞渗透通道导致注水压力升高，甚至注不进水。该类高压欠注井，酸化、压裂等增注措施效果不佳，有效期偏短，严重影响油田注水开发效果，通过应用缓速硫酸盐解堵剂地层深部清垢技术，可实现堵塞地层的解堵。

1. 选井原则

注水井地层钡锶垢的清除，首先要判断堵塞类型是否为结硫酸钡锶垢，仅仅因为注水压力升高或者注不进水并不能表明是钡锶垢堵塞导致的。确定作为钡锶垢地层深部清垢，需要从以下几个方面考虑：(1) 对比正常注水和高压欠注井的储层物性参数；(2) 分析欠注区块油藏含水饱和度分布规律、采出水及注入水的水型；(3) 采出水与注入水配伍性及结垢预测；(4) 注水压力及注水量的动态变化趋势。

如果欠注井物性与正常注水井物性相当、含水偏高、水质不配伍或结垢趋势高、注水压力逐渐升高或注水量逐渐降低，则可以判断为结垢堵塞导致的注水井吸水能力下降，进行地层深部钡锶清垢措施有可能达到降压增注的目的。

某区块欠注的 13 口井，进行了酸化增注措施，仍然达不到配注要求，平均孔隙度为 11.9%，渗透率为 1.4mD、泥质含量为 19.2%，与正常注水井物性相当。注水井投注压力相对较低，经过 1 ~2 年的注水后，压力存在明显的缓慢升高过程，年平均压力上升 2.67 ~12.36MPa，因此该区块为典型结垢堵塞导致注水井吸水能力下降（图 6 – 11）。

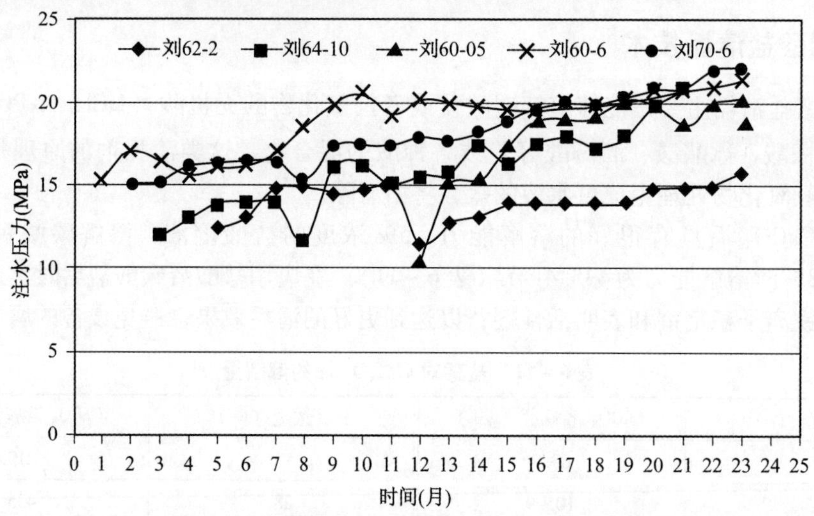

图 6 – 11　某区块注水井注水压力变化趋势图

2. 施工液量设计

解堵液体系由预处理液、主体液、保护液三段组成。预处理液主要是利用反应速率快的磺酸和超低表面张力的表面活性剂进行井筒炮眼及近井地带清洗处理，目的是为主体液开辟更多地进入地层深部的通道及减少主体液在近井地带的消耗；主体液主要是对地层深部结钡锶垢和碳酸盐垢，彻底打通井筒近井地带与地层深部渗流通道；保护液主要是高效钡锶阻垢剂，防止或延长后期注入水与地层水混合再次结垢间期。

1）施工液量设计公式

针对具体的实施地层清垢措施井，需要设计合适的地层解堵液量，通常需要考虑储层孔隙度、油层厚度、射孔厚度、油层含水饱和度、处理半径。挤注主体液段塞用量按照以下公式计算：

$$V = \pi R^2 \left(H_1\phi_1 S_{w1} + H_2\phi_2 S_{w2} + \cdots + H_i\phi_i S_{wi} + \cdots + H_n\phi_n S_{wn}\right) \quad (6-1)$$

式中　V——主体液用量，m^3；

R——地层处理半径，m；

H_i——油层有效厚度，m；

ϕ_i——油层有效孔隙度,%；

S_{wi}——油层含水饱和度,%。

2）施工液量设计实例

某井于2007年9月实施复合射孔加爆燃压裂投注，投注后注水正常，随着注水时间的延长注水压力逐渐升高，2010年11月起地层压力升高至17.5MPa，比投注时压力升高5MPa左右，注不进水。为改善注水状况，本次决定措施增注。该井储层射孔段物性为孔隙度11.19%、渗透率1.63mD（表6－12）。

表6－12　某井储层物性

油层井段（m）	厚度（m）	电阻率（Ω·m）	孔隙度（%）	渗透率（mD）	含水饱和度（%）	综合解释	射孔段（m）	厚度（m）
2545.4～2556.1	10.7	106.41	11.19	1.63	29	油层	2546.0～2553.0	7.0
2556.9～2558.0	1.1	111.43	9.71	0.34	30	油层		
2558.0～2559.3	1.3	82.15	8.59	0.01	40	干层		

根据式（6－1）施工液量计算公式，取 $S_w=1$，可知：

$$
\begin{aligned}
V &= \pi R^2 \ (10.7\times 11.19\% + 1.1\times 9.71\%) \\
&= \pi R^2 \ (1.19733 + 0.10681) \\
&= 1.30414\pi R^2 \\
&= 4.0950R^2
\end{aligned}
$$

当处理半径设计为 $R=1.0$m 时，解堵液量为4.1m^3；$R=2.0$m 时，解堵液量为16.4m^3；$R=3.0$m 时，解堵液量为36.9m^3；$R=4.0$m 时，解堵液量为65.5m^3；$R=5.0$m 时，解堵液量为102.4m^3。

地层深部清垢解堵时，实际施工过程中通常设计的地层处理半径为3～5m的范围，处理半径小于3m时，效果欠佳或者措施有效期较短；大于5m时，会存在施工时间长、配液工作量大、经济性差等缺点，因此施工液量规模多数控制在35～100m^3，特殊情况可以酌情增减解堵液量。

3. 国内清垢实例

1）近井地层清垢

某井复合射孔加爆燃压裂投注，投注后注水正常，能达到配注要求，随着注水时间增加，注水压力呈缓慢上升趋势，注水压力升至17.5MPa，增加5MPa，注不进水。分析认为该井地层水与注入水不配伍，发生地层结垢堵塞地层。采用“预处理液＋主体解堵液＋地层保护液”三段塞清垢处理工艺，预处理液4.0m^3，处理半径1.0m；缓速硫酸盐解堵剂主体液35.0m^3，处理半径3.0m。措施后注水油压11.0MPa，套压10.5MPa，配注15m^3，实注15m^3，压力下降6.5MPa，达到配注，注水压力保持平稳，为典型的近井地带堵塞（图6－12）。

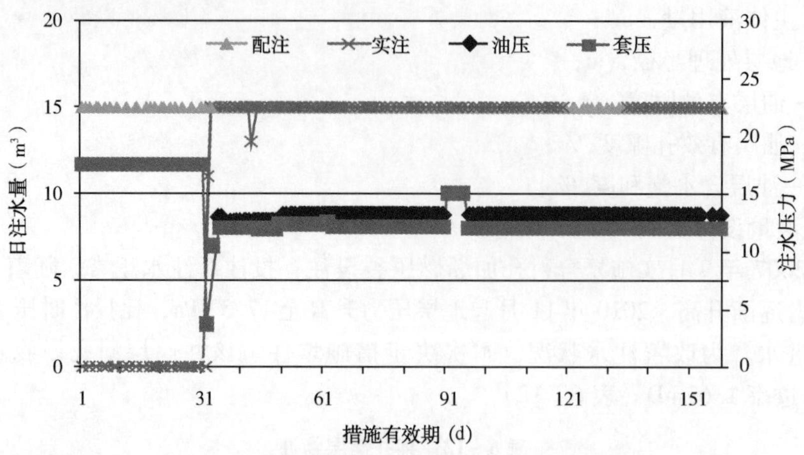

图6－12　某井地层清垢增注措施后注水曲线

2）深部地层清垢

某区块注水井，射孔后多脉冲＋无机酸改造投注，初期油压12.5MPa，套压12.0MPa，配注35m³，实注35m³，一年后注水压力升高、发生欠注，油压20.0MPa，套压21.2MPa，配注25m³，实注10m³。采用“预处理液 ＋主体解堵液＋地层保护液”三段塞清垢处理工艺，预处理液4.0m³，主体解堵液40m³现场试验，处理半径1.5m，措施后增注20天、有效期较短，注水压力无明显下降。分析认为深部地层结垢、清垢半径较小、堵塞通道未彻底疏通，后期注水导致再次结垢堵塞导致有效期偏短。根据第一次地层清垢效果，决定加大解堵液施工规模进行第二次清垢试验，缓速硫酸盐解堵剂主体液100m³，清垢半径4.0～5.0m，措施初期注水压力下降1.5MPa，日注水量呈逐渐上升态势，1个月后注水压力持续下降、注水量上升至25m³，达到配注（图6－13）。

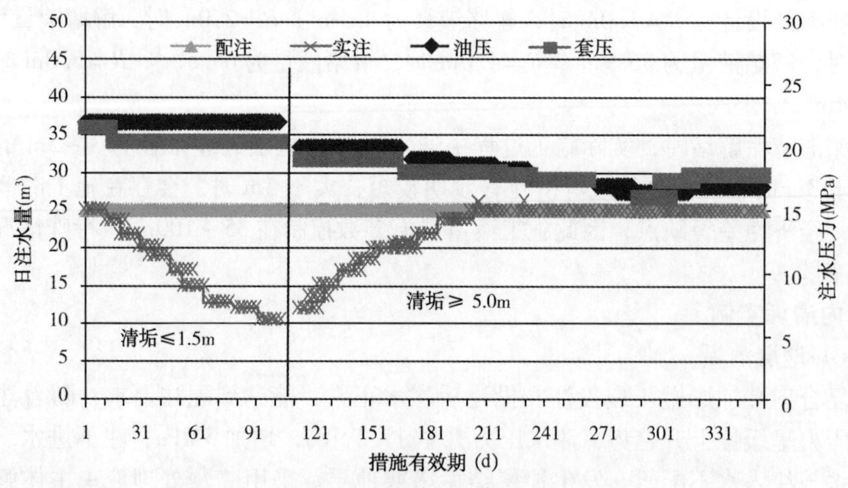

图6－13　某井地层清垢增注措施后注水曲线

两次清垢措施后增注曲线表明，第一次措施有效期90天，压力未明显下降，第二次措施初期注水压力明显下降，初期日增注6～10m³，1个月以后注水量呈上升并达到配注。该井属于典型注水井地层深部钡锶垢堵塞，清垢半径小于注水地层结垢半径时，措施增注效果不明显；对于地层深部结垢的注水井，结垢半径估计5m以上、施工液量要大于$100m^3$，才能取得较好的增注效果。

3）油井清垢

X油田油井套破以后，上层洛河水层水型为Na_2SO_4，油层水为$CaCl_2$型，当两层水相遇产生$CaSO_4$垢堵塞井筒近井地带，导致油井套破后产能损失较大。隔采后产量递减幅度在35%～40%。缓速硫酸盐解堵剂可以有效解除套破井倒灌后地层结垢堵塞难题，有效恢复油井产能。典型井试验如下：

某井为一口套破采油井，实施爆燃压裂，措施后日产液$7.74m^3$，日产油5.86t，含水9.8%，措施效果较好；2010年进行酸化解堵，措施后日产液$6.54m^3$，日产油2.40t，含水56.7%。分析认为单井产量偏低的主要原因是套破后洛河水倒灌硫酸盐垢导致近井地带地层堵塞。进行缓速硫酸盐地层清垢措施，预处理液$7.0m^3$、主体解堵液$16.0m^3$关井反应后投产，产量稳定后为3.3～3.5t/d、平均日增油1.61t，清垢效果较好（图6－14）。

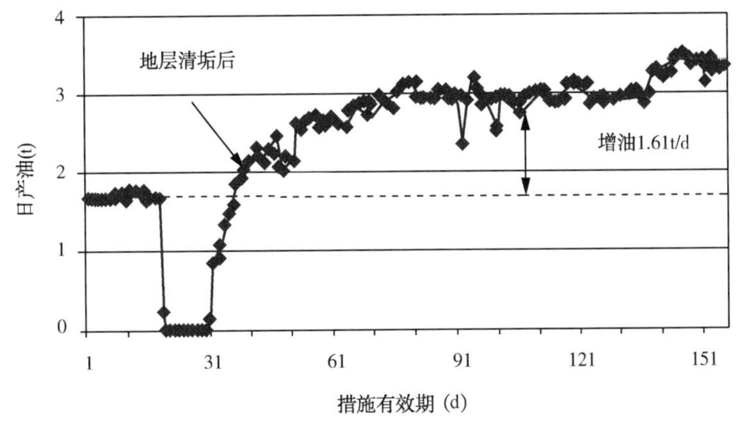

图6－14　某油井地层清垢措施后单井产量

4. 国外油田清防垢实例

法奇油田是阿联酋迪拜的主要油田之一，主要储层为Mishrif油藏，地层为石灰岩层，产层厚46m，平均单井产量为$1270m^3/d$。该油田Mishrif油藏水中Sr^{2+}含量为600mg/L，而注入海水中的SO_4^{2-}含量为3500mg/L，这两种水的混合必然有形成硫酸锶垢的趋势。为控制硫酸锶垢的形成，法奇油田试验挤注了3种防垢剂：磷酸酯、膦酸盐和聚合物，试验结果表明磷酸酯的有效期为3个月，膦酸盐的有效期为4个月，聚合物的有效期大于4个月。

需要强调是化学清垢通常先将一种共溶剂注入井，然后将Na_2EDTA挤入地层，能除去井筒、井底及地层的硫酸钡锶垢。属于注入水不配伍引起的地层结垢，就必须着力解决水源水质问题，清垢只是一种补救措施，不解决水质配伍性，地层结垢向深部发展。缓速硫酸盐能有效清除地层中硫酸盐垢（$BaSO_4$，$SrSO_4$，$CaSO_4$）以及碳酸盐垢，清垢除硫酸盐垢时，主体液的浓度和液量需要适当增加、关井反应时间尽量延长，以获得好的清垢效果。

参 考 文 献

[1] 赵福麟．采油用剂［M］．北京：石油大学出版社，1997.

[2] 周厚安．油气田开发中硫酸盐垢的形成及防垢剂和除垢剂研究与应用进展［J］．石油与天然气化工，1999，28（3）：212－217.

[3] 贾红育，曲志浩．注水开发油田油层结垢趋势研究［J］．石油勘探与开发，2002，28（1）：89－91.

[4] 舒干，邓皓，王蓉沙．对油气田结垢的几个认识［J］．石油与天然气化工，1996，25（3）：176－178.

[5] 马广彦，徐振峰．有机络合剂在油气田除垢技术中的应用［J］．油田化学，1997，14（2）：180－185.

[6] 马广彦．油田集输站难清垢化学清洗技术［J］．石油钻采工艺，1996，18（1）：93－97.

[7] 邓皓，王蓉莎，刘光全，等．两类新型 $CaSO_4$ 垢除垢剂的试验评价［J］．江汉石油学院学报，1995，17（3）：63－66.

[8] 李谦定，刘祥，贾凤兰．KYQX－1 清垢剂的研制及应用［J］．油田地面工程，1994，13（6）：40－41.

[9] 付美龙．DTPA 溶解硫酸钡垢的实验研究［J］．油田化学，1999，22（1）：53－54.

[10] 朱义吾，李忠兴．鄂尔多斯盆地低渗透油气田开发技术［M］．北京：石油工业出版社，2003.8.

[11] 米卡尔 J 埃克诺米德斯，肯尼斯 G 诺尔特．油藏增产措施（第三版）［M］．张保平，蒋阗，刘立云，等译，北京：石油工业出版社，2002.

[12] Robert S Schechter. 油井增产技术［M］．刘德铸，等译．北京：石油工业出版社，2003.

第七章　井筒及地面集输系统清垢技术

油田生产过程中伴随着结垢产生，对于油田结垢问题通常采用清防并举，清垢和防垢同等重要。

油田清垢技术包括化学清垢技术和物理清垢技术。化学清垢技术是指利用化学的方法使化学试剂与污垢发生反应，致使污垢溶解、剥离或脱落，从而达到清洗设备和管路的目的。化学清垢的优点是液体作业，可以清洗形状复杂的物体，不留死角，能连续清洗，方法简单，缺点是化学清垢剂会对设备造成一定的腐蚀破坏，使管壁减薄，废液排放对环境易造成污染，清洗时间较长，特别是钡锶垢，通常化学剂难以清除。

物理清垢技术通常是指利用机械或水力的作用清除物体表面污垢的方法，在机械设备清洗、日常生活等方面应用广泛，但在油田长距离管线和复杂系统上应用较少，也不成熟。近些年随着清垢技术的发展，出现的空化水射流技术解决了油田管线长距离清垢问题。本章简单介绍了物理清垢技术的分类，国外连续油管加固体“银珠”技术在井筒清垢中的应用，重点介绍了“空化水射流技术”在长距离集输管线、加热炉清垢方面的应用，和高压水射流技术在总机关清垢中的应用。

第一节　物理清垢技术分类

目前常用的物理清垢方法主要可分为两类，一种为机械清垢法，是利用机械工具，如刮铲、刷子等做往复（旋转）运动而达到清垢目的，该方法设备简单，操作方便，可以对不精密仪器做表面预处理；另一种为水力清垢法，是利用动能、动量守恒定律，靠水等介质运动速度的变化产生冲击力，从而破碎、剥离污垢，达到清垢目的，具体分类如图 7－1 所示。

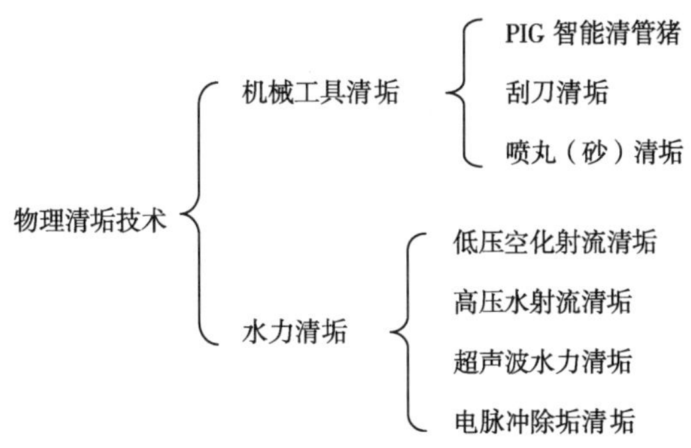

图 7－1　常见物理清垢技术分类

各种清垢技术均有各自的特点和适用范围，其中高压水射流清垢、低压空化射流清垢技术由于其设备简单、成本低、清洗速度快等特点，在油田得到广泛应用。常用物理清垢技术的优缺点及其适用范围见表7-1。

表7-1　常用物理清垢技术的优缺点及其适用范围

序　号	清垢技术	优　　点	缺　　点	适　用　范　围
1	PIG智能清管猪	智能化程度高、清垢距离长	易卡阻，卡阻后不易退出，只能对有机等软垢清除	一般应用在长距离输油管线
2	刮刀工具清垢	设备简单，能清除硬垢或不溶解污垢	精度难以控制，易损伤壁面，劳动强度大	适合清洗精度要求不高的部件，不适合长距离管线和大表面积清洗
3	喷丸（砂）除垢	应用范围广，可改善金属表面性能	有一定环境污染，劳动强度大，对金属表面有损伤	适合表面处理，可以除去表面的垢、漆膜、氧化膜等
4	超声波清垢	具有防垢和清垢作用，安全环保	一般应用在防垢上，在清垢上效率低，速度慢	适合小范围，精密部件的清洗
5	低压空化射流清垢	工作压力低，管道无损伤，成本低，速度快，清净率高，应用范围广，无污染	需专业设备	适用于管道无变径，弯头大于1.5D（D为管道内径），两端不封闭，ϕ40mm至ϕ1000mm管道都可以清洗
6	高压水射流清垢	成本低，速度快，对管道损伤小	设备要求高，高压运行	适用清除硬度不太高的垢，可对结构复杂，空间狭窄，环境恶劣的场合清洗

需要清垢时，要综合考虑清垢效率和清垢成本，在达到清垢效果的前提下，控制操作成本。根据结垢程度和结垢周期，可以把几种清垢技术结合使用。

第二节　井筒清垢技术

传统的井筒系统清垢方法主要有：化学药品清垢、机械刮削除垢、机械钻铣除垢等。化学药品清垢，一般采用酸液加缓蚀剂、EDTA等螯合剂，是将清洗药剂顶替到目的部位，循环振荡清洗。但酸化（或酸洗）存在二次沉淀，对金属有腐蚀、费用高，对钡锶垢和结垢量大的井也基本无效；螯合剂对钡锶垢有一定效果，但作用时间长、效率低。

机械刮削除垢是用刮刀或水力钻具清除井筒垢物，一般先检测结垢管柱的长度，垢物的类型，当结垢厚度大，甚至结垢把井筒堵死时采用。但是存在精度难以控制、易损伤管壁、易卡阻和施工周期长的缺点。因为需要下作业管柱，这种方法不能清除狭小空间的垢，如管径变化处、井下工具被结垢固死处的垢。

纯水射流清垢是利用水射流对垢物的冲击作用清垢，对软垢清洗效率高，但对中等硬度和硬垢（如碳酸盐、硫酸盐）清垢效果差，同时水射流清除下来的垢，会比钻、磨、磨料射流清除下来的垢块大，不易循环到地面，甚至会造成连续油管或工具卡阻。

针对以上技术存在的问题，斯伦贝谢公司研发出一种“银珠+连续油管”高压水射流清垢技术，即采用连续油管作业，在喷头形成高压磨料水射流（研磨剂为“银珠”，是具有适当强度的球形颗粒），从而达到清洗彻底、不损伤油管、清洗距离长的目的。“银珠”井筒清垢技术具体具有以下优点：

（1）适应性强，无论松散的垢，还是坚硬的垢都可以有效清除。

（2）不需要起钻，无需更换钻具。

（3）整个清垢过程对套管无损伤。

（4）相对于传统的机械清垢技术，在机械钻速上具有明显的优势，同时施工成本低。

（5）施工效率高，可靠性强。

一、研磨剂的优选

在高压水射流清除井筒结垢时，如果不加入研磨剂，则很多惰性垢或硬质垢层很难被清除，且清洗时间会很长；但是如果加入砂粒、钢球等研磨剂后，会对油管内壁造成一定损伤或穿孔，因此研磨剂的选取或研发至关重要，包括研磨剂的硬度、外形、尺寸、密度和易碎程度等。

根据井筒清垢的要求，需要满足两点：（1）可以实现清垢，当磨料喷射到井筒壁上时，可以有效地清除井壁上附着的坚硬垢质；（2）在实现清垢的同时，不能对管体造成损伤。

针对以上两点要求，对研磨剂材料的硬度进行了研究，包括矿石材料、工业材料（如金属、玻璃等）、化学材料等；而且对研磨剂的形状进行了研究，包括多角形研磨剂和球形研磨剂。

研究发现，当研磨剂的硬度过高时，如橄榄石、白云石、钢球、玻璃球，可以达到清垢的目的，但会损伤管体，造成伤害；当研磨剂的硬度过低时，就不能对垢质进行有效地清除。通过实验最终从40多种研磨剂中筛选出一种化学研磨剂，它无毒可溶于酸，在相同压力作用下，对钢铁的伤害比沙子小20倍，不但可以对垢质进行有效清除，同时满足不伤害管体的要求。这种研磨剂被称为“银珠”。

对研磨剂的形状进行研究时，发现研磨剂的形状对清垢效果影响不大，但对管体有影响，如多角形状的研磨剂对管体的伤害比球形研磨剂的伤害大得多。当研磨剂硬度在一定范围内，并为球形时，可以有效地除垢而且不会伤害管体（图7－2）。需要指出的是，对不同硬度管体清垢时，需要选择不同的研磨剂。

二、清垢工艺

连续油管“银珠”除垢系统包括：磨料混合系统→高压提供装置（高压泵）→过滤器→连续油管控制系统→井底喷射作业工具→喷头→除垢（图7－3）。此系统可在177 ℃以内平稳运行。

磨料混合系统是携带介质与研磨剂混合的位置，介质是需要在水中加一些可溶物，提高水的黏度，达到足以保证研磨剂的悬浮（“银珠”含量为2.5%～5%），否则就会发生研磨剂和介质分离，在喷嘴处研磨剂沉降，堵塞喷嘴，造成事故，同时在清洗井底垢时，可以有效提高携垢能力。

图7－2 “银珠”形貌

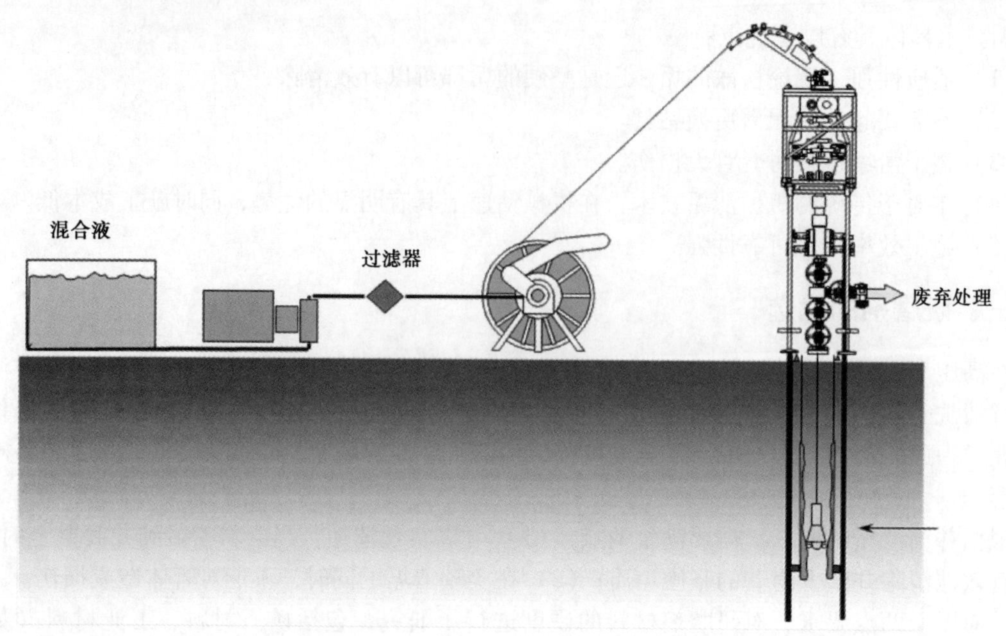

图7－3 连续油管“银珠”除垢系统示意图

过滤器是除去没有分散好的研磨剂，以免研磨剂颗粒过大，无法通过喷嘴。

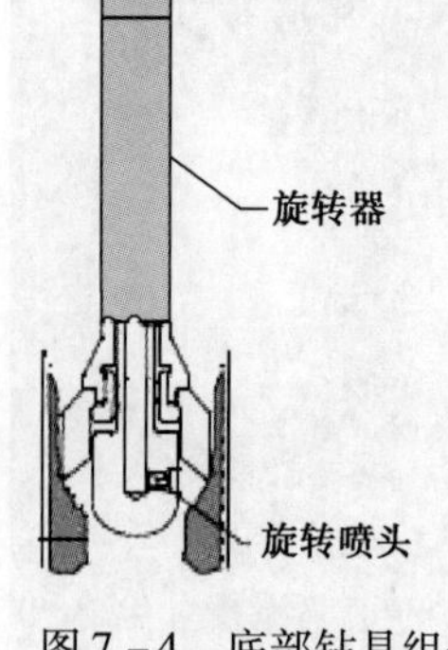

图7－4 底部钻具组合示意图

连续油管控制系统是控制连续油管下放的速度，根据井底垢层的厚度、硬度、清垢效果，实时可调。

底部钻具组合（图7－4），由应急循环阀、拆分连接段、循环阀、过滤器、旋转器、旋转喷头构成。

过滤器将悬浮磨料进行分选，一部分为全液相，用来进行普通水射流清垢；一部分为高悬浮磨料的工作液，用来提供垢层的切割、分离。

旋转器是利用高压水流通过偏心流径，为下边喷头提供旋转扭矩。

喷头如图7－5所示，外径为4.29mm（$1^{11}/_{16}$ in），由环规和喷嘴构成。环规控制清垢的精度，如果井壁存留有垢，喷头就无法继续下行，这样可以保证一次清垢达到目标。喷头包括两类喷嘴，一类是进行磨料——“银珠”清垢，一类是普通水射流清垢。

“银珠”清垢是利用磨料对垢的研磨、切割，在坚硬垢层形成空洞、切缝，减小垢层对管壁的附着力，减小垢层相互间的牵扯力。而普通水射流清垢是利用水力的喷射的作用，清除从整体分开的孤立垢块。图中“环规”是根据管径的内径和清垢精度确定，一方面可以控制喷头的下行速度，保证清垢一次完成，提高作业效率，另一方面可以把切割清除下的垢进行二次切割，避免较大尺寸的垢在向地面循环的过程中引起管柱和钻具卡阻。

三、清垢实例

根据国外的经验，当井筒结垢厚度达到6.35cm时，用化学方法清垢困难，药剂用量大，应用“银珠”清垢效果好，因为“银珠”喷射不仅能清除井壁的垢，同时可以控制清除下来垢的大小，顺利安全地把清除的垢物循环到地面。

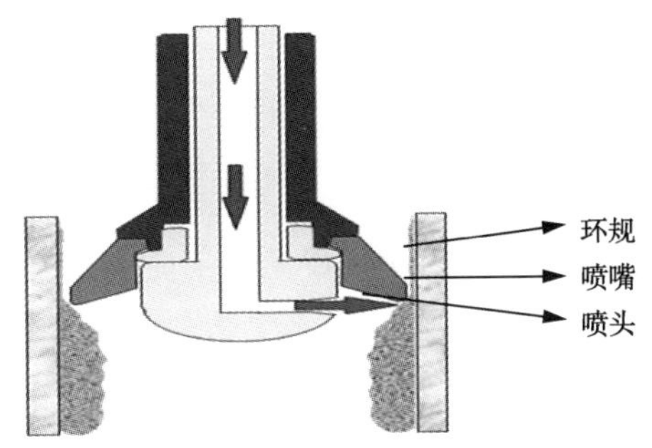

图7-5 喷射喷头示意图

南路易斯安那州某气井发生严重结垢现象，通过磨铣、冲击钻、普通水射流清垢均没有成功，实验室对垢物分析为霰石。

经配套软件对喷头的扭矩、转速，泵入的流量、压力、液体的黏度、喷头的尺寸进行了优化和选择。运用“银珠+连续油管”高压水射流技术，仅4h就成功清除了121.9m（处于地下395.6m位置）油管堵塞，恢复了气井的正常生产。

通过对除垢作业后起出油管的观察，生产油管内壁的塑料衬套没有受到破坏。如图7-6（a）和图7-6（b）所示。

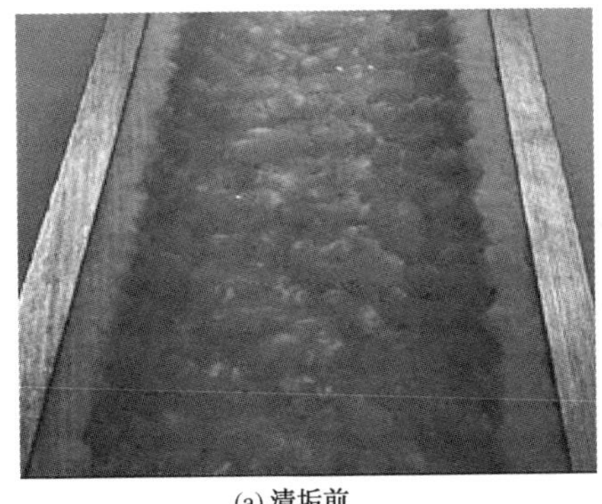

(a) 清垢前

(b) 清垢后

图7-6 清垢前后油管内壁照片

通过现场实验可知，“银珠”磨料清垢技术具有以下优点：

（1）对于磨铣、冲击钻、普通水射流无法清垢的井筒，“银珠”磨料清垢不但可以彻底清除井筒中的坚硬垢，同时对井筒无损伤。

（2）“银珠”井筒清垢技术可以完全清除井筒中的硬垢，同时如果用溶垢剂作为工作液，会大幅度地提高清垢速度。

（3）“银珠”磨料清垢同专用的软件系统连用，可以优化喷头、喷嘴的尺寸，流速和压力，提高清垢速度。

第三节 空化水射流清垢技术及应用

空化水射流是指当流体径过喷嘴产生射流，瞬间诱发空泡产生，适度地控制喷嘴出口截面与靶物表面间的距离，使空泡在靶物表面溃灭，产生高压强的反复作用，达到清除管壁上垢物的效果。空化射流是一项典型高效、清洁的新技术，具有除垢能力强，应用范围广等特点。将空化射流清垢技术应用在油田地面管线清垢，可快速清除加热炉、集输管线的垢物。

一、基础概念

1. 空化

在常温常压下，液体分子逸出表面成为气体分子的过程，称为“汽化”，它有蒸发和沸腾两种方式。任何温度下液体表面都会发生蒸发，而沸腾则是剧烈的汽化过程，此时液体内部涌现大量的气泡，汽化发生于整体液体内部，常压下沸腾仅在沸点时发生。

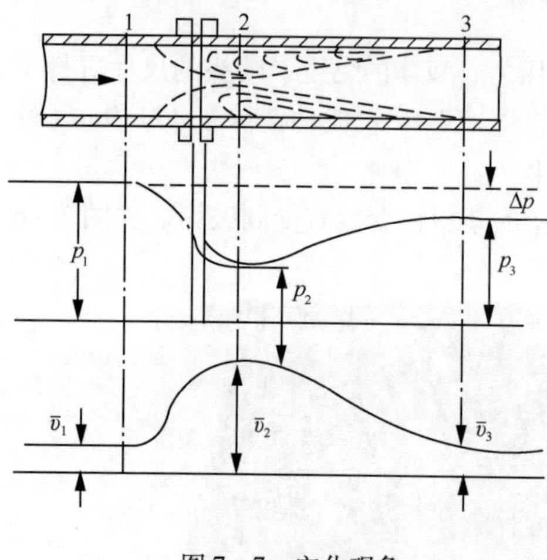

图 7－7　空化现象

维持水温不变，使水面的压强降低到其饱和蒸气压力临界值后，水体内部含有的很小的气泡将迅速膨胀，在水中形成含有水蒸气或者其他气体的明显气泡，把由于压强降低使水汽化的过程称为“空化”，空化在水中形成的空洞称为“空穴”。这种现象类似于沸腾，但又不同于沸腾。

由图 7－7 可知，流体从截面 1 经孔板至截面 2，压力从 p_1 下降力为 p_2，而流速由 $\overline{v_1}$ 上升为 $\overline{v_2}$，在这个过程中由于压力的下降，流体中的气核经孔板后迅速膨胀形成的空穴，包括初生、长大两个过程。从截面 2 至截面 3，流体压力从 p_2 上升力为 p_3，流速由 $\overline{v_2}$ 下降为 $\overline{v_3}$，这个过程中为压力恢复段，也是空穴溃灭段。

2. 空化数

空化现象主要是由水流内部压力的降低决定的，一般水流在绝对压力等于或低于饱和蒸气压力的部位，空化必然会出现。在研究水流中的空化现象时，德国工程师托马（D. Thoma）最早提出空化数（又称为托马数），其物理意义是：

空化数 = 抑制空化产生的力/促使空化出现的力

对于喷嘴流动，空化数的表达式可写为：

$$\sigma = \frac{p_0 - p_{\min}}{\frac{\rho v^2}{2}} = \frac{p_0 - p_{\mathrm{V}}}{\frac{\rho v^2}{2}} \tag{7-1}$$

式中　p_0 ——液体未受绕流物体扰动处的参考压强，Pa；

p_{V} ——水的饱和蒸气压，Pa；

ρ——为液体的密度，kg/m³；

v——为参考流速，m/s。

通常在淹没式水射流里，$\sigma < 0.5$，必然会出现稳定的空化。在水力机械里，如离心式水泵的导水轮、螺壳等局部位置，就存在空化现象。

3. 空蚀

根据亨利定律可知，在一个大气压下能溶解2%其体积的空气，$1cm^3$ 普通水中含有质点多达50万个，通常把水中的这些小泡称为“气核”。空化的实质是液流局部的压力降低到一定程度时，使水体中的气核迅速膨胀形成的空穴，全过程包括空穴的初生、长大和溃灭三个阶段。溃灭是空泡运动到压力升高区，其内蒸汽将凝结成水而溃灭或气泡迅速缩小为“气核”（或两者综合作用），在液体内部出现空洞，原来与空泡毗邻的液体微团必然向空洞冲击，引起所谓“内爆”（Implosion）的水力冲击。

空穴溃灭形成微小液体射流，局部形成高于周围压力数千倍的冲击压，当溃灭发生在固体表面附近时，水流中不断溃灭的空泡所产生的高压强的反复作用，可破坏固体表面，这种现象称为“空蚀”。空蚀形成微射流冲击压强可高达140～170MPa，边壁表面受到微射流冲击次数约为100～1000次/（$s \cdot cm^2$）。

微射流可以使垢面产生龟裂，破坏其连续性，减小垢在壁面上的附着力。空化水射流清垢就是利用微射流对垢物进行连续、高强度打击达到清垢的目的。

二、清管器的结构及设计

现场应用设备包括提供水源动力的泵车、传输水的高压软管、清管器以及收集污水用的污水车。

1. 清管器的结构

空化水射流清管器，是根据水力空穴微射流机理设计的一种有效引发空化现象的设备，具有三点特征：(1) 它由两组碗状叶片体构成，两组碗状叶片由连接轴连接，轴长与清垢管线的管径和转弯半径有关；(2) 每组碗状叶片交错固定在轴上，碗状叶片之间由隔层（聚乙烯等）隔开；(3) 碗状叶片是由锰钢材料构成，形状为梯弧形。图7－8为ϕ60mm清管器示意图，由10片梯弧形构成，叶片之间的夹角$\alpha = 36° \pm 3°$，可根据清垢管线直径的不同调节叶片的数量和夹层的材质。此外，对大管径清垢或在复杂工况条件下清垢时，后端可配装跟踪探测器。

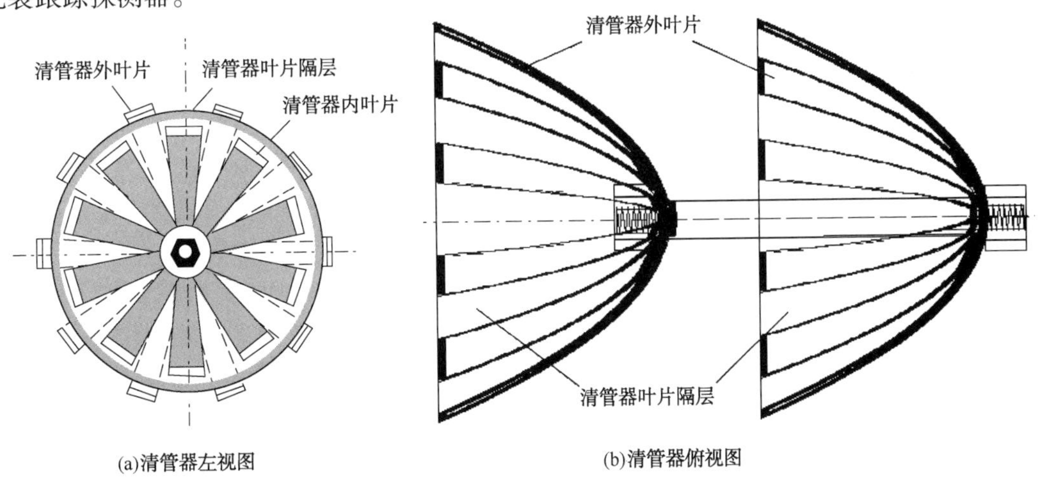

图7－8　ϕ60mm清管器示意图

正常工作时，将空穴清管器放入被清垢管线内，在水压力的推动下向前移动。当遇到垢阻挡时，空穴清管器移动速度减小，水流就会从空穴清管器边缘和清垢管线内壁面间的环隙空间通过，因为环隙空间很小，清管器前端的压力会陡然下降。在大压差情况下，就会出现急速旋转的涡流，形成连续移动的低压区，产生细微气泡，当经过此区域后，压力回升，细微气泡会瞬间被压缩、破裂，发生内爆，形成强力的微射流，快速清除壁面的垢。

当空穴清管器遇阻时，可通过反方向打压，使清管器从管道起始端退出。

2. 清管器设计

清管器清洗不同直径管线时存在最佳缝隙开度，合理的缝隙空间有利于空化现象的产生，这是清管器设计的关键参数。

李晓东等论述空化射流清管器的设计时，应用射流流场数值模拟和优化交错网格上的压力分布，计算最佳裂缝开度。通过 FLUENT 软件的 SIMPLE 算法的“预测—校正”程序对控制方程进行数值求解。

最佳裂缝开度计算（图 7-9），先确定：（1）清垢管线的有效管径，清管器的尺寸；（2）管内流动为连续湍流，介质为牛顿性流体（水），认为不可压缩；（3）确定清管器前段交错网格处的最大压力 p_0，利用 Navier-Stokes 方程，通过速度场、压力场数值模拟结果，计算介质离开清管器的最小压力 $p_{\min}$。把 p_0，$p_{\min}$ 和相应流速 v 代入空化数的表达式，可以得到相应缝隙开度下的空化数 σ，通过调整不同清管器与清垢管壁间的缝隙，得到不同空化数，根据空化数来判断和确定最佳缝隙。

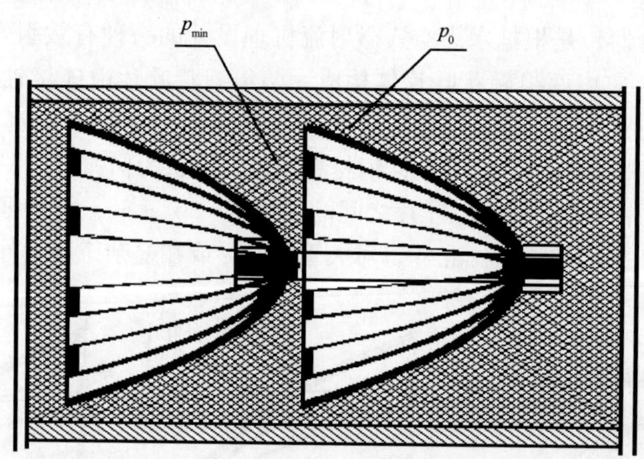

图 7-9　清管器清垢压力分布图

对控制方程进行数值求解

$$\left.\begin{aligned}
&\mathrm{div}(\boldsymbol{v}) = 0\\
&\frac{\partial v_x}{\partial t} + \mathrm{div}(v_x, \boldsymbol{v}) = -\frac{1}{\rho}\cdot\frac{\partial p}{\partial x} + \frac{\mu}{\rho}\cdot \mathrm{divgrad} v_x\\
&\frac{\partial v_y}{\partial t} + \mathrm{div}(v_y, \boldsymbol{v}) = -\frac{1}{\rho}\cdot\frac{\partial p}{\partial y} + \frac{\mu}{\rho}\cdot \mathrm{divgrad} v_y\\
&\frac{\partial v_z}{\partial t} + \mathrm{div}(v_z, \boldsymbol{v}) = -\frac{1}{\rho}\cdot\frac{\partial p}{\partial z} + \frac{\mu}{\rho}\cdot \mathrm{divgrad} v_z
\end{aligned}\right\} \tag{7-2}$$

式中 ρ——流体密度，kg/m^3；

$\boldsymbol{v}$——流体速度矢量，m/s；

t——时间，s；

μ——动力黏度，Pa·s；

p——流体微元体上的压力，Pa；

v_x，v_y，v_z——速度矢量 $\boldsymbol{v}$ 在方向 x、方向 y 和方向 z 上的分量。

流体在经过两层叶片间，由于流径的改变，流速急剧增大，同时在该处产生负压效果，促进了气穴的产生。通过数值模拟结果可知，叶片存在最佳缝隙开度。而一定水压下叶片缝隙开度的大小，与叶片的几何形状、尺寸、材料属性等密切相关。

三、技术特点及注意事项

1. 技术特点

空化射流是一项典型的高效、清洁的新技术，具有除垢能力强、应用范围广等特点，将空化射流清垢技术应用在油田管线除垢方面，可快速清除管线及加热炉盘管中的垢。空化射流清垢技术具有较突出的优点，主要表现为以下几个方面：

（1）清垢彻底。空化射流清垢技术能够彻底清除油垢、化学垢、水垢、锈垢、软性垢、硬性垢、黏性垢等，清垢效率高，并且被清洗后的管壁相对光滑、光亮。

（2）清垢速度快。能彻底清除多种垢质，清洗速度快，清管器在1km地下管道中的运行时间只有15min左右，在水套加热炉中的运行时间只有5min左右。

（3）清洗范围广。对 ϕ40mm 至 ϕ1000mm 的管路均可清洗，可清洗管线材质包括钢管、玻璃钢管、复合管、铸铁管等；可清除垢质包括硅酸盐、硫酸盐、碳酸盐、聚合物、蜡垢、沥青质、胶质、焦碳、焦油、硅胶、萘、泥沙、锈瘤等各种垢质。

（4）清洗行程长。动力水流自清管器的缝隙中激射而出，携带前面被清洗下来的污垢向前移动，不会形成阻塞，而且一次性清洗距离越长越见优势。

（5）具有自动回收功能。当清管器运行受阻时，通过反向打压，容易退出，不会造成卡阻。清管器尾部也可装有电子测位装置，对清管器时时定位跟踪，便于了解清洗速度，一旦卡阻后便可迅速精确定位。

（6）泵压低，安全可靠。一般高压水射流清洗的水压很高，因为操作失误击伤施工现场人员的事故偶有发生。空化射流清管器施工时，泵压低，安全可靠。

（7）真正环保。由于是纯物理清垢技术，对环境无污染。空化射流清垢安装了排污管，污垢直接流入排污池，避免了对环境的污染。

（8）可以在线清垢，大大提高了这项技术的实用性。

2. 注意事项

（1）管线有分叉、多分支管线或管线弯曲度太大，不能应用此项技术。清管器清垢时服从向阻力小的方向移动的原则，会从结垢厚度薄、有效半径大的管线通过，而不能自由选择清垢支线。当被清垢管线弯度太大时，超过了清管器的旋转极限，就会造成清管器在转弯处卡阻。

（2）管线内有其他异物会导致清管器卡阻，不能应用此项技术。清管器只能清除管壁上的垢物，而不能除去异物，如清管器运行到此处时就会造成卡阻，导致事故。

（3）根据地势位差确定清垢方向。采用清管器清垢时，一般采用从高向低处清洗的原则，这样可以降低施工压力，提高施工安全性，同时减小能耗。

（4）清管器的选取要根据管径及垢的厚度综合考虑。相同直径的管线，如果结垢量大，应选取不同尺寸清管器，进行多次清垢。

四、应用实例

1. 清垢工艺流程

（1）停输待清垢管线，掌握管线的走势，排除管线中有异物、管线存在分叉等情况，同时收集管线运行时的排量、压力等数据，为施工提供依据。

（2）选择最佳尺寸的清管器，放入管线内，连接水罐、泵车和管线；污水收集端连接回收装置及排污管线；检查各阀门是否开启。

（3）启动泵车，向管线中注水，推动仪器行进清垢作业。观察泵压（压力一般控制在3MPa以内就可施工）和流量，排污管线污水的排量和水质，清出垢的量等参数。当清管器进入接收装置后停泵，根据被清垢管线情况决定是否改变清管器尺寸，或用原清管器再次进行清垢作业。

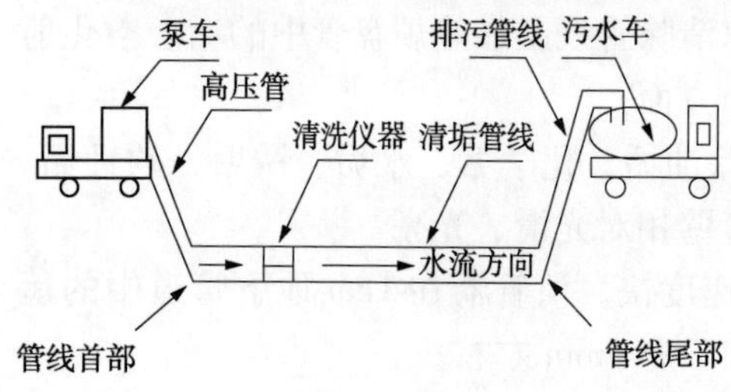

图7-10　清垢施工示意图

（4）清管器一旦卡在管线中，选择反向打压退出清管器。

（5）清垢管线达到要求，进行验收，清理现场。

图7-10为清垢施工示意图。

2. 清垢实例

1）加热炉清垢

加热炉是油田集输过程中不可缺少的关键设备，担负着油田含水原油的加热升温任务，是油田生产过程中的主要能耗设备之一。垢是热的不良导体，一旦结垢，管束截面减小，流量降低，严重时可能因为传热不均，引起爆管事故。

加热炉难以清垢的主要原因是：（1）加热炉结垢的主要部位是盘管，盘管回程多；（2）加热炉盘管的曲率半径小，一般的清垢工具难以进入作业；（3）加热炉结垢具有硬度高、附着力强的特点。传统的物理清垢技术无法进入盘管，采用空化射流技术解决了加热炉盘管清垢难题。

例：华庆油田白×增加热炉盘管为ϕ60mm×6mm管线，结垢厚度为10～15mm，垢质坚硬、致密。采用了空化射流清垢，图7-11清垢前后对比表明清垢率为100%，管道内径完全恢复，图7-12表明清出的垢物为颗粒状、坚硬钡锶垢。

2）注水管线清垢

长庆油田采油七厂部分注水管线结垢，造成注水压力上升，日注水量不能满足配注要求。2010年对白××3-37、白××7、白××-1注水管线应用空化射流清垢技术进行清垢。

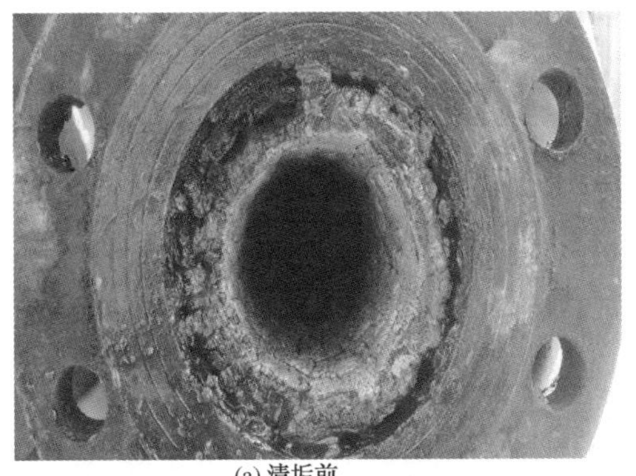
(a) 清垢前

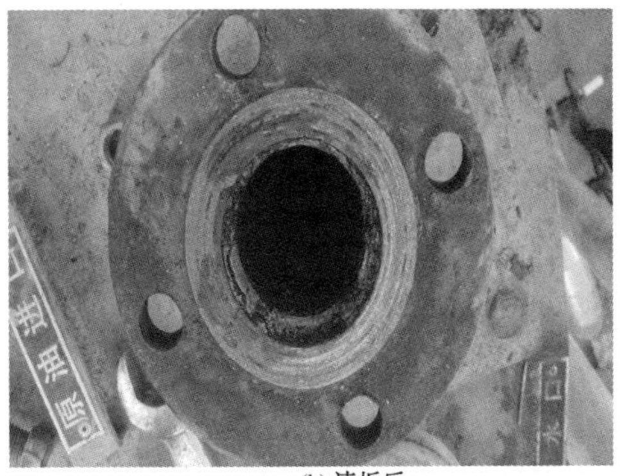
(b) 清垢后

图 7－11　加热炉盘管清垢前后对比

清出垢样

图 7－12　加热炉清出垢样

对 3 条注水管线垢样，进行了酸溶实验及 X－衍射分析，结垢物为普通办法极难清除的 $Ba(Sr)SO_4$垢，见表 7－2。

表 7－2　垢样酸溶及仪器分析

序　号	井　号	酸溶前垢重（g）	酸溶后垢重（g）	酸不溶率（%）	X－衍射分析
1	白××3－37	5.7826	5.0457	94.56	$Ba(Sr)SO_4$
2	白××7	5.8463	5.0124	96.27	$Ba(Sr)SO_4$
3	白××－1	5.9361	5.0542	97.47	$Ba(Sr)SO_4$

对上述管线采用水力空化清垢技术，可以清除管线的结垢物，清垢彻底、效果显著（图 7－13），经清垢后注水井分压得到大幅度提高（表 7－3）。

表 7－3　注水管线清垢效果统计表

名　称	规　格（外径×厚度）mm×mm	清垢长度（m）	结垢厚度（mm）	清垢前		清垢后	
				分压（MPa）	日注（m^3）	分压（MPa）	日注（m^3）
白××3－37	60×6	2600	12	12.2	16	16.6	75
白××7	60×6	2600	12	7.8	8	16.6	145
白××－1	76×9	200	10	12.5	73	16.7	170

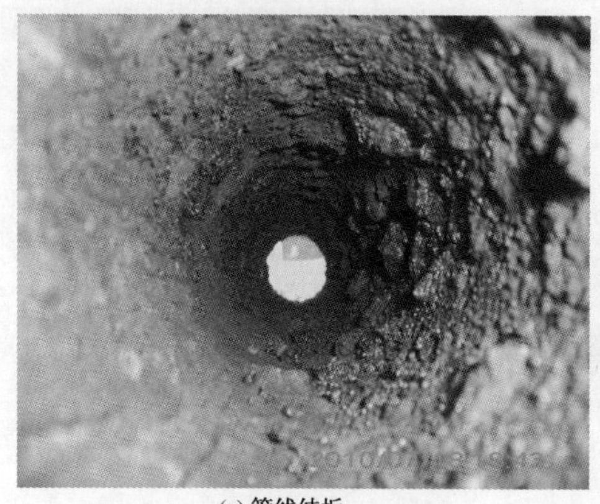

(a) 管线结垢

(b) 管线清垢后

图 7－13　主水管线清垢前后对比

清出垢样

图 7－14　注水管线清出垢样

3）油田集输管线清垢

长庆油田部分油田集输系统由于高含水、水质不配伍等原因，管线存在不同程度的结垢，严重影响油田正常生产。现有油田管线除垢技术无法清除，只能更换输油管线。

油田集输系统结垢难清除，主要有以下特点：（1）结垢量大、结垢速度快，垢质成分复杂，含石蜡、沥青质等有机垢、碳酸盐和硫酸盐无机垢等复合垢；（2）位差大，黄土高原地势的特性决定了集输管线位差大，最大达 80～100m；（3）管线距离长；（4）结垢管线数量大、管径型号多，更换费用高。而集输管线一旦结垢，堵死，将影响正常生产。

高位差清垢实例：以白×－×井场至白×增输油管线为例。概况：ϕ89mm×5mm，全长 850m，落差 80m（图 7－15），施工前该井段结垢厚度在 10～14mm，井组回压 3.1MPa，多次投球均未通过管线到收球筒，清垢后回压降到 0.6MPa。管线清垢前后对比见图 7－16，清出垢物见图 7－17。

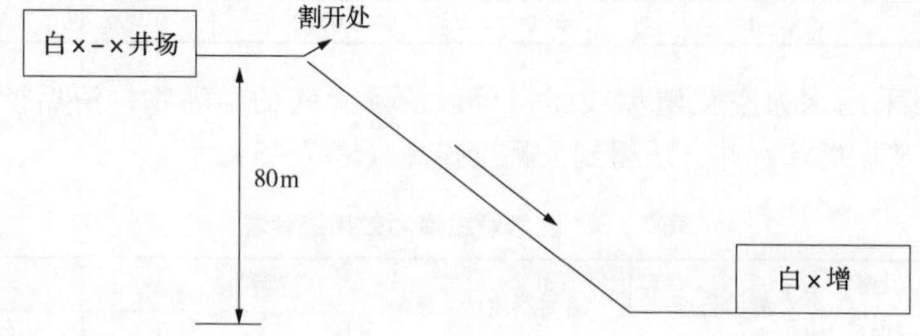

图 7－15　白×－×井场至白×增输油管相对位置简图

3. 清垢与节能的关系

在油田的生产运行中，如果管线结垢，将导致压力升高，能耗上升。因此对结垢集输管线清洗可以降低系统压力，达到节能减排、降低成本的目的。

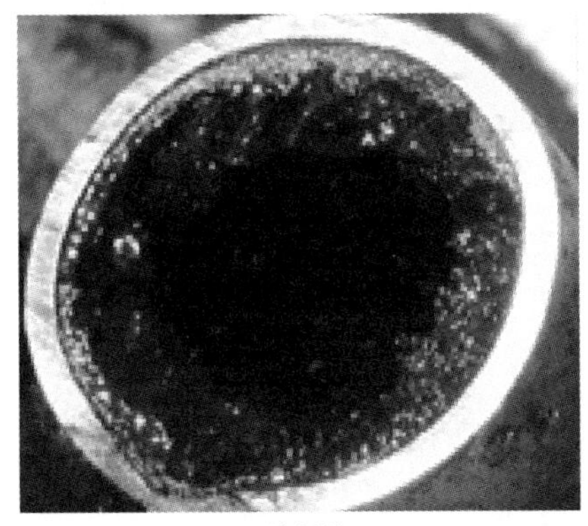

(a) 清垢前

(b) 清垢后

图 7－16　输油管线清垢前后对比

(a) 清除垢样A

(b) 清除垢样B

图 7－17　白×－×输油管线清出垢样

1）节能计算方法

管道节能计算按照长输管道节能产品测试方法 SY/T 6422—2008《石油企业节能产品节能效果测定》测定，按照 SY/T 5264—2012《油田生产系统能耗测试和计算方法》计算，前后对比测试在稳定情况下进行，测试时输油干线压力波动不大于 ±5%，温度变化不大于 ±0.5℃，流量变化不大于 ±5%。

$$\xi_{JY} = \frac{W_1 - W_2}{W_1} \times 100 \tag{7-3}$$

式中　ξ_{JY}——有功节电率，%；

W_1——应用节能产品前吨液百米提升高度有功耗电量，kW·h/（10^2m·t）；

W_2——应用节能产品后吨液百米提升高度有功耗电量，kW·h/（10^2m·t）。

测试数据包括设备运行时的电压（V）、电流（A）、输入功率（kW）、功率因数；设备的额定功率（kW）；和管线运行时的输送液量（m^3/d）、含水率（%）、液体密度（kg/m^3）等。

$$W = \frac{24 \cdot P \cdot 100}{(\varphi_{油}\rho_{油} + \varphi_{水}\rho_{水})hQ} \tag{7-4}$$

式中 W——百米吨液有功单耗，kW·h/（10^2m·t）；

P——输入功率，kW；

$\varphi_{油}$——含水率；

$\varphi_{水}$——含油率；

$\rho_{油}$，$\rho_{水}$——分别为原油和水的密度，kg/m^3；

h——动液面，m；

Q——产液量，m^3/d。

2）测试仪器

测试仪器名称及技术指标见表7-4。

表7-4 测试仪器名称及技术指标

序号	名称	型号	精度	测量范围
1	电能质量分析仪	3169-21	0.25级	电压0~600V 电流0~500A
2	红外非接触测温仪	INFRAPOINT	±0.1℃	-20~750℃
3	数显压力表	SKY100-10SMN	0.5	0~2MPa 0~10MPa

3）典型实例

现以长庆油田第五采油厂一条从井场至增压站的输油管线清垢为例，说明需要测试的数据和清垢后的节能情况。井场抽油机的基本参数见表7-5。

表7-5 井场抽油机基本参数

抽油机型号	运行状态	测试时间	电机型号	额定功率（kW）	产液量（m^3/d）	含水率（%）	液体密度（kg/m^3）
CYJW7-2.5-26HY	清垢前	2013.4.20	Y200L-8	22	9.30	47.8	0.92
	清垢后	2013.5.5	Y200L-8	22	9.30	47.8	0.92

井场到增压站之间管线输送含水原油的动力由抽油机提供，在测试其节能性时仅测试管线清垢前后抽油机的电参数，见表7-6。

表7-6 井场抽油机电参数测试结果

运行状态	电压（V）	电流（A）	输入功率（kW）	功率因数
清垢前	381.2	46.43	18.25	0.575
清垢后	380.91	32.30	17.87	0.582

表7-7 计算结果

运行状态	有功耗电量（kW·h）	百米吨液有功单耗［kW·h/（10^2m·t）］	有功节电率（%）	日综合节电量（kW·h）	年综合节电量（kW·h）
清垢前	437.98	4.92	—	—	—
清垢后	428.88	4.82	2.08	22.83	8331.32

通过电参数计算，可知能耗综合数据，见表7－7。井场到增压站管线的有功节电率为2.08%，日综合节电量22.83kW·h，年综合节电量为8331.32kW·h。

对另外10条清垢管线进行清垢前后测试，其平均有功节电率为6.16%，平均单条年综合节电量为12903.07kW·h，10条管线年综合节电量为12.9×10^4kW·h。可见管线清垢前后节电效果明显。

第四节 高压水射流清垢技术及应用

高压水射流清垢技术是运用液体增压原理，通过增压泵，将机械能转换成压力能，具有巨大压力能的水通过小孔喷嘴将压力能转变为高度聚集的水射流动能，从而完成清垢的技术。高压水射流的最高压力可达270MPa以上，高速射流本身具有较高的刚性，在与垢碰撞时，产生极高的冲击动压和涡流。高压水射流从微观上存在刚性高和刚性低的部分，刚性高的部分产生的冲击动压增大了冲击强度，宏观上看起快速楔劈作用；而刚性低的部分相对于刚性高的部分形成了柔性空间，起吸屑、排屑作用，从而快速干净地除去垢层。

该技术具有清垢成本低、速度快、清净率高、不损坏被清洗物、应用范围广、不污染环境等特点。高压水射流清垢技术在油田中的应用广泛，如长庆油田用此技术进行总机关清垢。下面从高压水射流的清垢机理、特点、装置及其总机关清垢实例进行介绍。

一、高压水射流清垢机理

1. 高压水射流对物体表面垢层的影响

高压水射流对物体表面的清洗作用是十分复杂的。从一般原理上看，清洗过程是高压水射流对被清洗物体表面垢层的破坏和清除的结果。当高压水射流正向或切向冲击被清洗面的污垢时，高压水射流具有冲击作用、动压力作用、空化作用、脉冲负荷疲劳作用、水楔作用、磨削作用等，对物体表面将产生冲蚀、渗透、剪切、压缩、剥离、破碎，并引起裂纹扩散和水楔等效果。高压水对污垢产生的上述各种作用的持续时间通常仅为几分之一微秒，而构成物体表面垢层的物质则是复杂的，因此清洗效果取决于水射流对这些垢层的针对性。

高压水射流对物体表面垢层的影响主要表现为以下几个方面：

（1）水射流对垢层的软化。

（2）水射流的穿透和渗入，引起垢层材料裂纹的扩展，加剧了垢层的破碎。

（3）高压水射流局部流变冲击对垢层的剥离作用。

（4）高压水射流的剪切作用使得垢层易于破碎。

（5）高压水射流的切力和拉力作用对垢层产生脆性破坏作用。

2. 高压水射流对物体表面的作用力

连续水射流对物体表面的作用力是指射流对物体冲击时形成的稳定冲击力。崔谟慎等对作用力进行了理论计算，并研究了作用力与靶距的关系。高压水射流冲击到物体表面时，其原有速度和方向均发生改变，损失的动量以作用力的形式传递到物体表面上。高压水射流对物体的冲击形式见图7－18。

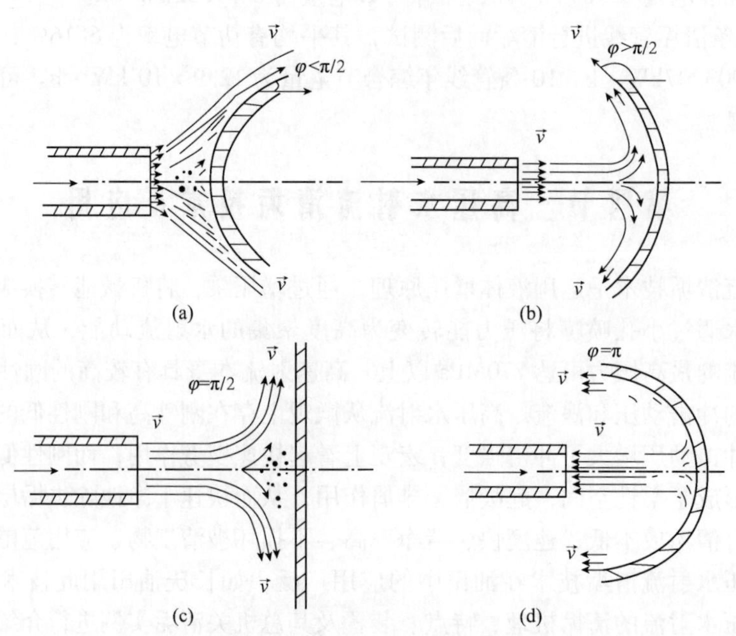

图 7-18　高压水射流对物体的冲击形式

由图 7-18 可知，在理想条件下射流冲击物体表面前的动量为 $\rho Q\boldsymbol{v}$，冲击物体表面后的动量为 $\rho Q\boldsymbol{v}\cos\varphi$。水射流对固体表面的作用力为：

$$F=\rho Q\boldsymbol{v}-\rho Q\boldsymbol{v}\cos\varphi=\rho Q\boldsymbol{v}\ (1-\cos\varphi) \tag{7-5}$$

式中　F——射流作用在物体上的打击力，N；

ρ——流体密度，kg/m^3；

Q——射流流量，m^3/s；

$\boldsymbol{v}$——射流出口速度，m/s；

φ——射流冲击物体表面后离开固体表面的角度。

由式（7-5）可以看出，当 $\varphi=\pi/2$ 和 $\varphi=\pi$ 时，射流对固体表面上的作用力分别为 $\rho Q\boldsymbol{v}$ 和 $2\rho Q\boldsymbol{v}$。

很显然，上述分析的只是射流作用于物体表面上的理论最大打击力，它仅仅反映了打击力与射流基本参数的定型关系。由于射流的扩散及受空气阻力等因素的影响，射流作用于物体上的打击力要远比最大理论打击力小。

实际上射流速度、射流结构是随着喷嘴到物体的距离（即靶距）而不断变化的，射流对物体的冲击力开始时随着靶距的增加而增加；在某一位置冲击力达到最大值后便开始减小。冲击力的最大值与上述理论值大致相当，达到最大打击力的靶距在 100 倍喷嘴直径左右；而喷嘴出口附近的打击只有最大打击力的 0.8～0.85 倍。射流作用力随靶距的变化曲线如图 7-19 所示。

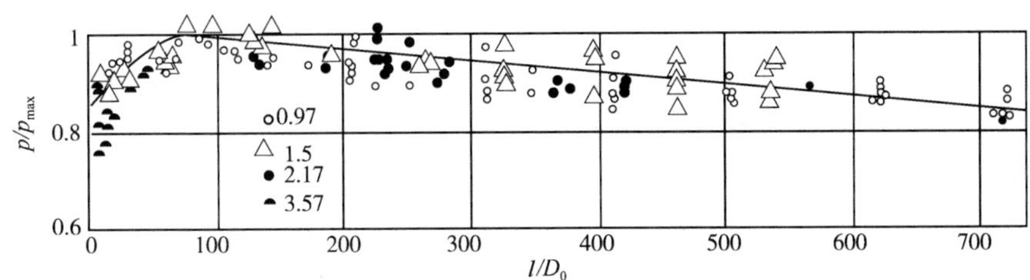

图 7－19 射流作用力随靶距的变化曲线

l—喷嘴长度；D_0—喷嘴直径；p—l/D_0 某个比例下的压力；p_{max}—整个过程最大压力

二、高压水射流清垢装置

1. 高压水射流清垢装置的组成

高压水射流清垢装置主要由高压水装置、动力设备、高压软管、喷嘴及工作附件等组成，如图 7－20 所示。高压水射流清垢示意图，见图 7－21。

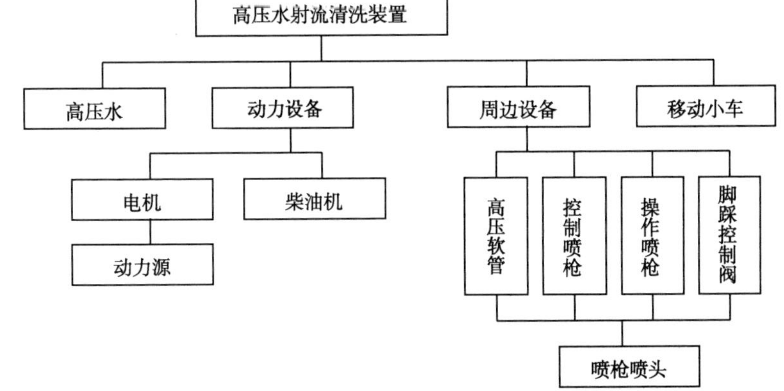

图 7－20 高压水射流清垢装置组成

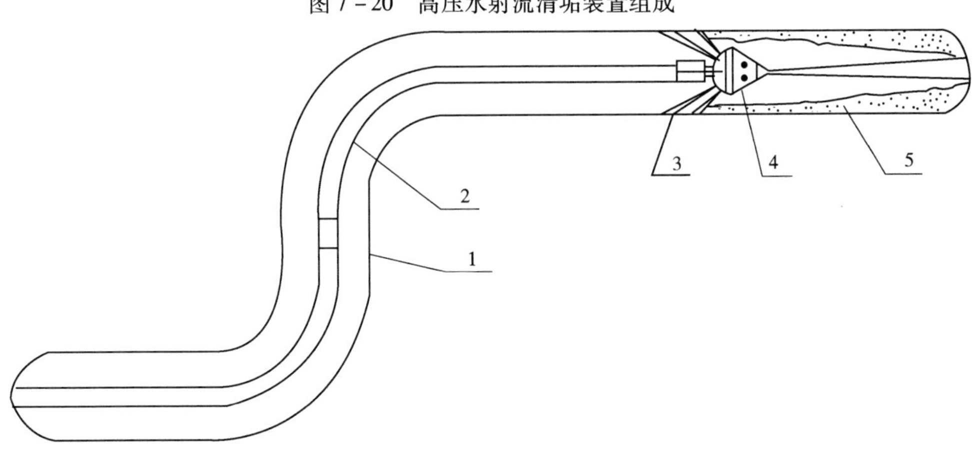

图 7－21 高压水射流清垢示意图

1—管道；2—高压软管；3—水射流；4—喷头；5—管壁结垢

（1）高压水装置。高压水装置是高压水射流装置中最重要的部件，主要有离心泵、柱塞泵和增压泵等。

（2）动力设备。动力设备通常为柴油机或电动机。为方便现场施工，一般车载的高压水射流清垢装置的动力源为柴油机，它尤其适合在不具备大功率电源的野外使用。一些小型高压水射流清垢装置常用电动机作动力源。

（3）高压软管。高压水泵和喷嘴之间通过高压管路连接，高压管路由内管、增强层和外皮三部分组成。内管输送水，增强层提高内管的强度以耐受高压，外皮起保护作用，以防止腐蚀和机械损伤。高压软管的增强层用钢丝编织，一般有2~3层。

（4）喷嘴及工作附件。高压水经高压软管到达喷嘴及工作。喷嘴的作用是将高压低流速水转化为低压高流速的射流。喷嘴及附件是影响清垢效果的重要因素。喷嘴一般由特种材料制成，有圆柱形和扁平形两种。圆柱形喷嘴射程不同的口径，一般为1.5~2.1mm，口径小的喷嘴适用于高压力低流量的清洗，反之则选用大口径的喷嘴。

2. 油田用高压水射流清垢装置

油田生产中，高压水射流清洗物体内表面主要有两种情况：一是小口径的大容器内壁；二是长管道的内壁。针对管道内壁的水射流清垢装置（图7-22），包括自进式水射流喷头、高压软管输送装置、高压软管。自进式水射流喷头（图7-23），包括1个前方喷嘴和6个均匀分布的向后喷嘴。高压水通过自进式喷头向后喷嘴喷出，一方面高速的水射流可以清除管线内壁的污垢，另一方面射流喷射的后坐力可以提供管线和喷嘴进入管道的内部动力。如果管道已经被堵塞，高压水通过自进式喷头前方喷嘴喷出，可以清除管线堵塞物，来实现疏通。

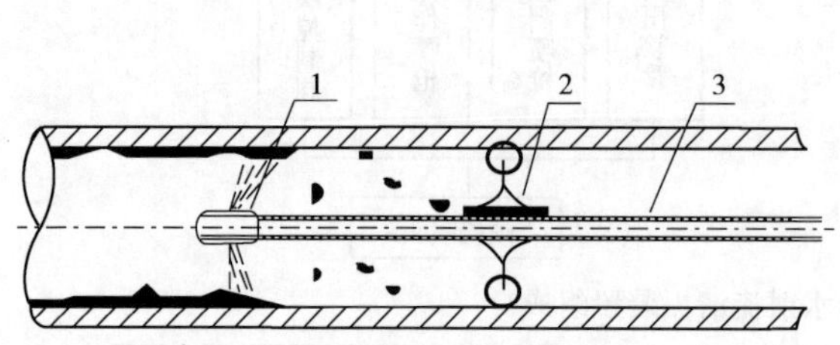

图7-22　高压软管水力射流清垢示意图

1—自进式水射流喷头；2—高压软管输送装置；3—高压软管

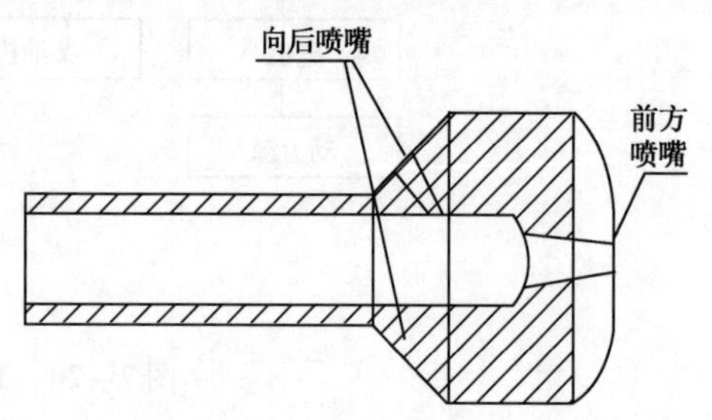

图7-23　自进式水射流喷头

当用高压水射流清洗长距离水平管线时，加装高压软管输送装置（图7-24）可以提高清洗距离2倍以上。高压软管输送装置主要由滚动轮和主体组成。主体由外层支撑体和内层防滑衬体构成，通过固定螺栓固定在一起，滚动轮通过人字形支架连接到主体上。主体为两个半圆体构成，通过销轴连接，在现场施工时方便安装。工作时将除垢喷头置入被清垢管线内，自喷头开始1.5m安装一个传送装置，然后依次每3m安装一个传送装置，根据需要清垢管线的距离确定安装传送装置的个数。

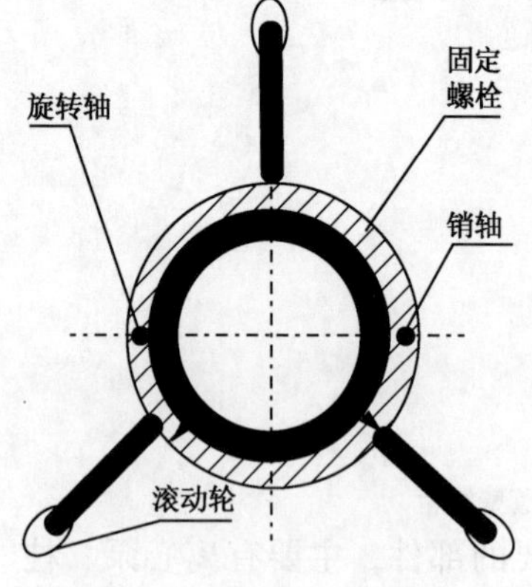

图7-24　高压软管输送装置

3. 高压水射流喷嘴

喷嘴是高压水射流设备的重要元件，它最终形成了水射流工况，同时又制约着系统的各个部件。它的功能不但是把高压泵或增压器提供的静压转换为水的动力，而且必须让射流具有优良的流动特性和动力特性。

从有效地射流作业和节能降耗角度来看，较为理想的喷嘴应符合以下要求：

（1）喷嘴喷射的水束应能将压力有效地转化为对射流表面的喷射力。

（2）喷嘴具有较小的流动阻力，喷出水束受卷吸作用小，并保持射流的稳定，以利于对射流表面的作用。

（3）喷嘴不易发生堵塞。

（4）在保证一定射流效果的前提下，尽可能地降低水耗。

不同的喷嘴会得到不同的射流效果。应根据射流作业的要求，合理地选择喷嘴类型。对于喷嘴的形式，按形状区分有圆柱形喷嘴、扇形喷嘴、异形喷嘴等；按孔数区分有低压喷嘴、高压喷嘴、超高压喷嘴等。

研究表明，在高压射流的情况下，圆柱形喷嘴效果比扇形喷嘴好。在喷嘴直径、压力、靶距和作用时间相同的条件下，圆柱形喷嘴的射流效果好，可获得集聚能量较好的集束射流，以得到较大的射流打击力。然而，根据短管射流理论可知，喷嘴如果采用短管圆柱形状：（1）短管喷嘴与高压管路直接连起来，因为流径突然变小，会产生阻力损失，大大增加了能量损失；（2）在短管喷嘴内就会出现旋涡低压区，这个旋涡区的压力低于大气压，真空度随水压加大而增大，当真空度过大时，会从短管出口吸入空气，破坏了短管管口的满流状态，降低流量系数。

为此，圆柱形喷嘴应进行改进，采用截面连续均匀地过渡到所需要的出口面积，最佳的喷嘴形状应尽量与喷嘴出口处的流线保持一致，使流速连续均匀收缩而不在喷嘴内部产生旋涡分离区。但由于流线形喷嘴难以加工，特别是小直径喷嘴，因此工程中使用的水射流喷嘴多是出口带圆柱段的锥形收敛型咬嘴（图 7－25）。

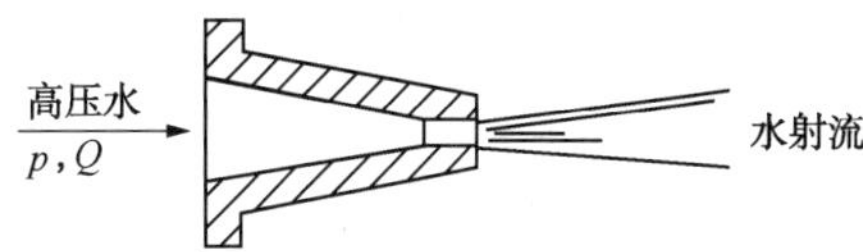

图 7－25　射流喷嘴结构

喷嘴的结构几何参数一般主要包括喷嘴喷孔的直径、喷孔的长径比、喷嘴的入口角和出口角及表面粗糙度等。

（1）喷孔直径。喷嘴喷孔的直径是喷嘴设计时首先要选定的重要参数，也是确定其他参数的依据。一般情况下，孔径大，水耗就增加，堵塞的危险就减小，因此应综合考虑。

（2）喷孔的长径比。喷孔的长径比是影响喷射状态的另一个重要参数，它直接影响到喷嘴的流动阻力、流量参数、喷射速度转换效率等，通常长径比 $L/d=2\sim4$。

（3）喷嘴的入口角和出口角。喷嘴的入口角是决定喷嘴流动阻力的主要因素，入口角较大的喷嘴其入口流动阻力较小。喷嘴的出口角则对射流的发展有一定的影响作用，出口角过小，在喷射过程中将产生一定的附壁现象，减弱了射流对作业面的作用，一般工程上入口角通常取 13°。

（4）表面粗糙度。表面粗糙度指加工表面具有的较小间距和微小峰谷不平度。

三、技术特点

高压水射流清垢技术包括石油、化工、冶金、煤炭等许多领域。可以清洗各类管线、热交换器、容器的内外结垢物。与传统的人工清垢、机械清垢及化学清垢相比，高压水射流清垢在清洗效果与效率、清洗成本以及环保等方面具有无可比拟的优势。

(1) 水射流的压力与流量可以方便地调节，因而不会损伤被清洗物的基体。

(2) 高压水射流清垢不会造成二次污染，清洗过后如无特殊要求，不需要进行洁净处理。

(3) 清洗形状和结构复杂的物件，能在空间狭窄或环境恶劣的场合进行清洗作业。

(4) 高压水射流清垢快速、彻底。例如，下水管道的清通率为100%，清净率为90%以上；热交换器的清净率为95%以上；锅炉的除垢率达95%以上，清洗每根排管的时间为2~3min。

(5) 清垢成本低，大约只有化学清垢的1/3左右，即高压水射流清垢属于细射流，在连续不间断的情况下，耗水量为1.8~4.5m^3/h，功率为35~90kW，属于节能型设备。

(6) 高压水射流清垢用途广泛。凡是水射流能直接射到的部位，不管是管道和容器内腔，还是设备表面，也不管是坚硬结垢物，还是结实的堵塞物，皆可使其迅速脱离粘结母体，彻底清洗干净。高压水射流清垢对设备材质、特性、形状及垢物种类均无特殊要求，只要求水射流能够达到即可。

(7) 与化学清垢不同，高压水射流清垢无有害物质排放与环境污染问题，水射流雾化后还能降低作业区的空气粉尘浓度，保护环境。与其他清垢方式相比，高压水射流清垢在清洗效果与效率、清洗成本以及环保等方面具有无可比拟的优势。

四、应用实例

油气田开发中存在大量结垢问题，在井下地层、油套管、地面设备和集输管网等普遍存在，如输油支线、加热盘管等，厚度从几毫米到几十毫米，有时甚至将管路堵死，每年都需要投入大量的人力、物力、财力，对结垢严重的管路进行停产更换，严重影响了油田的正常生产。高压水射流清垢技术以其清洗成本低、速度快、清净率高、不损坏被清洗物、不污染环境等特点，在油田中得到应用广泛，下面将从集输系统中的总机关清垢进行介绍。

集输系统由于水质配伍性和环境因素的变化，结垢问题十分普遍，总机关就是一个结垢严重的地方。总机关清垢有以下几个特点：(1) 清洗距离短，在自进式高压喷头能够前进的范围之内；(2) 管线连接复杂，分支多，但都是成90°连接，故不影响高压软管清垢运行方向；(3) 结垢厚、结垢量大、垢质成分复杂。总机关为不同油井产液混合处，所以可能产生各种垢质，如石油中的蜡质、沥青质，由于压力下降产生的碳酸盐垢，由于产层不同而生成的硫酸盐垢；(4) 清洗调整多，管线多有阀门、仪表精密部件，所以不能用化学法简单清洗。因此非常适合高压水射流清洗。

油田总机关是多层水集输混合处，结垢严重，采用高压软管输送水力射流喷头（喷嘴孔径只有1~2mm）技术清垢，即通过高压软管将喷头深入到总机关内利用喷射水流产生的前进力将清垢喷头推进到管线内部，清除内壁污垢及各种堵塞物，从清垢管线进口排出污物，如图7-26所示。

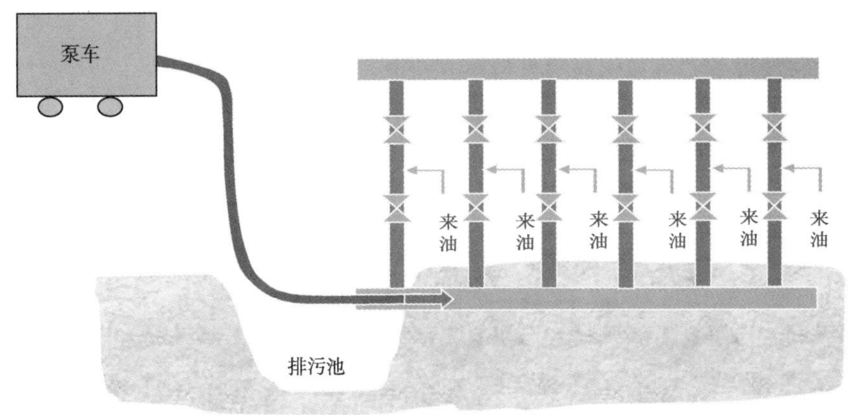

图 7－26　高压水力喷头工作图

高压水射流清垢装置在泵压力 4MPa 时，可以在内径 45mm 的管道内连续清洗长度在 10m 以上，并自动拐过 45°的弯头上升 1.5m 左右，时间约 1min。观察表明，管道两端的清洗质量很好，泥垢等全部被清除，得到其原来的本色（图 7－27）。

图 7－27（a）所示的喷头上共有 6 个直径为 1mm 的喷嘴，向后倾斜 45°，该喷头直接连接在高压软管上。

图 7－27　高压软管清垢图

在清洗中明显地看到，喷头在刚进入管道时行进的速度较高，然后就很快降下来，再以后速度的下降就慢得多。这对提高清洗效率很不利。为了保证清洗效果，必须对其速度加以控制。通常的方法是控制缠绕高压软管的卷筒的旋转速度。使用这种方法之后，可有效控制喷头刚进入管道时的速度，提高清洗效率，所能清洗的最大有效长度会稍有减小，但对其使用状态没有影响。在施工过程中，由于采用了高压设备，因此应严格按照操作规程进行清洗作业，做好配套防护措施。

第五节　其他清垢技术

一、化学清垢技术

通常把利用化学清垢剂或其他溶液清洗物体表面污垢的方法叫化学清垢，是利用化学药品对污垢的溶解反应能力，把其转化为溶解形式进行清除、带走的。液体具有流动性好、渗透力强的特点，因此适合清洗形状复杂、不规则和带有死角的物体，在清洗大型设备内部时可以采用密封循环的方式清洗，不必把设备解体清洗。

1. 化学清垢原理

化学清垢时采用化学药剂与垢物反应，将其转化为可溶物并以溶液的方式带走，起到清垢的作用，因不同化学药剂与被清洗物的作用机理不同，可以大致分为 3 种形式：酸洗、碱和表面活性剂清洗、络合反应。

1）酸洗的机理

酸洗的机理是酸中的 H^+ 与垢物中的碳酸盐、氢氧化物、氧化物反应生成可溶物、水和气体，可溶物随介质排出，完成清洗。如下式，M 为金属。需要指出的是在清洗过程中酸对金属有一定的腐蚀，因此在酸洗的化学药剂中加入一定量的缓蚀剂。

$$2H^+ + MCO_3 = M^{2+} + H_2O + CO_2\uparrow$$

$$2H^+ + M(OH)_2 = M^{2+} + H_2O$$

$$2H^+ + MO = M^{2+} + H_2O$$

2）碱和表面活性剂清洗机理

碱清洗主要是 NaOH，碱和表面活性剂主要用来清洗有机垢，碱与表面活性剂经常联合使用来增加清垢效果。它的作用机理是皂化反应和湿润反转的作用，反应溶解油脂，改变固体表面的湿润性，由亲油性转变亲水性，将有机垢从壁面剥离下来。使用酸清洗时，一般都要配合使用碱和表面活性剂来清除覆盖的有机垢，主要在酸洗前使用。

表面活性剂是同时具有亲油基和亲水基的物质，有降低界面张力、改变固体表面润湿性的效果，增加油在水中分散的乳化作用。所以在化学清洗中添加表面活性剂，有利于有机垢的溶解、清洗，并达到对无机垢的润湿效果，提高化学药剂的渗透作用。

3）络合反应

络合清洗剂最常用的是 EDTA 的钠盐简称 EDTA、乙氧基磺酸和一些大环聚醚化合物。一般化学反应机理不能清除难容的 Ba（Sr）SO_4 垢。采用络合反应的原理，络合Ba（Sr）SO_4垢微电离的 Ba^{2+}和 Sr^{2+}，减小溶液中 Ba^{2+}和 Sr^{2+}的有效浓度，促使Ba（Sr）SO_4电离向右进行，从而达到清垢的效果。

在强碱条件下，EDTA 四钠盐（$C_{10}H_{12}N_2O_8Na_4$）与 M（Ba^{2+}，Sr^{2+}）络合反应，其中 M 为中心离子，EDTA 为配位体，提供络合需要的孤对电子（6 对），形成具有环状结构、非常稳定的螯合物（图 7－28），如下：

$$MSO_4 \rightleftharpoons M^{2+} + SO_4^{2-}$$

$$M^{2+} + C_{10}H_{12}N_2O_8^{4-} \longrightarrow [MC_{10}H_{12}N_2O_8]^{2-}$$

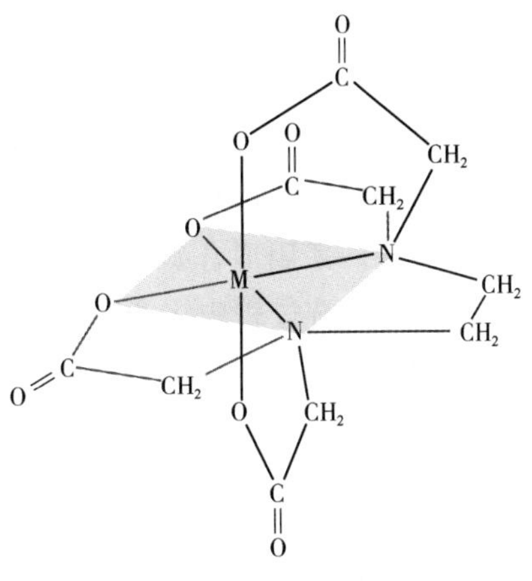

图 7－28 EDTA 与金属离子螯合结构式

2. 常用的化学清洗剂

常见的化学清洗剂包括有酸、碱、表面活性剂和金属离子螯合剂等。在化学清洗时，往往在除去污垢的同时也会对被清洗物体造成腐蚀（如酸洗金属器具），有时为达到更好的清洗效果，同时减小对金属的腐蚀，需要将几种清洗剂和缓蚀剂联合使用。表 7－8 介绍了常用的化学清洗剂及清洗目的。

表 7－8 常用的化学清洗剂

分类	化学清洗剂	清洗目的
酸	盐酸、氢氟酸、硝酸，氨基磺酸、羟基乙酸、柠檬酸等	碳酸盐、氢氧化物、氧化物等
碱	氢氧化钠、碳酸钠、磷酸钠、硅酸钠等	去除油脂、油污
表面活性剂	石油磺（羧）酸盐、烷基苯磺酸盐、酚聚氧乙烯醚、醇聚氧乙烯醚、醇烷氧基化合物、苯烷基磺酸盐等	去除油脂、油污，提高垢层的渗透性
络合剂	EDTA、DTPA、柠檬酸的盐、葡萄糖酸的盐、乙氧基磺酸、大环聚醚化合物	除钡、锶难溶垢

3. 化学清垢实例

现以辽河油田加热炉为例介绍化学清洗方法。包括以下几个步骤：

（1）垢样分析。垢样成分分析见表 7－9。

表 7－9 垢样成分分析 单位：%

取样部位	$CaSO_4$	$CaCO_3$	$BaSO_4$	$FeCO_3$	FeS	$MgCO_3$	Fe_2O_3	有机物
加热炉	9.8	27.6	7.7	7.8	2.8	16.3	8.5	19.5

现场垢层整体结构呈年轮状分布，由多层棕黑色沥青质、胶质及无机垢组成，相互之间结合非常致密。连同垢样分析结果可知此类垢是蜡质，无机盐形成固体空间框架，原油、沥青质及泥沙、岩屑填充在中间。

从以上分析可知采用一种化学清洗方法不能达到完全、彻底清洗的目的，必须采用清洗无机垢和有机垢双重方法清洗。

（2）清洗工艺。

整体工艺采用闭路循环清洗，清洗步骤为：顶油→碱洗→水冲洗→酸洗→水冲洗→漂洗→中和钝化。其中：

① 顶油。采用表面活性剂（OP－10）和碱（NaOH，Na_2CO_3 等）清洗剂，操作温度为60～70℃，操作时间为1～2h。

② 碱洗。采用表面活性剂（OP－10、十二烷基苯磺酸钠）和碱（NaOH，Na_2CO_3 等）清洗剂，操作温度为70～85℃，操作时间为10～12h。

③ 酸洗。采用混合酸（HCl，HF）、乳化剂和缓蚀剂，操作温度为40～55℃，操作时间为8～10h，清洗过程中注意监测：H^+，Fe^{2+} 和 Fe^{3+} 浓度。

④ 漂洗。采用弱酸（柠檬酸＋缓蚀剂），之后用碱（氨水）清洗剂，操作温度为80～95℃，操作时间为2～4h。

⑤ 中和钝化。采用碱（氨水，$NaNO_2$，NaOH）清洗剂，操作温度为50～60℃，操作时间为6～8h。

（3）实施效果。

清洗前出口温度为75～80℃，进出口压差为0.2MPa。清洗后除垢率为98%，缓蚀率98%以上，出口温度为95～100℃，进出口压差接近0。

二、喷丸清垢技术

管道内喷砂主要是作为管道内表面除锈后进行内涂层防腐的重要工序，是在旧管道实施内防腐表面处理时的一项关键技术，其目的不仅仅是除垢，而是实现管线内壁处理。长期以来在线管壁内表面防腐技术不过关，人们质疑的关键问题是长距离管线内表面处理技术是否过关，内壁钢材处理能否达到Sa2.5级别。

近期的工业试验证明，在大排量风送带砂条件下，可实现一定距离、多弯道管线内壁除锈，因为钢表面硬度远高于垢硬度，证明如果磨料硬度和形状选择合适，也可以实现管线在线除垢，同时能保证不伤害管线内壁。

1. 处理效果

选择3条新建管道（ϕ76mm×8mm），管道长度分别为2km，3km和4km。其中在2km管道上设计安装4个弯头（弯头半径为地面设计规范允许最小的1.5D弯头），其中4号弯头距管道起始端900m。试验管道的结构及施工流程示意图如图7－29所示。

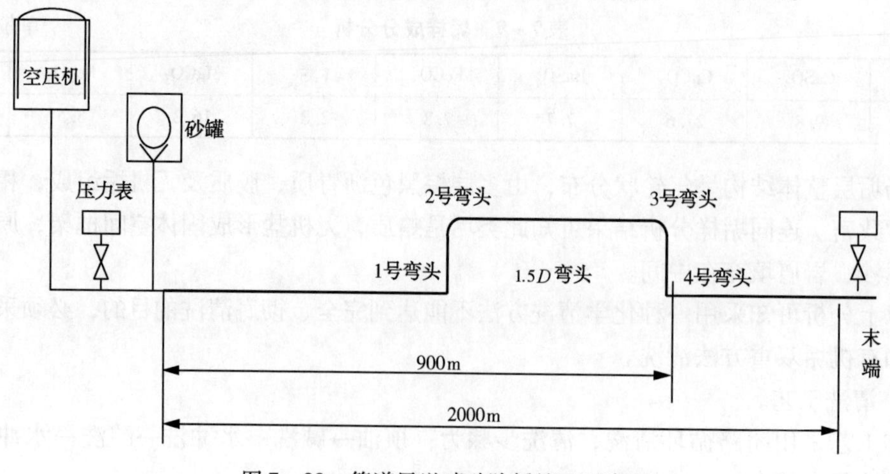

图7－29 管道风送喷砂除锈施工示意图

（1）管道末端处理效果。

从图 7－30 可以看出，不同长度管线（4km 以内）的管线末端处理效果良好，内壁面均可达到 Sa2. 5 级。可以断定，此技术可以满足在线管线内表面处理，同时相同管径下，风送喷砂除锈的管道长度与空气压缩机空气排量呈正比关系。一般来说，当管道长度不小于 3km 时，可选择空气排量为 $12m^3/min$ 的空气压缩机，管道长度增长，空气排量则要相应增大，同时适当延长除锈时间，经验参数见表 7－10。本试验现有的最大空气压缩机排量下（$22m^3/min$），最大除锈长度可达 4km。

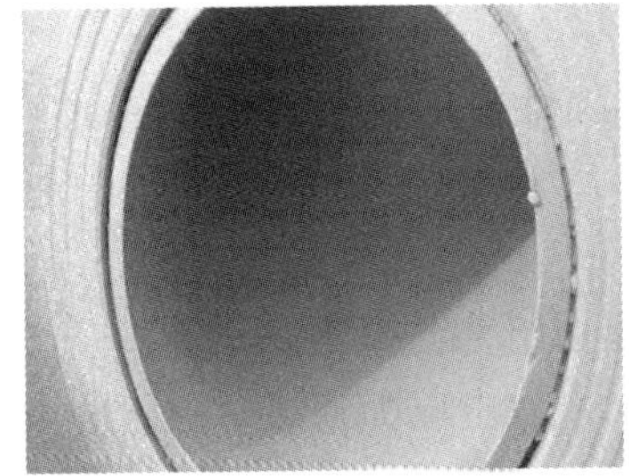
(a) 管道长度2km

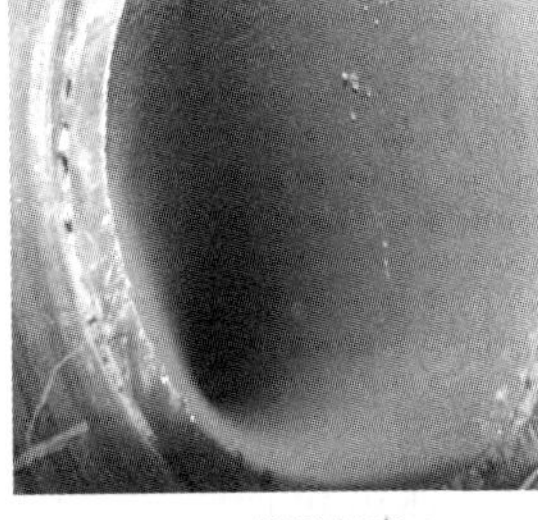
(b) 管道长度3km

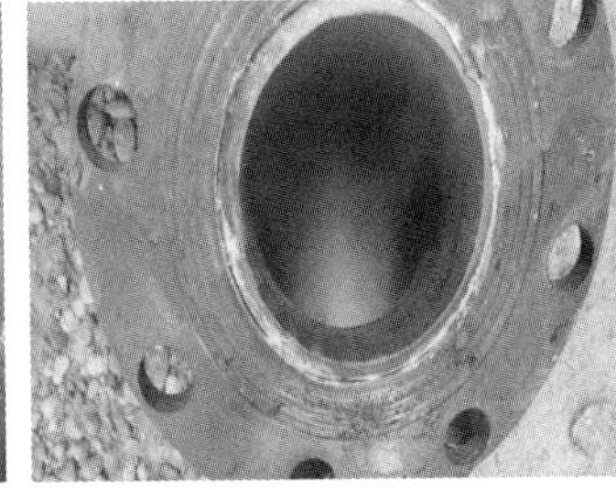
(c) 管道长度4km

图 7－30　管道末端的除锈效果

表 7－10　试验所采用的工艺参数

砂粒粒径（mm）	1.2～1.5		
空气压力（MPa）	0.7～0.8		
管道长度（km）	2	3	4
空气排量（m^3/min）	9	12	22
耗砂量（kg）	1190	2260	3390

（2）弯头处理效果。

管道存在连续多弯头时的除锈情况是较为关注的问题，正常情况是最后一个弯头的除锈效果最差。本次试验选取离起始端最远的 4 号弯头（图 7－29）进行剖开观察，其除锈效果如图 7－31 所示。

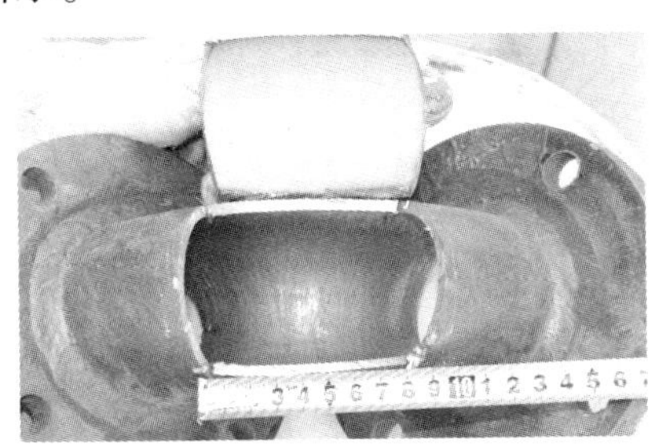

图 7－31　管道弯头处内弯与外弯除锈效果

可以看出 4 号弯头处的整体除锈效果良好，达到 Sa2. 5 级，由此认为，该喷砂除锈工艺参数较为适合，存在连续弯头的管道内壁除锈能够达到要求，可以满足防腐层施工的要求。同时可以看出，外弯处的除锈程度要大于内弯处，分析其原因是因为砂粒在运动过程中对外弯的冲刷力度较大，其所承受的砂粒冲击量也更多。

2. 技术特点

根据喷丸技术的工艺可知，此项技术具有应用材料广泛、施工条件要求低、设备简单等特点：

（1）喷丸介质广泛，可以任意使用铜矿砂、石英砂、金刚砂、铁砂等金属或非金属弹丸。

（2）清垢管线尺寸在 ϕ48mm 至 ϕ219mm，清垢效果好，清理的灵活性大，清垢管线距离长，并且不受场地限制。

（3）设备结构较简单、可以车载，机动性强。

（4）必须配备大功率的空压机，满足大排量的要求。

（5）可以在线进行管线内壁清垢，同时也可满足管线进行各种作业需要的内壁处理要求。

三、电脉冲清垢技术

液电效应产生是利用一套大冲击电流装置来实现。在电容器组上充直流高压电，经过放电开关和高压传输电缆使放置在水中的放电电极瞬间放电，形成放电电弧通道，由于巨大的能量瞬间释放于放电通道内，通道中的液体就迅速汽化、膨胀并引起爆炸，这就是所谓的液电效应。因为液体介质实际上可以认为是不可压缩的（例如，水的压缩系数为 0.000048），因而形成强有力的冲击波以超声速向外传播，这种冲击波的峰值压力可高达 $10^2 \sim 10^4$MPa，对周围物体有强大的力学效应。

1. 电脉冲清垢原理

液电效应是将储能电容器的电能在极短的时间内（微秒级）在水中放电，产生上万安培的瞬时脉冲电流，容器内由于高能聚集，产生高温，使容器内的压力迅速提高，并以极高的速度膨胀，由于水的不可压缩性，因而形成强有力的压力冲击波，对周围物体产生强大的径向机械力（垂直于放电方向），如图 7－32 所示。

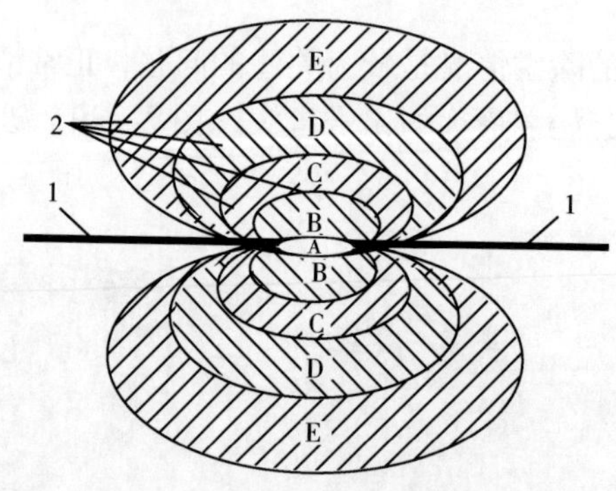

图 7－32　放电通道周围压力区域形状和分布

1—电极；2—压力区；A—火花放电区；B—破坏区，几乎所有材料都要破坏成粉末，而液体，看来是具有固态脆性体性质；C—硬化区，许多材料被破坏，金属硬化，液体看来是处于固态弹性体状态；D—弹性作用区，微粒抛出，产生强大的推力，液体看来是处于液态弹性体状态；E—压缩区，离放电通道愈远，压力迅速降低，可以看到大量液体移动

液体放电所产生的机械作用由两部分冲击组成：主要的——液力冲击；次要的——穴蚀冲击。

液力冲击（或叫“液电冲击”）的波形与脉冲电流的波形类似，脉冲电流越短，幅值越高，则液力冲击越强；与此相反，脉冲电流越长、幅值越低，则液力冲击作用越弱。

空穴冲击是放电时液体质点分子的结合力被克服，从而破坏了液体中的连续性，而形成空腔——充满强放电时产生的气体和蒸气。放电结束后，气体和蒸气剧烈地冷却和凝结，空腔的壁立即闭合，随后被液体充满，其闭合速度可达声速或超声速，产生强大的冲击力。如果放电是在某一物体表面附近进行的，那么产生的空腔便变形，而呈单面半球状。液体单面充满空腔导致对物体表面的穴蚀冲击，从而在一定程度上加强了对表面的破坏作用。空腔的产生和随后被液体充满，证明在放电区域内存在极高的压力。

实验表明，脉冲的作用力和作用半径可以控制，例如，当火花长度为45mm、电容量 $C=0.9\mu F$、电压为50kV时，空腔具有纱锭状，长度为80mm，最大直径为70mm，而体积可达 $\pm 100cm^3$ 以上。电脉冲清垢就是利用液电效应所产生的液力冲击和空蚀冲击，来实现清垢的。

2. 技术特点

电脉冲清垢是利用管道容器与污垢间的弹性模数及自身振动频率不同，对结垢管道、容器壁进行冲击振荡，将污垢与管道及容器壁分开，达到清洗除垢的目的。所以电脉冲清洗适合非常坚硬的垢体清除，根据特点，适合以下垢的清除：

（1）非常坚硬的垢体的清除，如蒸汽锅炉、热水锅炉、热交换器中垢的清除。

（2）要求管道没有完全堵死，现场实验证明对完全堵死管道清理速度较慢，原因是管路堵死时，放电对垢的冲击力以液力冲击力为主，穴蚀冲击较小。

（3）不适合长距离管道的清垢，但清洗电缆可以弯曲，适于清洗弯曲管道，并且不影响清洗效果。

（4）电脉冲除垢技术由于金属材料的强度远大于污垢的强度，只要选取适当的放电能量和放电形式，就能保证污垢全部清理干净而不至于管体本身受到任何损伤。

参　考　文　献

[1] David, Johnson, Aaron, Mark Oettli. A Hybrid Milling/Jetting Tool – The Safe Solution to Scale Milling [C]. SPE 60700, 2000.

[2] Jamal Al – Ashhab, Hassouneh Al – Matar, Shahril Mokhtar. Techniques Used Monitor and Remove Strontium Sulfate Scale in UZ Producing Wells [C]. SPE 101401, 2006.

[3] Ashley Johnson, David Eslinger, Henrik Larsen. An Abrasive Jetting Scale Removal Shstem [C]. SPE 46026, 1998.

[4] 黄继汤. 空化与空蚀的原理及应用 [M]. 北京：清华大学出版社，1991.

[5] 李晓东，李勃，赵军强. 空穴射流清洗技术在油田除垢中的应用研究 [J]. 科技创新导，2009 (26)：107 – 108.

[6] 崔谟慎，孙家骏. 高压水射流技术 [M]. 北京：煤炭工业出版社，1993.

[7] 徐荣伍，王伟，王艳云. 高压水射流除垢技术在青海油田的应用 [J]. 青海油田，2010，28 (4)：90 – 94.

[8] 梁治齐. 实用清洗技术手册 [M]. 北京：化学工业出版社，2003.

[9] 刘新强. 油田输油及掺水管线难溶垢的化学清洗 [J]. 清洗世界，2004 (4)：19 – 21.

[10] 尤特金 Л A. 液电效应 [M]. 北京：科学出版社，1963.